前沿技术书系·信息科学与工程丛书

微波光电振荡器原理与设计

戴　键　刘　辉　刘安妮　徐　坤　编著

電子工業出版社
Publishing House of Electronics Industry
北京·BEIJING

内 容 简 介

本书是一本介绍低相位噪声微波光电振荡器原理与设计的专著。全书共 8 章，内容涵盖微波光电振荡器的发展背景（背景篇）、基本原理（基础篇）与系统设计（设计篇）三部分，系统阐释了光纤式微波光电振荡器、耦合式微波光电振荡器以及小型化微波光电振荡器等典型微波光电振荡器的相关研究成果，还介绍了光生微波信号的传统光学外差技术与国际研究前沿技术。

本书可作为高等院校电子信息类及相关专业的高年级本科生和研究生教材或参考书，也可作为从事相关行业的工程设计人员的学习指导书，对微波光电振荡器相关领域的设计开发和整机应用都有很好的借鉴作用。

图书在版编目（CIP）数据

微波光电振荡器原理与设计 / 戴键等编著. —北京：电子工业出版社，2023.7
（前沿技术书系. 信息科学与工程丛书）
ISBN 978-7-121-46061-6

Ⅰ. ①微… Ⅱ. ①戴… Ⅲ. ①光电子振荡器－研究 Ⅳ. ①TN753.2

中国国家版本馆 CIP 数据核字（2023）第 142013 号

责任编辑：满美希
印　　刷：三河市良远印务有限公司
装　　订：三河市良远印务有限公司
出版发行：电子工业出版社
　　　　　北京市海淀区万寿路 173 信箱　　邮编 100036
开　　本：787×1 092　1/16　印张：14.25　字数：365 千字　彩插：3
版　　次：2023 年 7 月第 1 版
印　　次：2023 年 7 月第 1 次印刷
定　　价：128.00 元

凡所购买电子工业出版社图书有缺损问题，请向购买书店调换。若书店售缺，请与本社发行部联系，联系及邮购电话：（010）88254888，88258888。

质量投诉请发邮件至 zlts@phei.com.cn，盗版侵权举报请发邮件至 dbqq@phei.com.cn。

本书咨询联系方式：（010）88254590，manmx@phei.com.cn。

前　言

高质量微波振荡器是现代电子信息系统的"心脏"，在无线通信、雷达探测、导航定位、电子对抗、仪器仪表、电子测量、航空航天和基础物理等众多领域都具有极其广泛的应用，对于经济、科技、国防和社会安全都有着非常重要的意义。随着无线通信和各种高频电子系统的快速发展，微波振荡器的工作频率和相位噪声性能面临着更高要求。相位噪声不仅影响了电子接收机的动态范围、选择性和宽带捷变频性能，还限制了强干扰环境下提取微弱有用信号的能力，极大地制约了现代通信系统的通信容量以及高性能雷达的探测灵敏度。

随着光子技术的飞速发展，光学储能元件在品质因数、工作频段和抗电磁干扰等方面都具有独特的技术优势，这也是新型微波光电振荡器产生高频段低相位噪声信号的本质基础。与传统微波信号的产生方法相比，微波光电振荡器作为一种新型信号发生器，能够产生可覆盖从数兆赫（MHz）到数百吉赫（GHz）范围的高频谱纯度微波信号，并且所产生信号的相位噪声与工作频段无关，是高频电子系统非常理想的信号发生装置。

常见的微波光电振荡器主要包括光纤式微波光电振荡器、耦合式微波光电振荡器和小型化微波光电振荡器三种类型，不同相位噪声水平和体积质量功耗特性的微波光电振荡器适用于不同载荷平台和应用场景。目前，国内外很少有专门针对微波光电振荡器主题的著作，编著者结合多年来的理论研究与应用实践，根据目前国内外发展现状和课题组研究经验编写成本书，全面凝练和总结了微波光电振荡器原理与设计的相关研究成果，希望能对从事低相位噪声微波光电振荡器的设计开发以及整机应用的科技工作者和高等院校师生有所帮助。

全书共 8 章，主要包括微波光电振荡器的发展背景（背景篇）、基本原理（基础篇）与系统设计（设计篇）三部分，分别对应书中第 1 章、第 2～4 章和第 5～8 章内容。第 1 章主要介绍微波光电振荡器的发展背景，阐释微波光电振荡器的研究意义、国内外研究现状和应用范围；第 2 章介绍微波光电振荡器的基本概念；第 3 章和第 4 章分别介绍高品质光纤储能链路与高品质光学环形谐振腔；第 5 章和第 6 章分别介绍光纤式微波光电振荡器和耦合式微波光电振荡器的设计要点，主要包括工作原理、相位噪声优化、杂散抑制和频率稳定等；第 7 章重点介绍小型化微波光电振荡器的设计要点；第 8 章介绍其他光生微波信号技术。

本书主要由北京邮电大学射频光子学研究组组织编写，并且得到中国电子科技集团公司第五十四研究所的大力支持。北京邮电大学射频光子学研究组长期从事低相位噪声光电振荡器等微波光子学领域的相关教学与科研工作，近年来主持和参与了多项国家级项目的基础研究和工程研制方面的工作，积累了一定的相关基础理论和应用研究经验。本书由北京邮电大学戴键副教授、徐坤教授、刘辉博士以及中国电子科技集团公司第五十四研究所刘安妮博士共同编著，硕士研究生李鑫敏、霍沙沙和李晓琼也参与了部分章节的撰写工作，硕士研究生刘祺参与了本书绘图整理工作，对他们的辛勤付出致以诚挚的谢意。

本书的出版得到了国家自然科学基金面上项目（61971065）和国家杰出青年科学基金项目（61625104）的支持，在此对国家自然科学基金委员会和国家杰出青年科学基金委员会表示衷心的感谢，同时感谢电子工业出版社对本书出版的大力支持。尽管编著者有多年从事微波光电振荡器领域的教学与科研工作经历，但受到编著者水平和时间精力的限制，书中难免存在不妥乃至错误之处，敬请广大读者不吝赐教和批评指正。

编著者

2022 年 6 月于北京

目　　录

第一部分　背景篇

第二部分　基础篇

第三部分 设计篇

第一部分

背景篇

第 1 章

微波光电振荡器发展背景

电子技术的飞速发展带来了现代信息技术革命，微波技术作为电子系统中最为活跃、最具前景的应用技术之一，如今已经融入工业、农业、国防、文化和社会等各个方面，在信息时代扮演着越来越重要的角色。随着航空航天、武器装备、通信系统和电子测试仪器的快速发展，依托微波电子技术的信息设备广泛应用于无线通信、雷达探测、电子侦查、电子对抗、测试仪器、卫星通信、深空探测和空间导航等军事和民用领域，成为现代信息社会的重要支撑。

微波电子技术在社会信息化方面应用十分广泛，不仅创造了巨大的经济效益，也给人们日常生活带来了巨大便利，其中个人移动通信设备就是微波技术应用的典型代表。然而，近年来随着第五代移动通信技术（5G）的迅速发展和普及，信息传输速率显著提升，通信过程中产生的数据量急剧增加，对通信频段和信号质量也提出了严峻考验。在无线通信领域，目前广泛使用的电磁频谱范围越来越拥挤不堪，已经无法满足未来信息领域的发展需求，因此各国开始关注开发更短波长、更高频率的电子信息系统，以此来扩展电磁频谱应用范围。另外，射频电子技术也广泛应用于现代信息化国防装备领域，支撑着现代战争中重要军事武器的研发与应用，包括雷达、电子战、导航和通信系统等，战争形式也因此由机械化向电子信息化转变。图 1-1 所示为微波技术应用示例。现代战争中作战平台所面临的威胁日益增加并且其性能要求日益提高，复杂的战场电磁环境对雷达系统探测能力、电子侦收灵敏度和精确制导精度等要求越来越高，因此日益提升的系统要求对当前微波技术发展（尤其是信号源的工作频段和性能指标）提出了巨大挑战。

仅仅依托传统微波技术，射频振荡器的工作频段和信号质量已无法赶上现代电子信息系统的发展速度，传统电子学器件和手段在应对高频大带宽信号的产生、传输和处理等方面已力不从心。在此背景下，人们开始尝试采用光子学原理和手段来产生、处理和控制微波信号，微波光子技术应运而生。微波光子学是一种融合微波射频技术与光电子技术的新兴交叉领域，能够有效克服传统“电子瓶颈”问题，同时其设备还具有体积小、质量轻、工作频带宽和抗电磁干扰等优势。国内外研究人员基于微波光子技术研制出了微波光电振荡器，利用光电谐振腔产生微波、毫米波甚至太赫兹信号，具有高工作频率、低损耗、高品质因数（Q）和对电磁干扰免疫等特点，在雷达、电子战、航空航天和无线通信等领域具有独特的技术优势与广阔的应用空间。

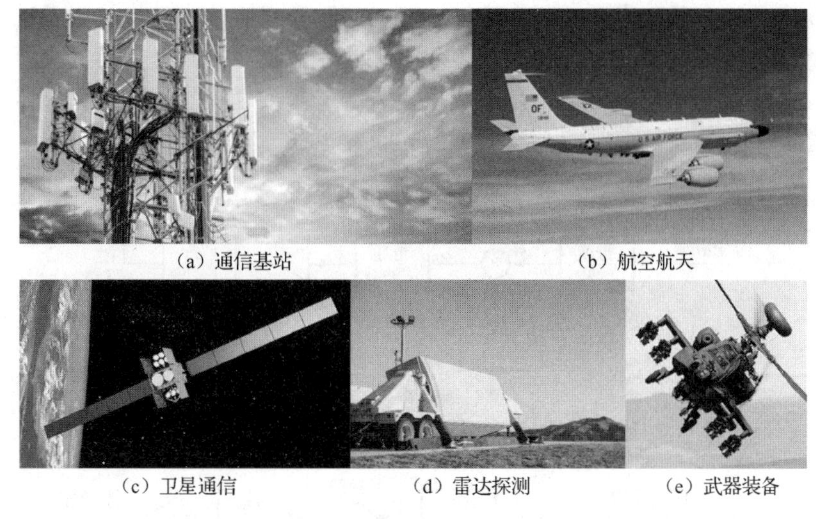

（a）通信基站　（b）航空航天

（c）卫星通信　（d）雷达探测　（e）武器装备

图 1-1　微波技术应用示例

微波光电振荡器是本书聚焦的核心内容。本章作为全书“开篇”，先从射频收发通道对低相位噪声本振源的应用需求出发，分析高性能微波信号产生技术在电子通信、国防安全等领域的重要价值；然后介绍传统微波振荡器的主要类型与技术瓶颈；最后介绍微波光电振荡器的发展情况与典型应用领域。

1.1　射频收发通道

由于当前有限的电磁频谱范围无法满足无线通信、雷达和电子战等领域的快速发展，高频微波系统的研究与应用变得尤为重要和迫切。在射频收发通道中，为了实现低频与高频信号间的相互转换，基于微波振荡器的本振信号源扮演着至关重要的角色。高频微波系统中射频前端模块通常采用超外差收发系统架构，凭借其频率分辨率高、接收灵敏度高、接收动态范围大和中频信号幅度相位失真小等优点而广泛应用于现代通信、雷达和侦测设备中。超外差收发系统结构如图 1-2 所示。微波振荡器为频谱搬移模块提供本振信号，通过实现频谱搬移功能，系统将中频和射频信号通过混频分别变换至射频和中频频段，实现信号的发射与接收。在整个微波收发系统中，本振信号源是超外差收发通道的关键部分，系统的性能指标受到微波振荡器性能的直接影响。例如，本振信号的相位噪声通过混频器的非线性频率变换叠加到射频或中频信号上，使发射和接收信号的频率或相位信息产生畸变，进而对信号目标特征参数的提取与处理产生严重影响。

现代无线通信、雷达和电子战等对微波电子系统性能指标的要求越来越高，对微波振荡器的信号质量也提出了严苛要求——更高的输出频率和更低的相位噪声。高质量微波振荡器是现代微波电子系统的核心部件，它不仅提供了本振信号以建立或选择传输通道，还为高速数字系统提供时钟信号，并且可以在同步系统中提供参考频率源。高频微波振荡器技术要求高、应用范围广且需求量大，无论用于发射激励信号，还是用于接收机本振信号以及各种频率基准，其输出频率和频谱纯度等性能都直接影响微波电子设备的系统性能。为了保证信号无失真传输，上下变频装置对本振的相位噪声和频谱纯度提出了苛刻要求。因此，微波振荡器的相位噪声水平是现代电子系统的重要性能指标和关键技术问题，各国对高频率稳定度、高频谱纯度的微波振荡器的研究也在与时俱进。

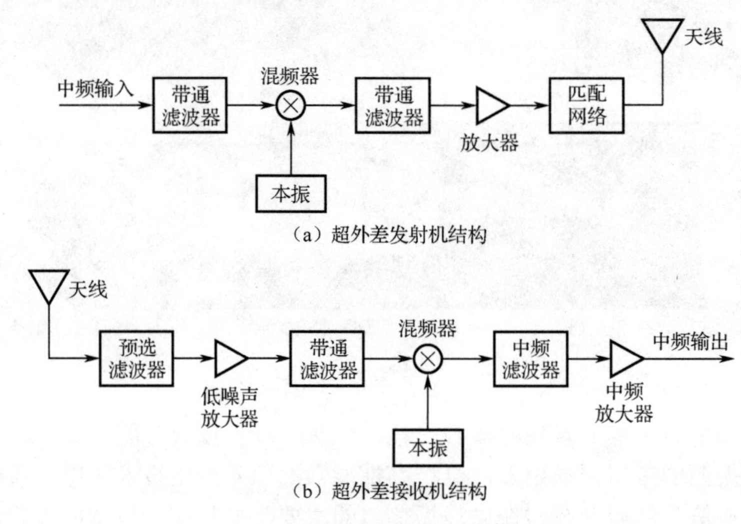

图 1-2 超外差收发系统结构

1.1.1 电子接收

在现代模拟电子接收机系统中，接收机的动态范围、灵敏度、选择性和解调频带范围等性能指标均受到本振信号相位噪声水平的限制。尤其是面对越来越复杂恶劣的电磁环境，超外差接收机要在强干扰下通过混频提取出有用的微弱信号具有相当大的挑战。如果在微弱信号邻近存在强干扰信号，这两种信号经过接收机混频器后，就会产生“倒易混频”现象，本振信号相位噪声对电子接收机的影响如图 1-3 所示。

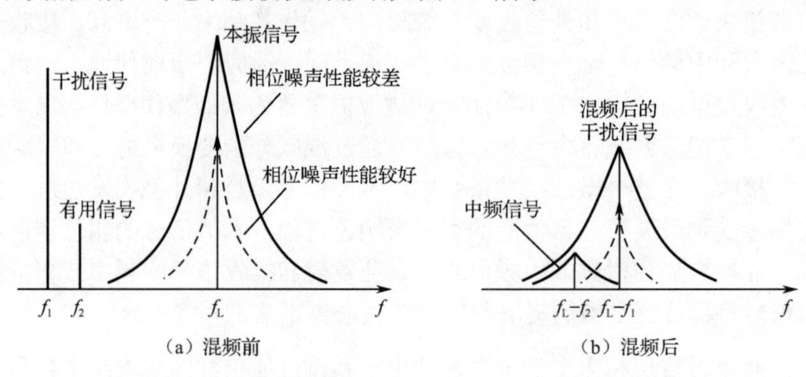

图 1-3 本振信号相位噪声对电子接收机的影响

如果本振信号相位噪声性能较好，有用的微弱中频信号能够显露出来，只需通过窄带滤波器即可有效提取出所需信号。当本振信号相位噪声性能较差时，有用的微弱中频信号会被强干扰信号频谱淹没，即使中频滤波器能够滤除强干扰中频信号，其噪声边带仍然会淹没有用信号，使电子接收机无法提取或解调出有用信号，进而导致电子接收机输出噪声恶化、信噪比下降和灵敏度降低；对于大动态范围、高选择性电子接收机来说，这种现象影响尤为明显。因此，为了使高性能电子接收机具有良好的选择性和大动态，电子接收机必须选用低相位噪声的本振信号源，以避免强干扰信号的噪声边带将有用微弱信号完全淹没，最终提高电子接收机的接收灵敏度和抗干扰能力。

1.1.2　无线通信

随着现代无线通信技术的高速发展，通信状态越来越多，信道越来越密集，并且信道间需要不断切换；为了降低各信道间的相互影响，无线通信设备对本振信号的相位噪声水平提出了越来越高要求。微波振荡器作为无线通信系统中的本振信号源，通常用于待发射信号的上变频以及接收信号的下变频，因此与无线通信系统中发射/接收信号质量直接相关，本振信号的相位噪声优劣对射频无线通信系统收发性能会产生极大影响。如果本振信号的相位噪声性能较差，不仅会影响无线通信系统的载频跟踪精度，而且会导致无线通信系统的传输误码率恶化。

在现代数字无线通信系统中，本振信号的相位噪声对系统性能的影响主要包括两方面：一方面，本振源信号近端相位噪声会增加载波恢复环路噪声，进而影响载频跟踪精度和环路锁定状态；另一方面，本振信号相位噪声还会影响通信接收机信道内外性能的测量，造成矢量信号相位抖动，恶化无线通信系统的传输误码率。本振信号相位噪声对邻近通信信道的影响如图 1-4 所示。可以看出，无线通信接收机选择性或灵敏度要求越高，就要求本振信号具备越低的相位噪声水平。一些特定无线通信系统对本振信号的相位噪声指标提出了明确规定。例如，QPSK 现代数字通信系统，要求本振信号的相位噪声指标达到 −85dBc/Hz@100Hz。

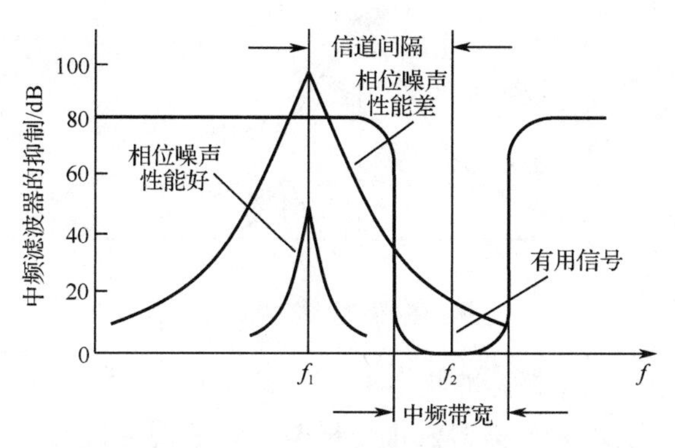

图 1-4　本振信号相位噪声对邻近通信信道的影响

1.1.3 雷达探测

现代雷达是利用电磁波探测目标位置、速度及其他特征的微波电子系统，广泛应用于现代各类军事装备系统中。近年来，各军事强国将隐身技术越来越多地应用于新式武器装备研制中，使得敌方对己方武器装备的探测能力和远程精确打击能力不断下降。雷达本振信号的相位噪声水平直接影响雷达系统的探测能力，在对抗已应用了隐身技术的武器装备时，研制低相位噪声本振信号源对于提升雷达远程探测和精确制导能力等具有重要意义。

军用多普勒雷达通过检测运动目标的多普勒频移来确定威胁目标，可以通过对本振信号与运动目标反射波信号的相干处理来确定目标运动速度，并通过低通滤波器获得频率差信号以监测目标多普勒频移的变化情况。假设目标运动速度为 0.5 马赫（即 *Ma*=0.5），则雷达发射信号与接收回波信号间将产生 1kHz 量级的频率差，需要采用相干探测等信号优化处理方法，并且在发射机载波信号频率偏移（简称频偏）为 10kHz 处的相位噪声需要足够低，否则将淹没探测时接收的回波信号，进而造成雷达探测系统漏检。

当运动目标超低空飞行时，雷达系统将面临很强的地面杂波干扰，若想从强地面杂波中提取出目标信号，雷达系统必须具有很高的改善因子，这对与其直接相关的本振频率源相位噪声指标提出了很高要求。如图 1-5 所示，强地面杂波一旦进入雷达接收机并进行混频，便很难将有用的运动目标信号与强地面杂波分离开，尤其对于超低空低速运动的目标，较高的相位噪声水平会使得雷达系统无法准确探测运动目标，只有通过提高雷达改善因子来提升雷达探测能力，而雷达改善因子与本振频率源相位噪声直接相关。因此，为了提高雷达系统的低空检测能力和对低空突防目标的发现能力，本振频率源是否具有低相位噪声至关重要。如果雷达系统需要从强地面杂波环境中区分出运动的威胁目标，就要求雷达系统必须全相参产生出极低相位噪声的发射信号、接收机本振信号以及各种相参基准信号。

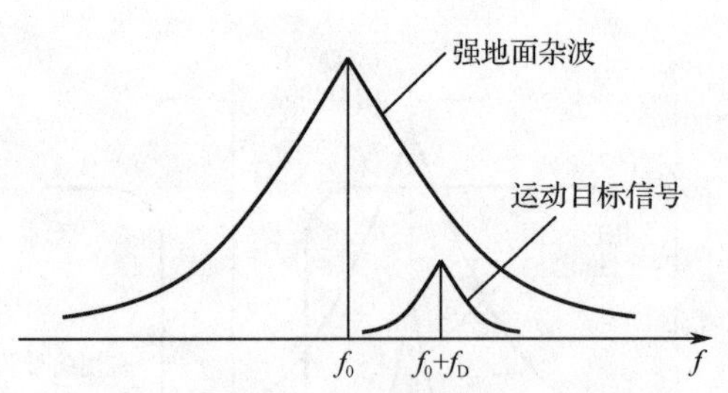

图 1-5 本振相位噪声对多普勒雷达的影响

另外，军用雷达往往工作在脉冲状态下，尤其对于低 PRF（脉冲重复频率）雷达，调制后的雷达载频频谱表现为辛格谱，每一根辛格谱远端相位噪声将叠加到其他辛格谱上，使得两根相邻辛格谱之间相位噪声严重恶化。在频率源远端相位噪声不够低的情况下，这种恶化现象尤为明显。因此，雷达本振频率源不仅要求频偏 1kHz 处具有较低的相位噪声水平，对频偏 10kHz、100kHz 及 1MHz 处的相位噪声水平也有较高要求，通常需要按照幂律谱规律下降，这样才能保证脉冲调制后的发射频谱质量以及较好的雷达改善因子。

现代雷达通常利用信号相位或频率信息，或者虽然不直接利用信号相位或频率信息，但是只有在本振信号相位或频率高度稳定的前提下才能完成系统功能。例如，动目标显示雷达利用多普勒效应在时域上从背景强干扰中提取动目标信号，此时低相位噪声可以有效消除静止强地面杂波信号，进而提取出有用的慢速移动目标信号；多普勒雷达在测速时利用多普勒频移获得目标速度信息，而脉冲压缩雷达也需要利用器件稳定的频率色散特性或相位编码特性来获得展宽波形和压缩信号。无论何种原理，现代雷达系统对本振频率源相位噪声都有很高要求，如果雷达本振频率源相位噪声较高，那么噪声会与有用信号的频率或相位相混叠，从而大大降低现代雷达系统的实际探测性能。

现代雷达多采用相干体制，目前大多数雷达的技术能力仍然不能保证可靠地探测到微弱目标，尤其是地面上和水面下的小目标。在规定工作条件下，要使雷达精确、可靠地探测确定目标，就需要提高雷达分辨率等性能指标，其中本振频率源的相位噪声水平起着决定性的作用；提高雷达本振源相位噪声性能，将极大地提升雷达系统的探测能力。根据雷达原理测算，当系统相位噪声谱密度改善 20dB 时，雷达探测距离可以提升到原系统的 3.16 倍；或者对于相同的探测距离、发射机功率和接收设备条件，发现目标所需的雷达截面积可以降低至原来的 1/100；或者在探测距离和探测概率保持不变情况下，雷达发射机功率可以减小至原来的 1/100。由此可见，降低雷达频率源的相位噪声对于提升雷达系统探测器能力的重要性不言而喻。

1.2　传统微波振荡器

微波频率源是现代先进电子信息系统的心脏，而微波振荡器是频率源的核心部件，也是产生微波信号的基本部件，其频谱纯度或相位噪声对无线通信、雷达和电子战等系统的性能指标起着至关重要的作用。高性能微波振荡器的发展对于国家的经济、科技、国防和社会安全都有着非常重要和深远的意义，也是各国争先研究的热点方向，无论在军事领域还是民品市场都具有巨大的实用价值。

典型的微波振荡器通常采用高品质介质或腔体谐振腔，在传统微波信号产生方法中，高品质微波谐振腔可以实现电磁能量存储与窄带频谱滤波，是目前微波振荡器的关键组件，也是实现低相位噪声振荡器的基础。传统微波振荡器中微波谐振腔主要包括石英晶体谐振腔、LC 谐振腔、微带谐振腔、同轴谐振腔、钇铁石榴石谐振腔、声表面波谐振腔、体声波谐振腔、金属谐振腔、陶瓷和蓝宝石介质谐振腔等。常用微波谐振腔有载品质因数（Q）与相应微波振荡器的相位噪声性能对比如图 1-6 所示。微波谐振腔技术随着微波振荡器发展取得了巨大进步，微波振荡器通常从成本与指标角度来综合考虑选择谐振腔类型。

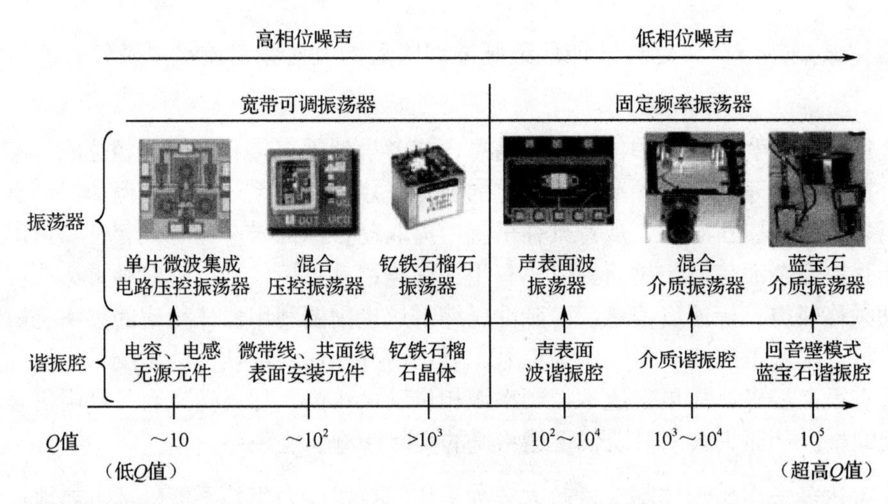

图 1-6　常用微波谐振腔有载品质因数（Q）与相应微波振荡器的相位噪声性能对比

1.2.1　晶体振荡器

自从商用无线电设备出现以来，晶体振荡器（简称晶振）一直是产生稳定频率信号的重要器件。凭借其频率稳定度高与相位噪声低等特点，晶体振荡器广泛应用于现代消费电子、广播电视、无线通信、仪器仪表、雷达、电子对抗、制导、遥测、全球导航、卫星通信和测控等领域的电子设备中，其性能优劣直接影响导航精确程度、敌我识别能力、导弹制导精度和电子对抗能力等。

石英晶体谐振腔是晶体振荡器中最典型的核心部件，它由石英晶片、电极、支架及其他辅助装置构成，与振荡电路配合而构成石英晶体振荡器。石英晶体振荡器是由石英晶体的材料特性所支撑的电子-机械振荡系统，石英晶体性能的好坏直接影响晶体振荡器的技术指标。目前，国际电工委员会根据晶体振荡器的功能设计，将通信系统中常用石英晶体振荡器分为以下四类：普通晶体振荡器、压控晶体振荡器、温度补偿晶体振荡器和恒温晶体振荡器。其中，恒温晶体振荡器的频率稳定度在上述四种类型振荡器中最高。此外，目前数字补偿式晶体振荡器技术也正在快速发展。

石英晶体振荡器具有较高的品质因数和良好的相位噪声性能，是一种高稳定度频率源，其输出信号的相位噪声在频偏为10kHz时可以优于-180dBc/Hz，如图1-7所示。然而，由于石英晶体谐振器自身尺寸及物理特性的影响，石英晶体振荡器输出基波频率（简称基频）低于500MHz，并且调谐频宽仅为0.1%左右，其在高频领域的应用范围受到严重限制，而只能作为高频频率源的参考基准。高频微波信号输出通常需要石英晶体振荡器经过N次倍频来实现，不仅倍频电路结构复杂，而且倍频转换效率很低，相位噪声也将随之以$20\lg N$dB规律严重恶化。因此，石英晶体振荡器已经不能满足高频高速电子信息系统的发展需要。采用高品质高频微波谐振腔是降低微波振荡器相位噪声和提高频率稳定度的最基本方法，因此基于高品质微波谐振腔研制和开发直接输出高质量微波信号的高频振荡器具有重要意义。

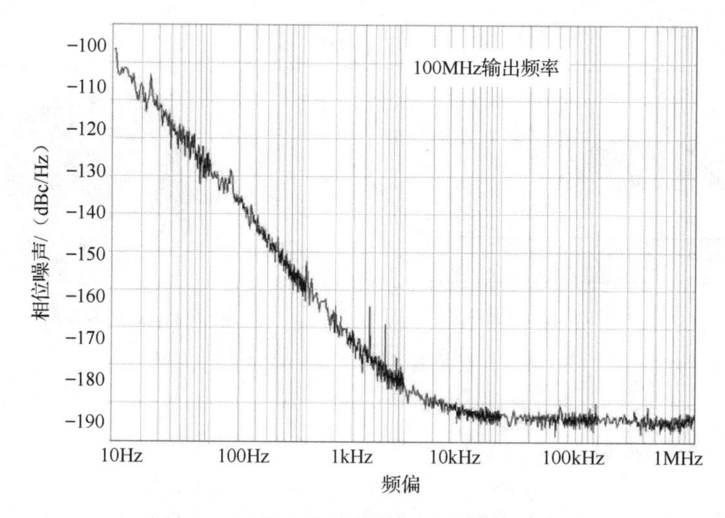

图 1-7　石英晶体振荡器相位噪声测试结果

1.2.2　声表面波振荡器

声表面波振荡器是随着声表面波技术发展起来的一种新型高稳定度频率源，其相位噪声和频谱纯度性能与晶体振荡器相近，但比晶体振荡器具有更高的输出基频和更宽的调谐范围。与 LC 振荡器相比，声表面波振荡器相位噪声低，频率稳定度高且温度系数小，还具有抗电磁干扰、适于批量生产、耐苛刻环境、功耗低、体积小、质量轻和成本低等特点，是一种实用的高性能频率源。

声表面波谐振腔是声表面波振荡器的核心频控元件，频率选择性好。声表面波谐振腔通过将金属叉指刻蚀，在具有压电特性的基片上经过制版、蒸发、光刻等工艺制备而成，如图 1-8（a）所示；它与振荡电路结合，构成声表面波振荡器，如图 1-8（b）所示。由于声表面波谐振腔的基频可以达到吉赫（GHz）量级，因此声表面波振荡器的工作频率通常在 100MHz～4GHz 范围内，这也是移动无线通信的主要工作频段；利用声表面波谐振腔可以直接生成特高频（UHF）频段基频信号，有效避免晶振存在的相位噪声因倍频而恶化的问题，在更小尺寸下产生优于石英晶体振荡器相位噪声性能的频率信号。另外，声表面波谐振腔采用半导体加工工艺，可以实现低成本批量化生产；如果采用薄膜材料作为基片，声表面波谐振器可以与振荡电路集成在一起，进一步减小声表面波振荡器的体积。与其他类型振荡器相比，声表面波振荡器在 UHF 频段具有其他振荡器无法比拟的综合性能，也是该频段振荡频率源的最优选择。

高频段声表面波振荡器是声表面波频率合成器的关键部件，是新一代中央处理器、数字信号处理器和直接数字频率合成器的理想时钟源以及航空航天电子设备的轻小型优质信号源，可被广泛应用于移动通信、汽车电子、雷达、遥控遥测、电子对抗和全球导航等领域。由于高性能高频段声表面波振荡器关键技术取决于声表面波谐振腔的制作工艺与声表面波振荡电路的设计实现，目前国内外相关技术和产品的开发和研制难度极大。

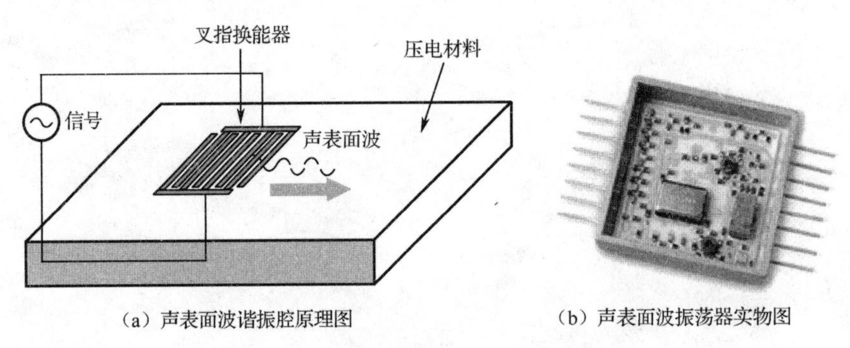

（a）声表面波谐振腔原理图　　（b）声表面波振荡器实物图

图 1-8　声表面波谐振腔与声表面波振荡器

1.2.3　介质振荡器

介质谐振腔是两端开路的介质波导，其谐振模式与介质波导中的传播模式相对应，电磁波能量在介质内部循环反射而形成谐振结构。介质谐振腔可用于在较小体积内实现较高品质因数（Q），有效支撑了微波介质滤波器和介质振荡器的研制。常用介质谐振腔主要包括陶瓷介质谐振腔和蓝宝石介质谐振腔两种类型。

1．陶瓷介质振荡器

陶瓷介质谐振腔由陶瓷基材料制成，具有较大的介电常数和较低的损耗因子。为了降低陶瓷介质谐振腔的温度系数，可以在陶瓷介质中混合不同的材料。陶瓷介质谐振腔通常为微波振荡器提供频率基准，可以获得较高的 Q 值（10GHz 处无载品质因数高于 10^4）。此外，由于陶瓷介质谐振腔容易与微带电路集成，它可以直接应用于混合集成电路而不需要考虑电磁屏蔽措施。

陶瓷介质谐振腔配合高 Q 值谐振电路，目前常用在低噪声、低温度系数的固定频率或窄带可调（0.1%~0.2%）的高品质微波振荡器中。陶瓷介质谐振腔和陶瓷介质谐振器实物图分别如图 1-9（a）和（b）所示。陶瓷介质谐振腔与有源电路结合，可以实现高 Q 值陶瓷介质振荡器，无须倍频就可以直接产生 1GHz 至几十吉赫（GHz）频率的振荡信号，并且具有频率稳定度较高、相位噪声极低、体积小、结构简单、成本低和寿命长等优点，广泛应用于通信系统、雷达信标、电子对抗接收机、导弹应答机、测试仪器以及气象雷达等设备系统中。

（a）　　（b）

图 1-9　陶瓷介质谐振腔（a）与陶瓷介质振荡器（b）实物图

目前，国外 Herley 等公司有商用陶瓷介质振荡器产品，这些产品在 X 波段 10kHz 频偏处相位噪声指标达-120dBc/Hz；国内中国电子科技集团第十三研究所、深圳朗赛微波通信有限公司和南京钟山微波电子技术研究所等微波公司的陶瓷介质振荡器产品指标较好，在 X 波段 10kHz 频偏处相位噪声指标达-110dBc/Hz。然而，陶瓷介质谐振腔的品质因数与工作频率的乘积恒定，随着未来工作频率的进一步提高，陶瓷介质谐振腔的品质因数将显著下降，陶瓷介质振荡器输出信号的相位噪声性能也会随之恶化。

2. 蓝宝石介质振荡器

蓝宝石介质谐振腔作为蓝宝石介质振荡器的核心部件，通常需要装载在金属屏蔽腔内，并与放大器和移相器等一起组成振荡回路。蓝宝石介质谐振腔由一块圆柱形蓝宝石晶体构成，利用回音壁模式实现电磁储能谐振。在微波领域所有材料中，蓝宝石晶体的介电损耗最低且频率与品质因数的乘积最高，因此极高品质蓝宝石介质谐振腔（X 波段最佳无载品质因数接近 2×10^5）可以用于设计开发超低相位噪声的微波振荡器。

在低温环境下，蓝宝石介质谐振腔的介电损耗将进一步降低，品质因数也可以得到极大提高（10GHz 时品质因数高于 1×10^9，频率与品质因数乘积可达 10^{19}Hz 以上），远高于其他传统类型微波谐振腔，如图 1-10 所示。在所有商用参考频率源中，目前低温蓝宝石介质振荡器在 2～10GHz 范围内短期频率稳定度是其他类型频率源无法比拟的。近年来有人预测，低温蓝宝石介质振荡器将被产生超稳激光的光学谐振腔所替代；然而，由于光学腔体镜面基底材料存在热波动，限制了超稳激光的短期频率稳定度性能的提升，低温蓝宝石介质振荡器的相位噪声性能指标目前仍然处于领先地位。

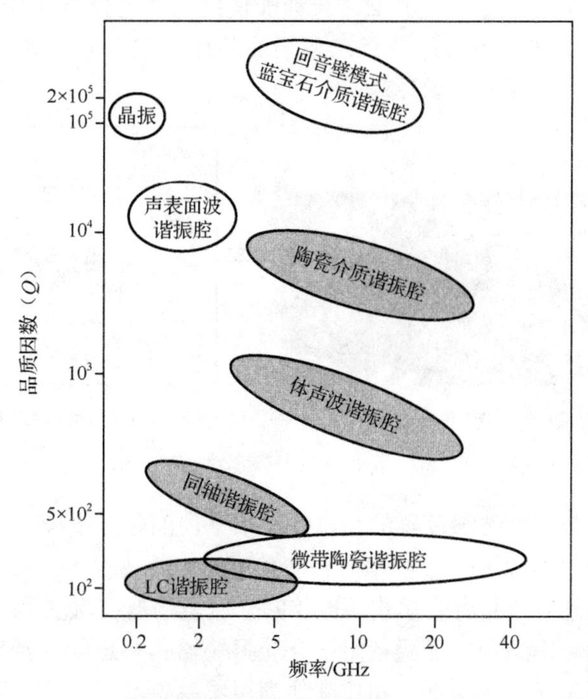

图 1-10　蓝宝石介质谐振腔与其他类型微波谐振腔品质因数对比

低温蓝宝石介质振荡器在精密物理测量、航天测控、深空探测和甚长基线干涉测量等领域发挥着举足轻重的作用，目前已经成功应用于甚长基线干涉仪（VLBI）、阿卡塔马大型毫米波/亚毫米波阵列（ALMA）和卡西尼计划等实验系统中。国际上研究低温蓝宝石介质振荡器频率基准的主要机构包括澳大利亚西澳大学、法国 FEMTO-ST 研究所和美国喷气推进实验室（JPL）。澳大利亚西澳大学物理系 2011 年为甚长基线干涉测量研制的低温蓝宝石频率源，其频率稳定度达1×10^{-15}（1s）、3.9×10^{-16}（20s）和2×10^{-14}（1 天）；法国 FEMTO-ST 研究所为欧空局研究开发的低温蓝宝石频率源，其频率稳定度达2×10^{-15}（1s）；美国喷气推进实验室为深空探测研究而开发的低温蓝宝石频率源，其频率稳定度达10^{-14}（1s）。

此外，室温环境下蓝宝石介质振荡器在军事上也具有重要应用价值，美国雷神公司和美国海军研究实验室长期致力于低相位噪声蓝宝石介质振荡器方面的研究。低相位噪声频率源是实现高精度探测的基本保证，如果频率合成器具有较高的相位噪声，检测信号将淹没在背景噪声中。X 波段蓝宝石介质振荡器在 1kHz 和 10kHz 频偏处的相位噪声均优于晶振倍频器 20dB 以上，可以显著提高雷达系统的探测精度。超低相位噪声蓝宝石介质振荡器已经应用于美国大型海基 X 波段高性能相控阵雷达系统中，可以发现 5000km 以外棒球大小的目标。蓝宝石介质振荡器可直接产生 X 波段信号，而且变换至 S 波段和 Ku 波段等其他波段后，信号性能比晶振倍频器更为优异。因此，低相位噪声蓝宝石介质振荡器应用前景极为广泛。

蓝宝石介质材料的介电常数相对较低，晶体呈现各向异性，极大限制了蓝宝石介质谐振腔的模式和几何结构设计。蓝宝石介质谐振腔为了实现良好的能量存储性能，必须使用高阶谐振模式（如回音壁模式），并且必须设计和使用高质量金属屏蔽外壳，这就导致蓝宝石介质谐振器系统存在体积庞大的缺点。典型的腔体蓝宝石介质谐振腔实物图与结构组成分别如图 1-11（a）和（b）所示。

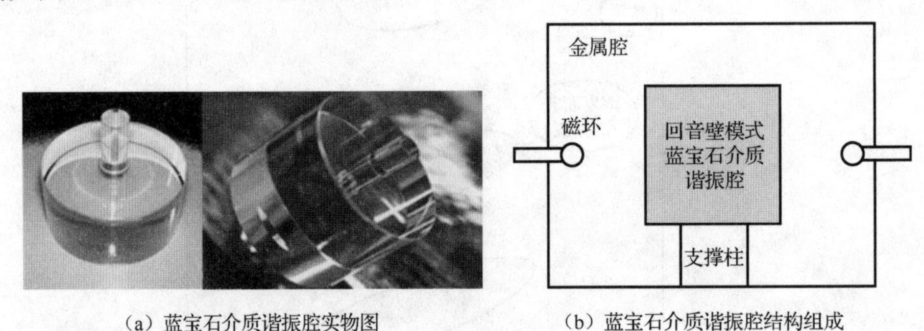

（a）蓝宝石介质谐振腔实物图　（b）蓝宝石介质谐振腔结构组成

图 1-11　蓝宝石介质谐振腔实物图与结构组成

为了综合比较各类型微波振荡器的相位噪声水平，部分微波振荡器在 10kHz 频偏处的最佳相位噪声对比如图 1-12 所示。当信号频率倍频时，微波振荡器相位噪声性能呈现恶化趋势，因此只有基于蓝宝石回音壁模式谐振腔的介质振荡器在 X 波段能够实现超低相位噪声。在所有商用参考频率源中，低温蓝宝石介质振荡器具有最佳的频率稳定度和相位噪声指标，无论在室温还是低温环境下，相比其他商用频率参考源，目前蓝宝石介质振荡器的相位噪声性能最好。

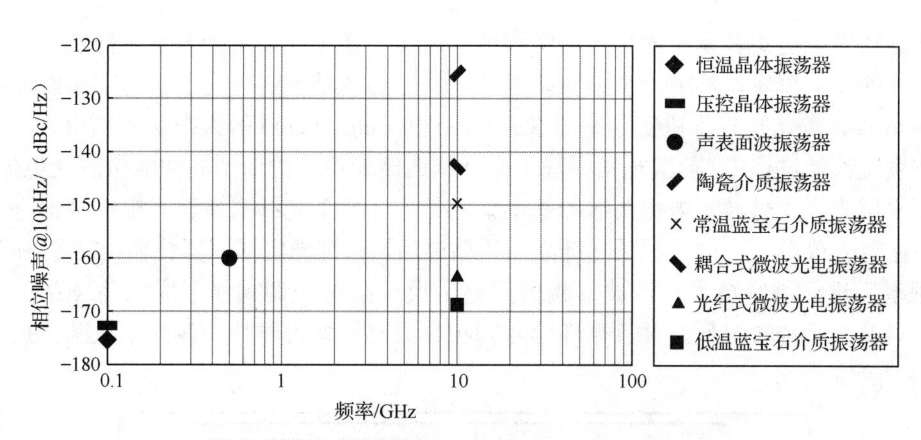

图 1-12　蓝宝石介质振荡器与其他类型微波振荡器在 10kHz 频偏处的最佳相位噪声对比

然而，蓝宝石介质振荡器通常只能工作在 X 波段以下，成本非常昂贵（每台低温蓝宝石介质振荡器价格超过 100 万元），并且体积相对庞大，无法满足小型化和集成化需求。随着微波技术的发展，采用传统方法所产生的微波信号的质量，已经无法适应现代电子信息系统的发展要求，微波频率源的性能和成本等因素严重制约了诸多电子信息技术的发展。因此，研究和开发具有更高性价比的新型低相位噪声微波光电振荡器，具有广泛的应用前景与重要的现实意义。

1.3　微波光电振荡器

随着光子技术的快速发展，新型光学谐振腔（包括光纤环腔和光学微腔等）在品质因数、工作频段和抗电磁干扰等方面都具备固有技术优势，这也是新型微波光电振荡器产生高频段低相位噪声信号的本质基础。与传统微波振荡器相比，微波光电振荡器作为一种新型微波信号发生器，利用光电混合方法能够产生从几百兆赫到 100GHz 以上频率范围内的高频谱纯度微波信号。高品质光电谐振腔作为电磁储能元件，可以产生极低相位噪声的高品质信号，并且信号相位噪声与工作频段无关。同时，微波光电振荡器还具有宽带可调谐性能，是高频电子系统非常理想的高性价比信号发生装置。

1.3.1　光纤式微波光电振荡器

20 世纪 80 年代初，美国喷气推进实验室的研究人员意识到，氢原子钟产生的稳定射频参考信号可以通过光纤传输分布于莫哈维沙漠里美国宇航局戈德斯通射电望远镜阵设施的多个天线站点，从而降低相距数十千米的各天线站点氢原子钟高昂的安装和维护成本。由于同轴电缆传输损耗高，无法满足射频参考信号长距离传输应用需求，科学家们决定采用激光器、调制器和低损耗光纤将射频/微波/毫米波信号调制到光载波上进行长距离传输，该技术也在模拟光载无线通信中迅速得到广泛应用。

美国喷气推进实验室在射频光子学领域的后续工作主要集中于开发其他利用光子技术独特特性的功能模块，其中一个重要研究方向就是实现基于射频光子技术的微波光电振荡器。1996 年，美国喷气推进实验室的 Steve Yao 和 Lute Maleki 等人在研究利用光子技术改进微波系统性能过程中，首次开发出基于光纤延迟储能单元的新型高性能微波光电振荡器，建立了早期光纤式微波光电振荡器的基本架构雏形。典型光纤式微波光电振荡器基于光电反馈环路将光载微波信号经过长光纤高品质储能后，通过光电探测器将输出转换为微波/毫米波频率，进而进行放大、滤波、相位调整后反馈给电光调制器形成振荡环路；当反馈环路总增益大于传输损耗，并且循环信号同相合成时，即可维持微波光电振荡器振荡，如图 1-13 所示。

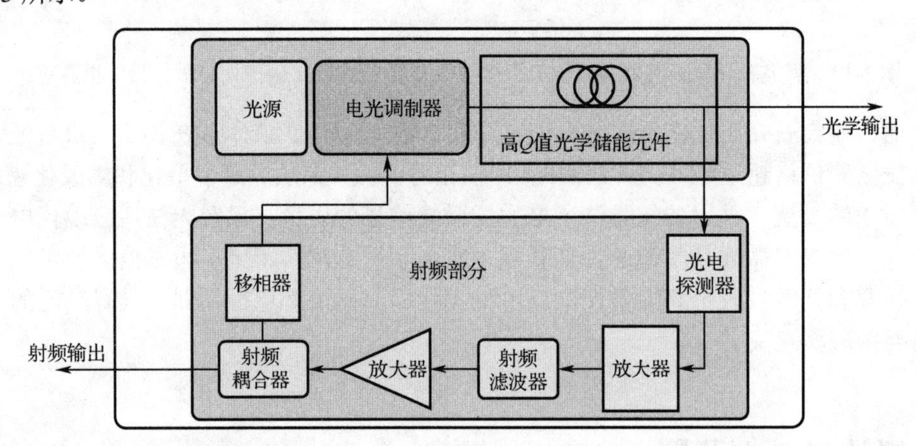

图 1-13 典型光纤式微波光电振荡器架构

微波光电振荡环路所需的功率增益可以由电放大器或光放大器提供，这同样适用于调整环路相位以保持振荡器稳定的移相器。传统微波光电振荡器输出频率由带通滤波器中心通带决定，因此可以获得由电光调制器、放大器和光电探测器等的工作带宽所支持的任何期望频率信号，并且工作带宽内输出信号频谱纯度相同。此外，振荡频率调谐功能还可以通过改变光电谐振腔腔长来实现。

微波光电振荡器具有一种多功能通用体系结构，可以根据系统性能来配置不同的光学和电子部件，放大、选频滤波和移相控制等功能可以通过光电振荡环路中光学或电子组件实现，并且具有相同功能的光学与电子组件之间可以相互替代。例如，激光器可以选择任何合适的类型和工作波长，并且射频调制可以通过控制半导体激光器电流实现直接调制，也可以选择相位调制、幅度调制或偏振电光调制等外部调制类型，高品质储能介质可以选择光学法布里-珀罗（F-P）腔、长光纤延迟链路（品质因数与其长度相关）、光纤环形谐振腔或回音壁模式光学微腔。

传统光纤式微波光电振荡器输出信号的频谱纯度与环路品质因数直接相关，因而微波光电振荡器通常需要使用长距离储能光纤来提高其相位噪声性能。美国 OEwaves 公司已经基于 16km 光纤开发出迄今频谱纯度最高的 10GHz 光纤式微波光电振荡器，其结构组成如图 1-14（a）所示；其 1kHz 和 6kHz 频偏处的相位噪声分别达到-145 dBc/Hz 和-163dBc/Hz，如图 1-14（b）所示。然而，由于传统微波光电振荡器本质上属于多模式振荡器，相位噪声谱中存在许多模式杂散，长光纤储能环路也会导致系统需要采用体积庞大的机架安装单元。这极大限制了传统光纤式微波光电振荡器的应用场景和范围。

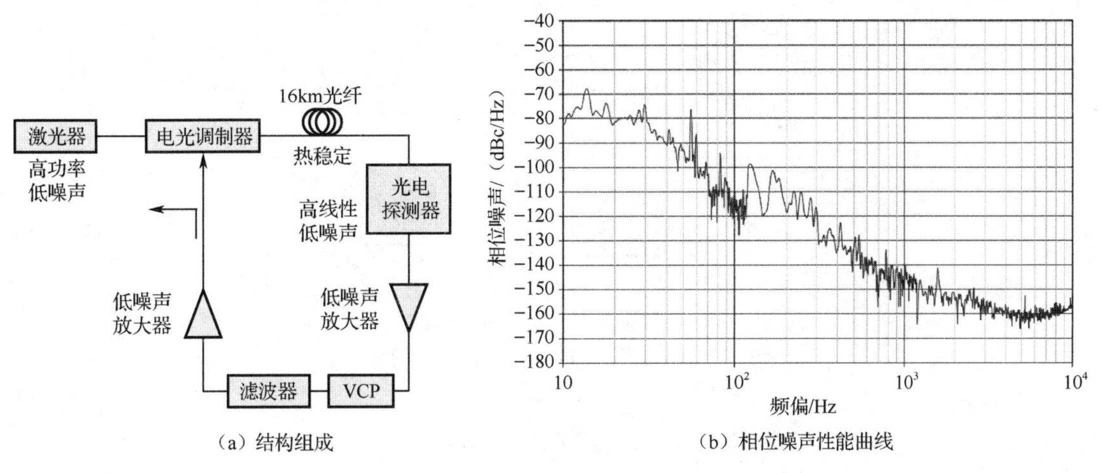

（a）结构组成　　（b）相位噪声性能曲线

图 1-14　OEwaves 公司基于 16km 光纤开发的光纤式微波光电振荡器结构组成与相位噪声性能曲线

1.3.2　耦合式微波光电振荡器

传统光纤式微波光电振荡器结构通常使用几千米甚至十几千米的光纤作为储能介质，因此需要体积庞大的机架安装单元。除了尺寸之外，由于传统光纤式微波光电振荡器属于多模式振荡器，需要通过射频带通滤波器进行模式选择，抑制环路长度（主要由光纤长度决定）所引起的其他谐振模式；然而，较长振荡环路导致模式频率间隔小于射频带通滤波器的通带带宽，虽然幸存模式能够被射频带通滤波器极大削弱，但是在振荡器相位噪声谱中依然存在噪声峰值。X 波段以上射频带通滤波器难以实现足够的窄带滤波效果，高性能光纤式微波光电振荡器频谱中存在诸多噪声峰值，从光纤环路长度决定的频偏处开始，各谐波频偏处的噪声幅度根据射频带通滤波器通带形状逐渐降低。

解决上述问题的典型方法是使用高品质光学环形谐振腔替代长距离光纤储能链路，美国喷气推进实验室 Steve Yao 和 Maleki Lute 于 1997 年最早提出耦合式微波光电振荡器的概念，并且于 2005 年成功实现和优化 X 波段极低相位噪声的紧凑型耦合式微波光电振荡器。紧凑型耦合式微波光电振荡器将循环光源置于光学谐振环路内，有源光纤环路增益通过电光调制器耦合至射频反馈环路，进而实现光学振荡与微波振荡直接互相耦合，如图 1-15 所示。紧凑型耦合式微波光电振荡器利用有源光纤环形谐振腔极大地缩短了光纤长度，使光纤储能链路的品质因数得到倍增，并且可以同时产生高频谱纯度微波信号和低抖动高速光脉冲。在与传统光纤式微波光电振荡器相位噪声水平相当的情况下，紧凑型耦合式微波光电振荡器不仅极大降低了振荡器的体积，还显著增大了振荡模式之间频率间隔，进而通过射频带通滤波器有效滤除其他模式频率，以降低相应的模式噪声峰值。

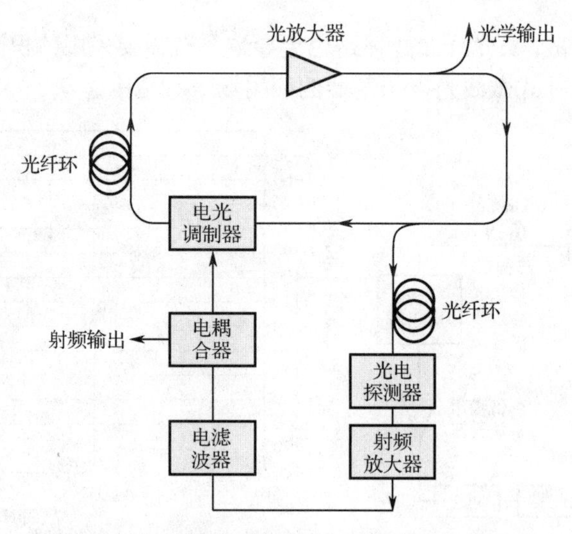

图 1-15　典型耦合式微波光电振荡器方案结构图

国际上多家研究单位已经在不同微波/毫米波工作频段下演示了紧凑型耦合式微波光电振荡器架构。例如，OEwaves 公司已经开发出一款电脑鼠标垫大小的高性能紧凑型 X 波段耦合式微波光电振荡器，如图 1-16（a）所示。该紧凑型耦合式微波光电振荡器中储能环路由 330m 光纤构成，10GHz 输出微波信号在频偏 10kHz 和 10MHz 处的相位噪声分别达到−140dBc/Hz 和−178dBc/Hz，相当于采用 4.5km 光纤储能链路的传统光纤式微波光电振荡器的相位噪声水平，如图 1-16（b）所示；在 650kHz 以上高频偏处，紧凑型耦合式微波光电振荡器的相位噪声谱仅存在少量低功率杂散模式。

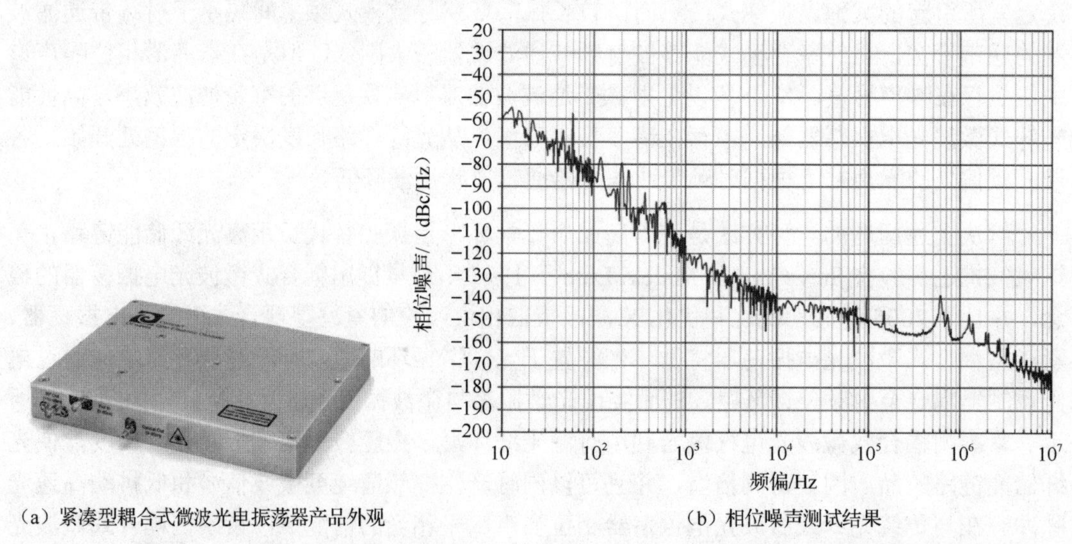

（a）紧凑型耦合式微波光电振荡器产品外观　（b）相位噪声测试结果

图 1-16　OEwaves 公司耦合式微波光电振荡器产品外观与相位噪声测试结果

此外，其他高品质光学谐振腔也可以作为紧凑型耦合式微波光电振荡器的滤波器和储能元件，可以进一步改善相位噪声频谱纯度，并降低相位噪声谱中的模式噪声峰值。然而，一方面高品质光学谐振腔也会导致紧凑型耦合式微波光电振荡器系统更加复杂，并且对温度变化和振动等环境干扰更加敏感；另一方面，随着光子集成技术的发展，尽管紧凑型耦合式微波光电振荡器架构极大地降低了光纤长度要求，但是系统尺寸与功耗等问题仍然是限制微波光电振荡器应用场景与范围的重要因素。

1.3.3　集成小型化微波光电振荡器

通信、雷达和数据处理等诸多应用需要高性能微波/毫米波振荡器，不仅要求体积或尺寸小，而且功耗比现有设备低多个数量级。目前，基于新型回音壁模式光学微腔技术的微型微波光电振荡器是一个实用解决方案。回音壁模式光学微腔由具有几何轴对称性的多种光学透明材料制成，其直径从几十微米到几毫米不等。如图 1-17 所示，该光学微腔通过熔融二氧化硅光纤尖端制成，泵浦光通过倏逝波耦合进球体赤道面附近，进而激发光学回音壁模式。光波在微腔赤道面附近传播并表现出极高品质因数特性，可以传输和储存 100μs 甚至更长时间。特别地，由氟化物晶体材料制成的回音壁模式光学微腔，其品质因数可以超过 10^9（10 亿），并且目前国际上氟化钙晶体微腔的最高品质因数已经达到 3×10^{11}。

图 1-17　回音壁模式光学微腔示意图

如图 1-18(a)所示，OEwaves 公司利用高品质钽酸锂回音壁模式光学微腔开发的 10GHz 高性能微型微波光电振荡器，由半导体激光器泵浦的电光材料微腔同时作为微型微波光电振荡环路中的高品质储能元件、模式选择器和电光调制器，可以封装成邮票大小［如图 1-18（b）所示］，并且 10kHz 频偏处相位噪声达-100dBc/Hz［如图 1-18（c）］。光学微腔的自由光谱范围与其直径大小相关，直径也决定了微型微波光电振荡器输出信号频率大小。该微型微波光电振荡器能够产生 10～40GHz 甚至更高频率的微波/毫米波信号，并且比其他类型毫米波振荡器具有更小的体积/尺寸和更高的频谱纯度。该微型微波光电振荡器已经在美国小型军事平台上得到应用，并且在未来无线宽带通信等商业系统中具有巨大应用潜力。

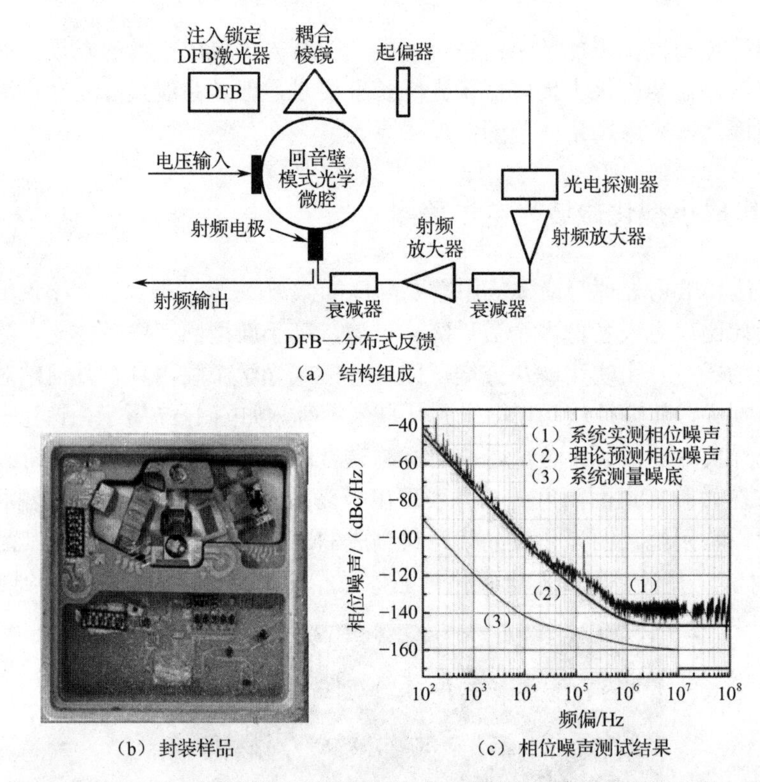

图 1-18　OEwaves 公司基于钽酸锂回音壁模式光学微腔开发的微型微波光电振荡器

此外，OEwaves 公司还利用光学微腔谐振器开发设计了一款基于克尔光频梳的新型微型光电振荡器。克尔光频梳通过连续激光泵浦回音壁模式光学微腔的单个模式产生。当泵浦光强度足以在光学微腔材料中激发四波混频参量过程时，激发模式周围会出现边带，通过增加泵浦光功率和级联四波混频效应进一步拓展而产生一系列边带，最终形成相干微腔克尔光频梳。该光频梳本质上是以微腔自由光谱范围为频率间隔的锁相相干激光器，通过高速光电二极管探测解调即可产生微波/毫米波信号，并且信号频率由光频梳梳齿频率间隔决定；由于光频梳的高度相干特性，最终拍频信号的频谱纯度极高。

氟化物光学晶体主要用来制备超高品质因数的回音壁模式光学微腔，几毫瓦泵浦光功率就可以激发微腔非线性参量过程，进而产生相干克尔光频梳和高频谱纯度的拍频信号。该微型结构提供了一种简单高效的微波/毫米波信号产生方案。由于自由光谱范围大于 X 波段的晶体回音壁模式光学微腔非常容易制造，上述方法有望成为新一代小体积、低功耗和高频谱纯度的微波/毫米波信号源技术。OEwaves 公司已经将这种新型微波光电振荡器（全光振荡器）封装成邮票大小［如图 1-19（a）所示］，该 30GHz 微型全光振荡器在 10kHz 频偏处的相位噪声优于-108dBc/Hz［如图 1-19（b）所示］，并且具有极低的加速度灵敏度，即使全裸无补偿情况下振荡器加速度灵敏度指标小于 $10^{-11}g^{-1}$，相比于任何传统类型无补偿振荡器具有前所未有的抗振动水平。

基于回音壁模式光学微腔的微型微波光电振荡器方案，其另一个重要优势在于适合片上集成。美国国防部高级研究计划局（DARPA）早在 2006 年就成功将高品质回音壁模式光学微腔与硅光芯片结合起来，但通过该方法研制的振荡器性能受到 CMOS 工艺制造的电子放大器噪声性能限制。因此，DARPA 计划利用微波光子异质集成工艺开发具有极高频谱纯度的 20GHz 微波光电振荡器；一旦研制成功，规模化微波光电振荡器芯片将提供无与伦比的性能，并且适用于电子信息各领域。

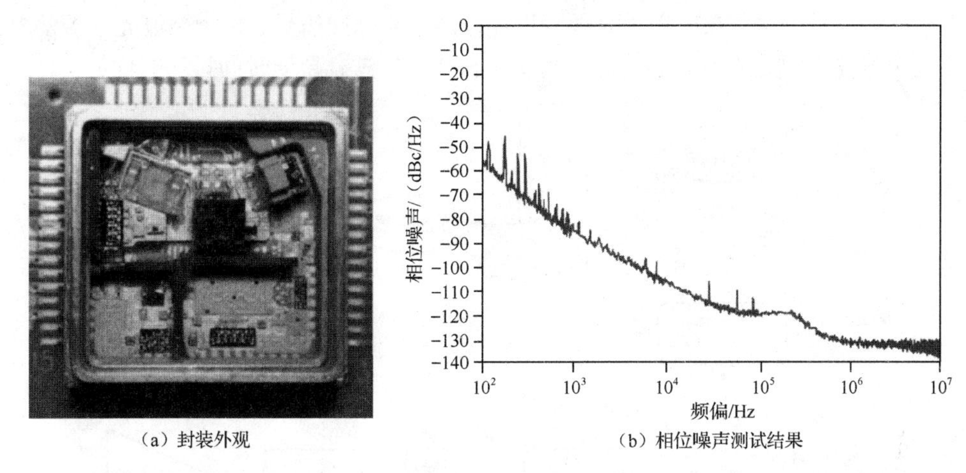

（a）封装外观　（b）相位噪声测试结果

图 1-19　OEwaves 公司新型微型微波光电振荡器封装外观和相位噪声测试结果

总之，通信、雷达和电子战等领域的电子系统需要体积小、质量轻、功耗小和频段宽（10～300GHz）的高性能微波振荡器，光生高质量微波/毫米波信号的技术正在快速发展，为改善下一代信息系统性能提供了一种令人振奋的全新技术途径，并且将从根本上改变我们对传统电子系统中高性能信号产生技术的认知。

1.4　微波光电振荡器应用领域

微波光电振荡器的设计初衷，是要产生高质量微波信号；但是随着众多学科领域的交叉融合，微波光电振荡器特有的结构使其在诸多应用场景中都能发挥作用。凭借高品质光电混合谐振结构和低相位噪声技术优势，微波光电振荡器能够广泛应用于特殊信号产生、通信和传感测量等领域，在未来涉及微波/毫米波系统的诸多重要领域都具有广阔的应用前景。

1.4.1　特殊信号的产生

微波光电振荡器除了能够产生高性能微波/毫米波信号，经过特殊结构设计还可以用于特殊信号产生，包括多频微波信号、光脉冲信号、混沌信号、二进制相移键控信号、线性啁啾信号、三角波信号以及跳频信号等，可被广泛应用于雷达、通信、传感和测量等领域的现代电子信息系统中。

1. 高速光脉冲的产生

微波光电振荡器可以用来产生具有超低抖动特性的高速光脉冲信号。图 1-20 显示了一种基于微波光电振荡器的高速光脉冲信号产生系统，该系统包括光纤激光器光学反馈和光电振荡器光电反馈两个环路。光学反馈环路为光电反馈环路提供光波能量，光电反馈环路生成的微波信号为光学反馈环路提供调制锁模信号，光学反馈环路与光电反馈环路相互耦合。当微波信号频率等于光纤激光器模式间隔的整数倍时，光纤激光器输出相干光频梳，并且光频梳间隔等于微波信号频率，在时域上表现为周期性高速光脉冲信号。由于微波光电振荡器具有低相位噪声特性，因此所产生的周期性高速光脉冲信号具有超低时间抖动的优势。

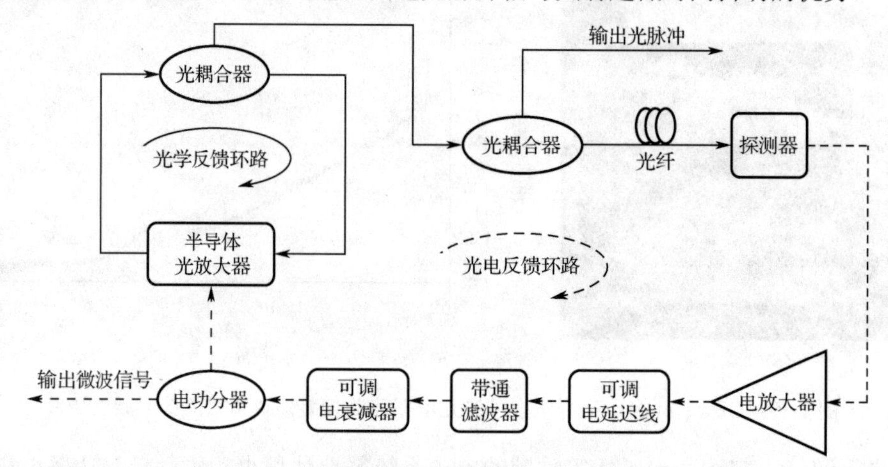

图 1-20 基于微波光电振荡器的高速光脉冲信号产生系统

2. 线性啁啾信号的产生

傅里叶域锁模微波光电振荡器可以用来产生具有大时间带宽积特性的线性调频啁啾信号，其结构示意图如图 1-21 所示。傅里叶域锁模微波光电振荡器的结构与传统单模微波光电振荡器大致相同，区别在于傅里叶域锁模微波光电振荡器需要将振荡环路设计为零色散，并且要求环路的时延等于射频带通滤波器频率调谐周期的整数倍。当振荡环路的时延与滤波器频率调谐周期相匹配时，可调谐滤波器可以依次选择不同振荡模式输出，同时不破坏稳定的光电振荡模式，进而产生各频率相干的线性调频啁啾信号。此外，由于傅里叶域锁模微波光电振荡器工作频段很宽，通过控制可调谐滤波器的频率调谐速率就可以有效提高输出线性调频啁啾信号的时间带宽积。

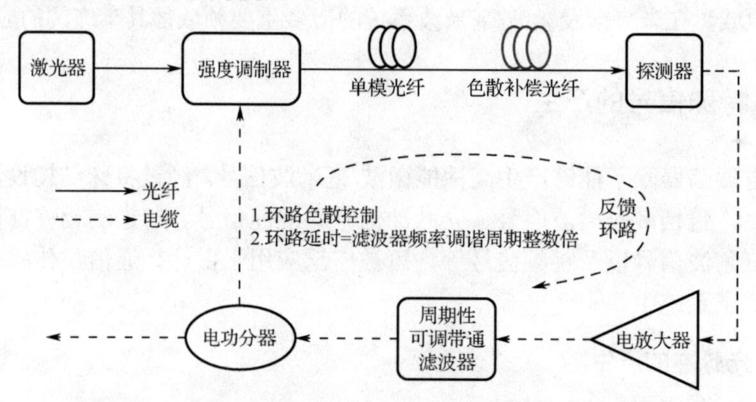

图 1-21 傅里叶域锁模微波光电振荡器结构示意图

1.4.2　电子信息系统

微波光电振荡器具有光电混合谐振结构、大工作带宽和低相位噪声等技术优势，其输出信号频率可覆盖新一代通信频段，通过特殊设计还可以利用频率响应特性探测环境温度和应力等的细微变化，在无线通信、微波信号处理、传感和测量等领域具有广阔的应用前景。

1．宽带通信

微波光电振荡器虽然结构简单，但它能够产生频率覆盖 100GHz 频段范围的微波信号，并且具有极低相位噪声。基于普通商用器件的微波光电振荡器架构，能够灵活产生和处理宽频段微波信号和光学信号，在新一代无线通信系统中具有巨大应用潜力。目前，科研人员已经基于低相位噪声微波光电振荡器演示了光载无线通信系统和可见光通信系统，分别在 30GHz、45GHz 和 60GHz 载波频率处实现了 10Gbps 数据传输速率，这些系统有望在未来 6G 宽带无线通信系统中得到应用。

2．信号处理

微波光电振荡器还可以广泛应用于信号处理领域，其中时钟信号恢复就是微波光电振荡器的早期典型应用之一，该应用主要得益于信号注入锁定原理。时钟恢复系统的工作频率主要由微波光电振荡器中的射频滤波器、电光调制器、光电探测器和微波放大器等器件的工作带宽共同决定，当注入信号频率接近微波光电振荡器某个谐振模式时，该谐振模式就被注入信号锁定，被锁定的谐振模式由于被注入信号激励而获得更高的竞争增益，此时微波光电振荡器输出信号频率即为被锁定谐振模式的频率。除了时钟信号恢复外，利用微波光电振荡器的注入锁定现象还可以实现时钟分频、时钟提取、弱信号检测和数据信号转换等功能。此外，微波光电振荡器结构也可以用于无线通信系统中信号处理功能，微波信号混频和上/下变频是下一代光载无线通信系统中的关键技术，基于微波光电振荡器的微波信号混频和上/下变频功能主要利用了光电反馈环路中光电子器件的非线性特性，具有超大工作带宽、多通道信号处理能力和超低相位噪声等独特的技术优势。

3．传感和测量

传感和测量是微波光电振荡器的又一重要应用领域。微波光电振荡器可以将系统待测量转换为振荡输出频率变化，进而实现折射率、光波长、横向负载、距离或长度、光功率、温度、应变、角速度、磁场和光纤色散等物理量的精密传感测量。依据待测量引起振荡频率变化的原理不同，基于微波光电振荡器的传感测量机制可以分为以下两类：

（1）传感待测量引起微波光子滤波器中心频率变化，进而改变微波光电振荡器输出信号频率，最终形成待测量—滤波器中心频率—振荡频率映射的传感测量机制，如图 1-22 所示。其中，基于相位-强度转换机制的微波光子滤波器模块由激光器、相位调制器、相移光栅和光电探测器等组成，相移光栅为传感部位。该传感测量机制具有高灵敏度的优势，但其系统传感测量范围受到光电子/微波器件工作带宽的限制。

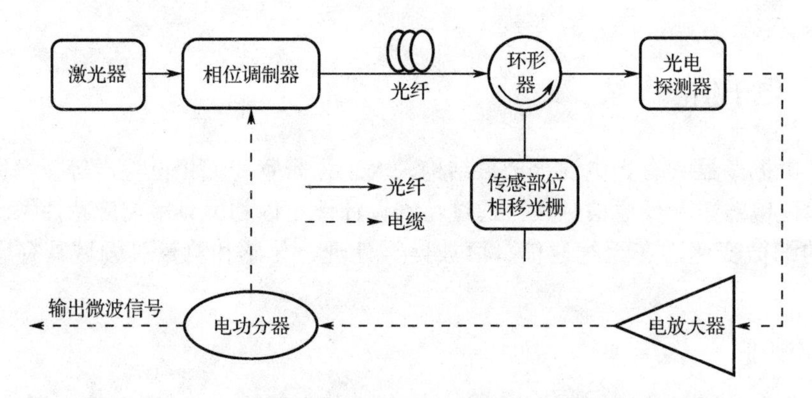

图 1-22　待测量—滤波器中心频率—振荡频率映射传感测量机制

（2）传感待测量引起微波光电振荡器反馈环路时延的变化，进而改变振荡输出信号频率，最终形成待测量—反馈环路时延—振荡频率映射的传感测量机制，如图 1-23 所示。其中，传感部位已嵌入微波光电振荡器反馈环路中，传感待测量会影响传感部位延时的变化。该机制的传感测量范围相对较大。

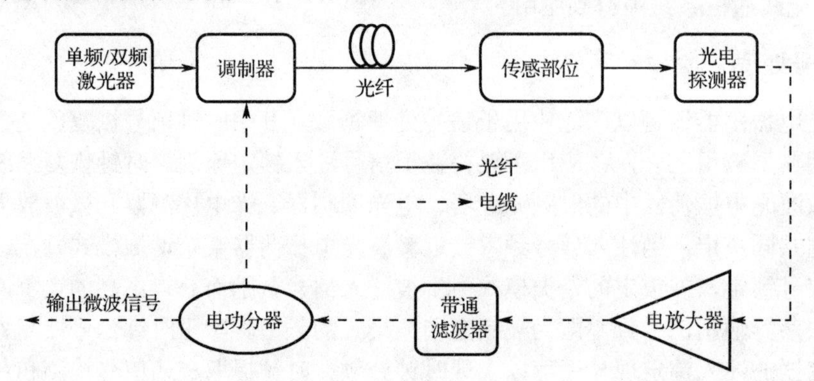

图 1-23　待测量—反馈环路时延—振荡频率映射的传感测量机制

总之，微波光电振荡器具有很大的应用潜力。随着众多学科领域的交叉融合，基于微波光电振荡器的基本架构而衍生出的重要应用方向越来越多。

第二部分

基础篇

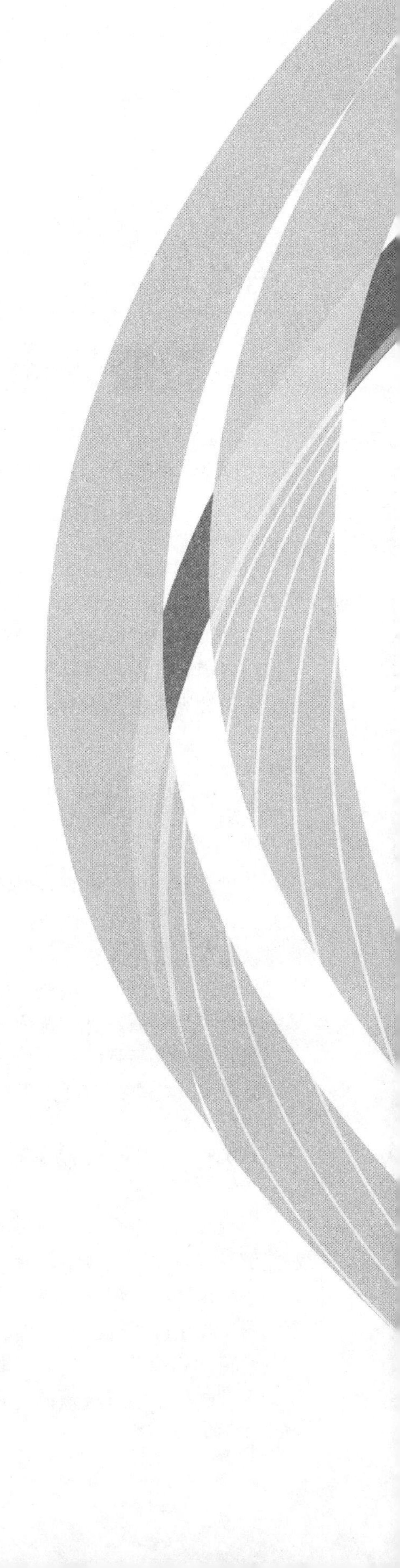

第 2 章 微波光电振荡器概述

微波光电振荡器采用微波光子技术手段，利用低损耗光学储能元件实现微波信号的高效储能，构成高 Q 值光电谐振腔，能够突破传统微波振荡器系统的相位噪声性能瓶颈。为了帮助读者理解微波光电振荡器的工作原理，本章将从微波振荡器的基础理论出发，介绍振荡器模型和振荡信号质量的评价指标，以及微波光电振荡器的基本结构与原理，并重点讨论微波光电振荡器中两种典型的高 Q 值储能元件——光纤储能链路与光学环形谐振腔。

2.1 微波振荡器基本概念

振荡器能够在没有外部输入信号的情况下将直流信号转化为确定频率的交流信号。根据工作原理的不同，微波振荡器主要分为负阻式微波振荡器和反馈式微波振荡器。负阻式微波振荡器利用具有负阻特性的有源器件来抵消回路中正阻损耗，从而实现自激振荡。反馈式微波振荡器则利用放大模块来补偿环路损耗，进而构成正反馈闭环环路，形成振荡。本书所关注的微波光电振荡器属于反馈式微波振荡器，因此本节将对反馈式微波振荡器模型进行介绍。另外，由于相位噪声和频率稳定度是评价振荡器性能好坏的重要指标，本节将从信号和噪声的表征入手，对这两个指标进行详细介绍。

2.1.1 反馈式微波振荡器模型

反馈式微波振荡器利用放大和选频电路构成正反馈闭环，当环路内部符合振荡条件时能够稳定输出固定频率信号。反馈式微波振荡器主要由放大器、选频模块（或选频网络）和正反馈网络三部分组成，如图 2-1（a）所示。放大器为环路内噪声及信号提供增益，放大器工作于非线性区（即饱和区）时能够有效抑制信号的幅度抖动。选频模块由具有带通滤波特性的选模元件构成，能够在振荡器的起振模式中选择特定频率模式，从而实现目标频率的起振。通过选频模块的信号返回放大器输入端，构成反馈网络，最终形成闭合振荡回路。信号在闭环振荡回路中经过放大和反馈循环，最终实现稳定振荡。

反馈式微波振荡器基本模型如图 2-1（b）所示。假设输入和输出信号分别为V_{in}和V_{out}，满足选频模块滤波特性的反馈信号为V_{f}，回路中$A(\text{j}\omega)$和$F(\text{j}\omega)$分别为放大器增益和选频模块的传输函数，由此可以得到：

$$V_{\text{out}} = A(\text{j}\omega)V_0 \tag{2-1}$$

$$V_{\text{f}} = F(\text{j}\omega)V_{\text{out}} \tag{2-2}$$

$$V_0 = V_{\text{in}} + V_{\text{f}} \tag{2-3}$$

其中，V_0为放大器输入端信号。联立上式，可以得到反馈式微波振荡器的闭环增益表达式为

$$\frac{V_{\text{out}}}{V_{\text{in}}} = \frac{A(\text{j}\omega)}{1 - A(\text{j}\omega)F(\text{j}\omega)} \tag{2-4}$$

其中，$A(\text{j}\omega)F(\text{j}\omega)$为振荡器的开环增益。

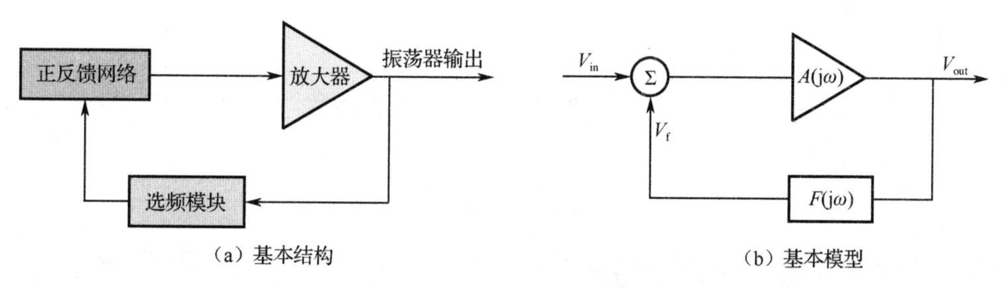

（a）基本结构　　（b）基本模型

图 2-1　反馈式微波振荡器

振荡器环路本身存在随机噪声，并不需要外部输入信号作为激励，符合选频模块滤波特性的噪声信号会获得环路增益，从而实现起振。噪声起振信号在闭环环路中不断循环谐振，最终形成稳定输出的微波信号。此时，式（2-4）的分母为零，即

$$1 - A(\text{j}\omega)F(\text{j}\omega) = 0 \tag{2-5}$$

式（2-5）通常称为巴克豪森准则。当满足巴克豪森准则时，反馈式微波振荡器能够实现振荡并稳定输出信号，相应的幅度与相位条件分别为

$$\begin{aligned}&|A(\text{j}\omega)F(\text{j}\omega)| = 1\\&\arg[A(\text{j}\omega)F(\text{j}\omega)] = 2n\pi \quad (n = 0,1,2,\cdots)\end{aligned} \tag{2-6}$$

反馈式微波振荡器在起振初期的环路增益通常大于 1，以保证每一次循环后信号幅度能够不断增加；随着环路中信号增大到一定幅度，放大器达到饱和状态，此时振荡也达到平衡状态，振荡器中闭环环路增益下降，最终保持增益为 1 的状态，实现并维持稳定振荡。因此，反馈式微波振荡器的起振条件可以表示为

$$\begin{aligned}&|A(\text{j}\omega)F(\text{j}\omega)| > 1\\&\arg[A(\text{j}\omega)F(\text{j}\omega)] = 2n\pi \quad (n = 0,1,2,\cdots)\end{aligned} \tag{2-7}$$

2.1.2 相位噪声与频率稳定度

在实际应用中，尽管满足巴克豪森准则的微波振荡器能够实现稳定起振，但是其性能会受到许多外部条件的限制。振动、温度等环境变化和器件老化等因素都会降低微波振荡器的输出信号质量。幅度（振幅）、相位以及频率绝对稳定的理想信号在实际情况中并不存在，通常可以用幅度噪声、相位噪声和频率稳定度来衡量实际信号质量。

微波振荡器的理想输出信号通常可以用正弦波表示：

$$v(t) = V_0 \cos(2\pi f_0 t + \phi) \tag{2-8}$$

其中，V_0 和 f_0 分别为信号幅度和频率，常量 ϕ 为信号初始相位。理想振荡信号在时域上表现为标准正弦波；在频域上表现为特定频率 f_0 处的冲激信号，如图 2-2（a）所示。然而，由于微波振荡器系统中存在噪声与非线性现象，实际振荡信号频谱通常会发生扩展，并且产生高次谐波分量，如图 2-2（b）所示。

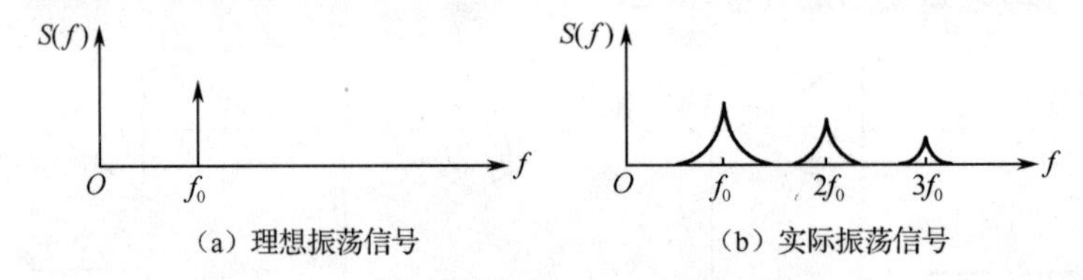

（a）理想振荡信号　　（b）实际振荡信号

图 2-2 理想与实际微波信号的频谱

在实际微波振荡器系统中，信号幅度 V_0、频率 f_0 和相位 ϕ 都会受到噪声影响而产生波动或抖动。在数学模型中，频率抖动与相位抖动一致，可以合为一项，由统一的相位抖动进行表示。因此，实际正弦波信号可以表示为

$$v(t) = [V_0 + \varepsilon(t)]\cos[\omega_0 t + \theta(t)] \tag{2-9}$$

其中，$\omega_0 = 2\pi f_0$；$\varepsilon(t)$ 和 $\theta(t)$ 分别为输出信号的幅度波动与相位抖动，幅度噪声和相位噪声在时域上分别表现为确定时刻信号幅度和相位的这种不确定性，如图 2-3 所示。当微波振荡器实现稳定起振时，环路内放大器处于饱和工作状态，可以对信号幅度波动实现抑制；但由于微波振荡器的幅度噪声通常较小，可以忽略不计。在分析微波振荡器输出信号质量时，通常主要考虑信号的相位抖动。简化的信号表达式为：

$$A(t) = A_0 \cos[2\pi f_0 t + \theta(t)] \tag{2-10}$$

此时，振荡信号的瞬时频率可以表示为

$$f(t) = f_0 + \frac{1}{2\pi}\frac{\mathrm{d}\theta(t)}{\mathrm{d}t} \tag{2-11}$$

其中，f_0 为理想振荡器输出信号频率。由式（2-11）可知，信号频谱会因为相位抖动而展宽，能量被分散在标准频率 f_0 附近一定线宽范围内，并且相位抖动越剧烈，实际信号瞬时频谱的线宽越大。

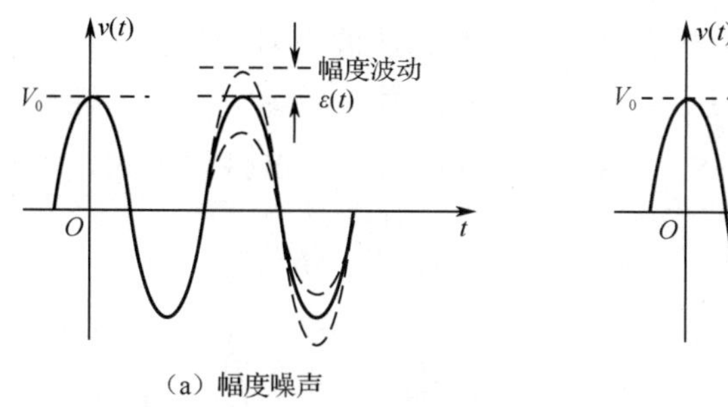

（a）幅度噪声

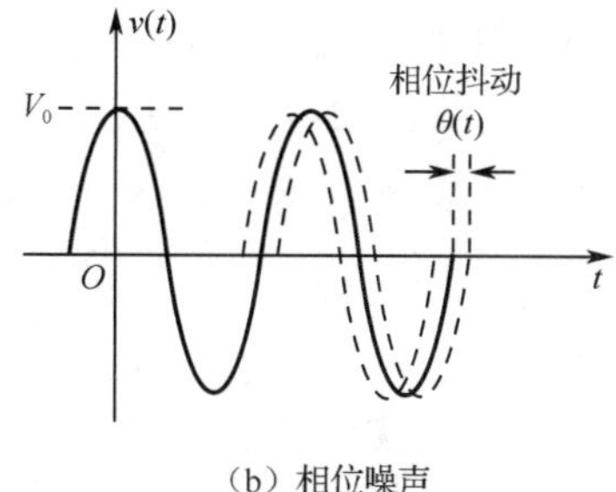

（b）相位噪声

图 2-3　信号幅度噪声和相位噪声的时域表现

相位抖动的存在与积累也会导致信号频率出现不稳定。对于微波振荡器而言，频率稳定度可以分为短期频率稳定度和长期频率稳定度。其中，短期频率稳定度可以用相位噪声进行表征，而长期频率稳定度一般用一定测量时间内输出信号的频率偏移（简称频偏）程度进行表征。

1．相位噪声

在时域上，相位噪声表现为确定时刻微波信号相位的不确定性。由式（2-11）可知，由于实际信号中存在相位抖动，微波信号的瞬时频率表现为标准频率 f_0 与频率抖动函数之和。相位抖动导致振荡器输出信号频率发生微小变化的过程，可以理解为信号的频率调制。假设信号相位变化为

$$\theta(t)=\frac{\Delta f}{f_{\mathrm{m}}}\sin(\omega_{\mathrm{m}}t)=\theta_{\mathrm{p}}\sin(\omega_{\mathrm{m}}t) \tag{2-12}$$

其中，$f_{\mathrm{m}}=\omega_{\mathrm{m}}/(2\pi)$ 为调制频率，相位偏离最大值为 $\theta_{\mathrm{p}}=\Delta f/f_{\mathrm{m}}$。若忽略微波信号的幅度起伏，输出信号可以表示为

$$v_0(t)=V_0\{\cos(\omega_0 t)\cos[\theta_{\mathrm{p}}\sin(\omega_{\mathrm{m}}t)]-\sin(\omega_0 t)\sin[\theta_{\mathrm{p}}\sin(\omega_{\mathrm{m}}t)]\} \tag{2-13}$$

当相位偏离足够小时，有 $\theta_{\mathrm{p}}\approx 0$，故式（2-13）可以简化为

$$\begin{aligned} v_0(t)&=V_0[\cos(\omega_0 t)-\theta_{\mathrm{p}}\sin(\omega_{\mathrm{m}}t)\sin(\omega_0 t)] \\ &=V_0\left\{\cos(\omega_0 t)+\frac{\theta_{\mathrm{p}}}{2}[\cos(\omega_0+\omega_{\mathrm{m}})t-\cos(\omega_0-\omega_{\mathrm{m}})t]\right\} \end{aligned} \tag{2-14}$$

因此，相位噪声导致微波振荡器输出信号在 $\omega_0\pm\omega_{\mathrm{m}}$ 处产生调制边带，从而造成信号频谱拓宽。根据信号频谱，可以直观评判微波振荡器相位噪声性能的优劣。

在实际工程中，微波信号的相位噪声性能通常用单边带噪声功率谱密度 $L_{\mathrm{p}}(f')$ 进行表征，其定义为相对于载波中心频率频偏 f' 处单位带宽（1Hz）内单边带噪声功率与载波信号功率的比值，单位为 dBc/Hz。如图 2-4（a）所示，单边带相位噪声可以表示为

$$L_{\mathrm{p}}(f')=\frac{P_{\mathrm{SSB}}(f')}{P_0} \tag{2-15}$$

其中，$P_{SSB}(f')$为噪声边带在频偏f'处的功率，P_0为载波信号功率。不同相位抖动条件下噪声功率谱密度如图 2-4（b）所示。理想微波信号在频域中表现为纯净频谱f_0；实际微波信号能量在噪声影响下分散至整个信号带宽内，相位抖动越大，微波信号的线宽越宽。

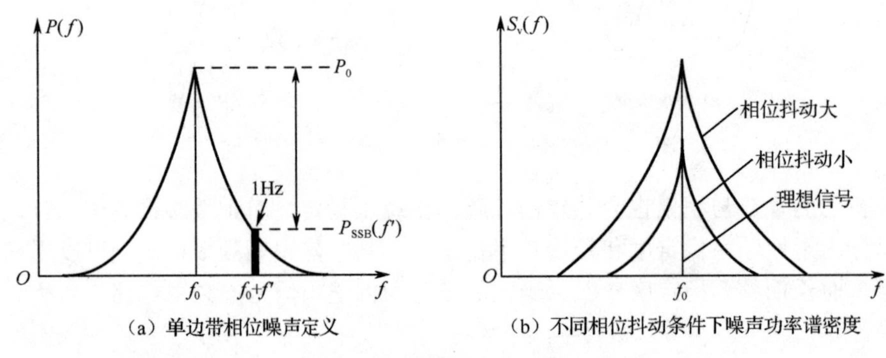

（a）单边带相位噪声定义　　（b）不同相位抖动条件下噪声功率谱密度

图 2-4　相位噪声的频域表征

2．长期频率稳定度

长期频率稳定度是衡量微波振荡器输出频率在较长时间内相对于中心频率的漂移程度，衡量时间可以为几秒、几小时甚至几天，主要与器件材料的性质变化有关。在工程实践中，通常使用频率计测量一段时间内微波振荡器的输出频率序列。微波振荡器输出频率$f(t)$在时间τ内的平均值可以表示为

$$\overline{f}_k(\tau)=\frac{1}{\tau}\int_{k\tau}^{(k+1)\tau}f(t)\mathrm{d}t \tag{2-16}$$

其中，k为正整数。应用归一化表达式（2-17），可以将式（2-16）归一化为式（2-18）。

$$\overline{y}_k=\frac{\overline{f}_k-f_0}{f_0} \tag{2-17}$$

$$\overline{y}_k(\tau)=\frac{1}{\tau}\int_{k\tau}^{(k+1)\tau}y(t)\mathrm{d}t \tag{2-18}$$

其中，$y(t)$为微波振荡器的频率偏差与标准频率f_0的比值，表示微波振荡器输出信号频率的瞬时相对偏差。$y(t)$的大小和变化与微波振荡器长期频率稳定度息息相关，是微波振荡器长期频率稳定度的重要反映。$y(t)$为瞬时值，而在时域上难以得到微波振荡器频率偏差的瞬时值。统计学中通常用方差来表征变量的波动情况，国际电气与电子工程师协会（IEEE）于 1971 年正式提出采用阿伦标准偏差（偏差为方差的平方根）σ_y作为频率稳定度的时域表征手段。在一定采样时间内，对微波信号频率进行测量，通过计算可以得到采样时间内$y(t)$的平均值。通常，阿伦方差可以表示为

$$\sigma_y^2=E\left\{\frac{1}{2}[\overline{y}_{k+1}(\tau)-\overline{y}_k(\tau)]^2\right\}\quad(k=1,2,3,\cdots) \tag{2-19}$$

其中，τ 为采样时间，y_{k+1} 与 y_k 为相邻采样点，$E\{\}$表示随机过程中的数学期望。阿伦标准偏差可以表征一段时间范围内微波振荡器输出信号的相位或频率扰动情况。

2.2 低相位噪声微波光电振荡器

传统微波振荡器中谐振腔的品质因数（Q）通常较低，并且随着频率升高而减小，难以满足人们对高频低相位噪声频率源的需求。微波光电振荡器利用低损耗光学器件作为储能元件，并且其损耗与微波频率无关，极大提升了谐振腔 Q 值，能够产生极低相位噪声的高频微波信号。谐振腔 Q 值与振荡器相位噪声之间的关系可以通过 Leeson 模型进行预测分析，因此，本节先介绍微波振荡器的通用相位噪声预测模型——Leeson 模型，并阐述微波光电振荡技术的研究价值，随后介绍微波光电振荡器的基本结构与工作原理。

2.2.1 Leeson 模型

反馈式微波振荡器内部器件的相位噪声转化为频率噪声，并且导致信号近频偏处噪声显著恶化，该现象称为 Lesson 效应，可以通过 Lesson 模型进行描述。Leeson 模型是描述微波振荡器相位噪声谱的重要工具，能够对反馈式微波振荡器的相位噪声谱进行预测，可以定性描述微波振荡器相位噪声与环路开环噪声以及谐振腔选频特性之间的关系，进而根据环路开环的相位噪声特性预测振荡器闭环振荡的相位噪声性能。

反馈式微波振荡器的 Leeson 模型通常可以描述为

$$S_\phi(f')=\left[1+\frac{1}{(f'^2}\left(\frac{v_0}{2Q}\right)^2\right]S_\Psi(f') \tag{2-20}$$

其中，$S_\phi(f')$ 和 $S_\Psi(f')$ 分别为反馈式微波振荡器的输出和输入相位噪声谱，而输入相位噪声谱又可以看作微波振荡器的开环相位噪声谱；v_0 为微波振荡器的振荡频率；f' 为相对于振荡频率的频偏；Q 为振荡器品质因数。在此基础上，Leeson 频率 f_L 由振荡器品质因数与振荡频率共同决定：

$$f_L=\frac{v_0}{2Q}=\frac{1}{4\pi\tau} \tag{2-21}$$

其中，τ 为微波振荡器的储能时间，信号在谐振腔内传输时间越长，对应的振荡器品质因数（Q）就越高。式（2-20）可以简化为

$$S_\phi(f')=\left[1+\frac{f_L^2}{f'^2}\right]S_\Psi(f') \tag{2-22}$$

因此，Leeson 效应可以通过反馈式微波振荡器的输出相位噪声谱与输入相位噪声谱之比进行描述，即

$$\frac{S_{\phi}(f')}{S_{\Psi}(f')}=1+\frac{f_{\mathrm{L}}^2}{f'^2} \tag{2-23}$$

当微波振荡器的开环相位噪声表现为白噪声（通常来源于振荡环路内放大器的热噪声）时，Leeson 效应对微波振荡器输出相位噪声谱的影响如图 2-5 所示。当频偏大于 f_{L} 时，微波振荡器的输出相位噪声谱与开环相位噪声谱几乎相同；当频偏小于 f_{L} 时，微波振荡器的输出相位噪声谱为开环相位噪声谱与特定系数的乘积，该系数为频偏值平方的倒数。由式（2-21）可知，当振荡环路内噪声确定时，谐振腔 Q 值越高，对应微波振荡器的 f_{L} 越小，即微波振荡器的输出相位噪声谱中受 Leeson 效应影响的近频范围越小，相应的振荡器低频偏处输出信号的相位噪声水平降低。

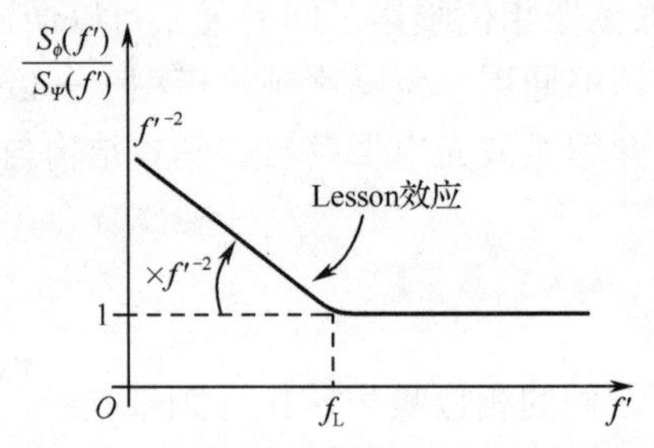

图 2-5 Leeson 效应对振荡器输出相位噪声谱的影响

反馈式微波振荡器需要放大器提供振荡增益，微波放大器的相位噪声在较高频偏处表现为白噪声特性，而在拐角频率 f_{c} 以内表现为与频偏相关的闪烁噪声特性，如图 2-6 所示。因此，微波放大器的相位噪声谱通常可以表示为

$$S_{\Psi}(f')=b_0+b_{-1}f'^{-1} \tag{2-24}$$

其中，b_0 为白相位噪声谱密度，b_{-1} 为闪烁相位噪声的谱密度因子。根据微波振荡器的 f_{L} 与放大器的 f_{c} 之间的大小关系，微波振荡器输出信号表现为以下两类输出相位噪声频谱情况。

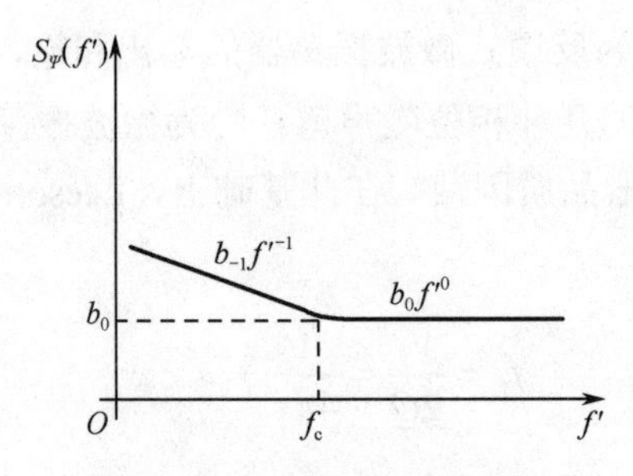

图 2-6 放大器的相位噪声谱

1. 第一类相位噪声谱（$f_{\mathrm{L}}>f_{\mathrm{c}}$）

在图 2-7 所示的第一类相位噪声谱中，Leeson 频率 f_{L} 大于放大器拐角频率 f_{c}。从振荡频率的高频偏向近频偏方向观察，当频偏大于 Leeson 频率 f_{L} 时，微波振荡器输出相位噪声与放大器相位噪声保持一致，取值为白噪声 $b_0f'^0$；当频偏处于放大器拐角频率与 Leeson 频率之间时，放大器的白噪声发生 Leeson 效应，从频率无关的白噪声转化为振荡频率的白

噪声，相应的微波振荡器输出相位噪声谱表现为$b_{-2}f'^{-2}$（斜率为-2）；当频偏小于放大器拐角频率f_c时，放大器闪烁噪声（斜率为-1）经过 Leeson 效应转化为微波振荡器闪烁频率噪声$b_{-3}f'^{-3}$（斜率为-3）。

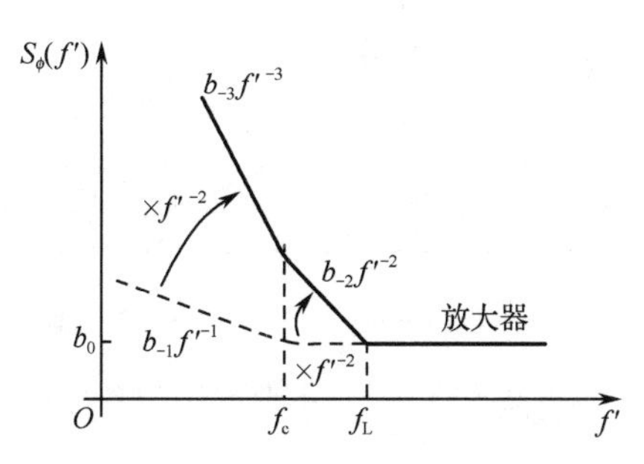

图 2-7　Leeson 效应第一类相位噪声谱

2．第二类相位噪声谱（$f_L>f_c$）

在图 2-8 所示的第二类相位噪声谱中，Leeson 频率f_L小于放大器拐角频率f_c。从振荡频率的高频偏向近频偏方向观察，当频偏大于 Leeson 频率时，微波振荡器的输出相位噪声谱与放大器的相位噪声谱保持一致；当频偏大于放大器拐角频率f_c时，微波振荡器的输出相位噪声谱表现为放大器的白噪声$b_0f'^0$；从频偏$f'=f_c$起，微波振荡器输出相位噪声谱由频率无关的白噪声过渡到频率相关的闪烁噪声，并且在 Leeson 频率与放大器拐角频率之间的频率范围内与频偏成反比（$b_{-1}f'^{-1}$）。由于 Leeson 效应只发生在低于 Leeson 频率f_L的频偏范围内，微波振荡器相位噪声谱在该频偏范围内由闪烁噪声转化为闪烁频率噪声$b_{-3}f'^{-3}$，因此第二类相位噪声谱中不存在频率白噪声项$b_{-2}f'^{-2}$。

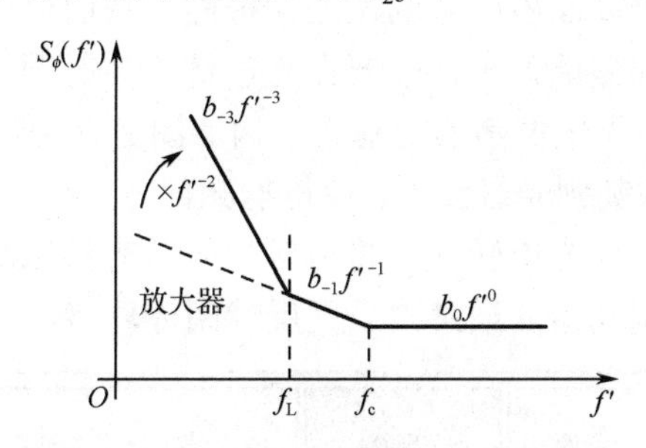

图 2-8　Leeson 效应第二类相位噪声谱

由上述分析可知，当微波振荡器中放大器的相位噪声谱确定时，微波振荡器输出的相位噪声谱由拐角频率f_c以及 Leeson 频率f_L共同决定。微波振荡器的Q值确定后，可以通过计算得到 Leeson 频率f_L，进而对微波振荡器的输出相位噪声谱进行预测，为相位噪声的优化提供理论指导。微波振荡器拐角频率f_c主要由放大器决定，可以有针对性地进行设计选型。此外，微波振荡器Q值越高，对应的 Leeson 频率f_L越低，此时 Leeson 效应影响的频偏范围减小，通过提高振荡器Q值可以有效降低近频偏处的输出相位噪声，因此提升微波振荡器的储能能力将有助于突破传统振荡器近频偏处的相位噪声限制。最后，如图 2-9 所示，微波振荡器高频偏处的白噪声不受 Leeson 效应影响，因此降低放大器的白噪声水平是改善微波振荡器高频偏处相位噪声性能的关键。

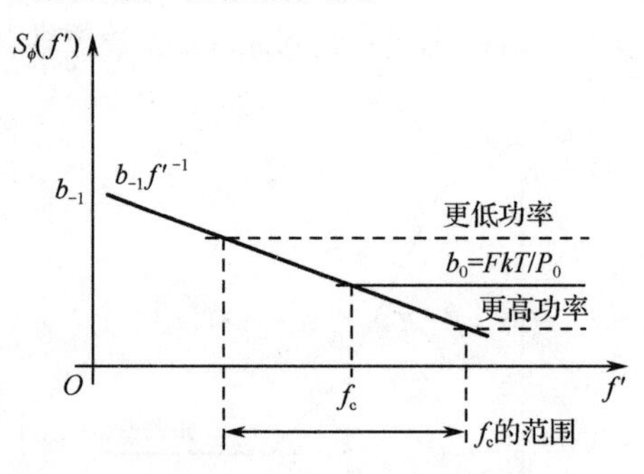

图 2-9　放大器不同白噪声水平对应的输出相位噪声谱

2.2.2　微波光电振荡器基本结构与原理

由反馈式微波振荡器的 Leeson 模型可知，当谐振腔品质因数较高时，Leeson 频率较小，微波振荡器输出信号的相位噪声谱受 Leeson 效应影响较小，因此，提高谐振腔的品质因数可以有效降低微波振荡器近频偏相位噪声。相比于传统微波振荡器，微波光电振荡器的突出优势正是结合了光子技术与微波技术，通过以高品质光学储能元件替代传统微波储能谐振腔，利用光学介质的低损耗传输特性显著增加微波振荡器的储能时间，突破了传统微波振荡器系统的性能瓶颈，使振荡器的相位噪声性能得到极大提升。

与 2.1.1 节中所介绍的反馈型微波振荡器基本结构类似，微波光电振荡器由正反馈网络、放大模块和选频滤波模块等构成。不同的是，微波光电振荡器采用光学储能元件对信号进行延迟储能，以获取更高品质因数的微波谐振腔，从而保证振荡器具有低相位噪声。为了实现微波信号的长时间储能效果，需要在光学链路与射频链路接口处进行电光转换和光电转换。因此，通常微波光电振荡器的基本结构如图 2-10 所示。采用电光调制器作为电光转换器件，将射频信号调制到光载波上，使得射频信号能够在光学储能元件中进行传输；同时，利用光电探测器来实现光电转换，将射频信号从光频域解调恢复出来，经过放大、滤波等处理后反馈给电光调制器，最终构成正反馈闭环环路。

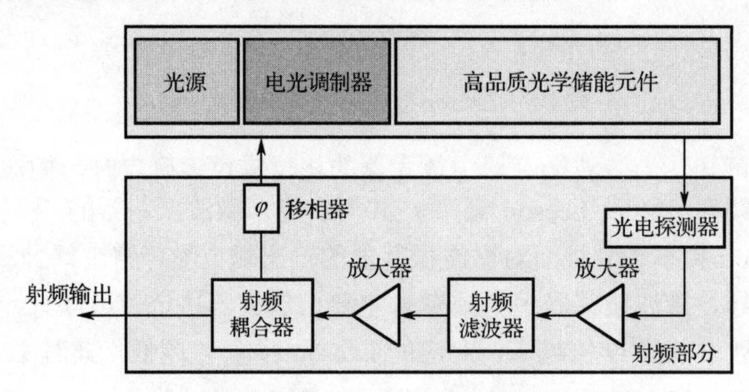

图 2-10　微波光电振荡器基本结构

微波光电振荡器系统中常用的低损耗光学储能元件，主要包括光纤储能链路、光纤环形谐振腔和回音壁模式光学微腔，如图 2-11 所示。基于不同光学储能元件的微波光电振荡器架构具有各自优势与缺点，本书将对上述三种光学储能元件进行重点介绍，并总结出相应微波光电振荡器架构的不同特性。

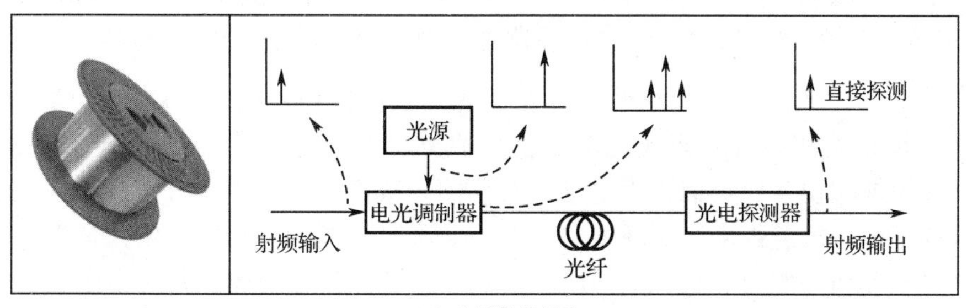

（a）光纤储能链路

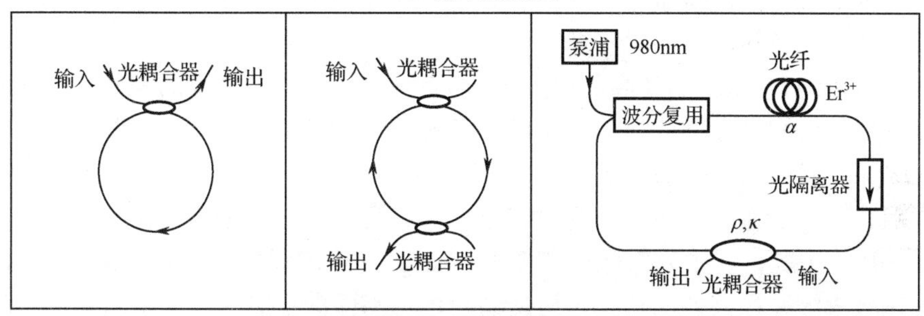

（b）光纤环形谐振腔

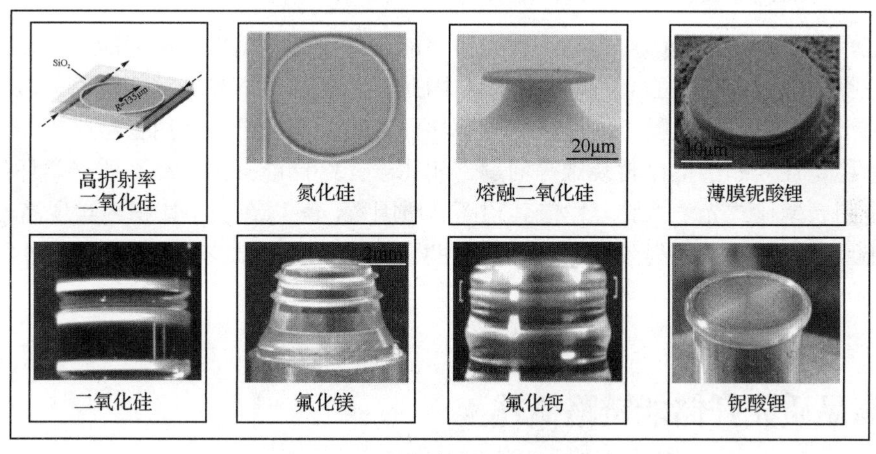

（c）回音壁模式光学微腔

图 2-11　不同种类的低损耗光学储能元件

与传统微波传输介质（如同轴电缆）相比，光纤具有抗电磁干扰、低损耗和大带宽等优势，十分适用于高频微波信号的高品质延迟储能。如图 2-11（a）所示，光纤（长距离储能光纤）、电光调制器、光电探测器及其他元器件（射频）共同构成光纤储能链路。微波（射频）信号通过电光调制器馈入光纤储能链路，经过长距离光纤的长时间传输储能后，光载射频信号利用终端光电探测器解调恢复出微波（射频）信号。光纤储能链路的品质因数（Q）与链路传输时延之间的关系为

$$Q = 2\pi f_0 \tau_R \tag{2-25}$$

其中，f_0为链路传输的微波信号频率，τ_R为链路传输时延。光纤储能链路通常采用几千米甚至十几千米的低损耗光纤进行传输，使其能够大幅提升储能能力，使链路品质因数可以高达10^{10}，从而保障光纤式微波光电振荡器生成微波信号的超低相位噪声。

光学环形谐振腔通过低损耗循环传输实现光载微波信号的长时间延迟储能，主要包括光纤环形谐振腔和回音壁模式光学微腔两种类型，分别如图 2-11（b）和（c）所示。与振荡器起振的相位条件类似，满足谐振条件的光载微波信号在环形谐振腔中干涉相长，并在低损耗环形谐振腔内多次循环传输，进而实现有效的能量存储效果。首先，光纤环形谐振腔的光学品质因数可以达到10^{10}以上，基于有源光纤环形腔的紧凑型微波光电振荡器（通常称为耦合式光电振荡器），能够在保证低相位噪声的同时有效缩短所用光纤的长度，有助于实现微波光电振荡器的紧凑型封装。其次，凭借超精密制备加工工艺，回音壁模式光学微腔可以达到10^9以上的超高品质因数，有效保障了光电谐振腔的高质量储能能力和微波光电振荡器的低相位噪声。同时，回音壁模式光学微腔能够实现超窄带带通滤波，以消除微波光电振荡器中其他杂散模式。此外，基于铌/钽酸锂电光材料的回音壁模式光学微腔，集电光调制、高Q储能与模式选择等功能于一体，可最大限度地降低微波光电振荡器系统的结构复杂度。因此，利用光纤环形谐振腔和高Q值回音壁模式光学微腔构建微波光电振荡器，可以极大缩减振荡器的体积、质量与功耗，为面向实际工程应用的紧凑型和小型集成化微波光电振荡器提供可靠的技术途径。

总之，利用长距离光纤作为高品质光学储能元件，光电谐振腔储能能力将得到提升，在低相位噪声信号产生方面具有明显优势。因此，基于长距离光纤储能链路的微波光电振荡器常用于产生超低相位噪声的微波信号。然而，长距离光纤的使用也会带来模式杂散严重、频率稳定性差和小型化封装难等问题。相比于光纤储能链路，高品质光学环形谐振腔（尤其是回音壁模式光学微腔）凭借其超高品质因数，可以在较小体积内实现高Q储能能力，其小尺寸、低功耗的高效储能特性将有助于低相位噪声微波光电振荡器的小型化、集成化发展。

2.3 高品质光纤储能链路概述

光纤储能链路是光纤式微波光电振荡器的重要组成部分，低损耗长光纤为光载微波信号带来了长延迟储能效果，能够实现传统射频链路或微波谐振腔难以比拟的高Q值优势。由高Q值条件下的 Leeson 模型可知，高性能长光纤储能链路有助于实现微波光电振荡器的极低相位噪声，对高品质光纤储能链路的具体分析有助于进一步理解光纤式微波光电振荡器的工作原理和性能优势。因此，本节主要介绍光纤式微波光电振荡器中高品质光纤储能链路的微波信号传输原理与性能指标。

2.3.1 调制解调原理

根据不同的微波信号调制方式，光纤储能链路通常可以分为相位调制链路与强度调制链路两种类型，相应的解调方式包括直接探测、相干解调以及差分解调等。光纤式微波光电振荡器系统通常采用最典型的强度调制直接探测光纤储能链路。

强度调制直接探测光纤储能链路结构如图 2-12 所示。激光器输出频率为 f_0 的光载波信号，经过频率为 f_{RF} 的微波信号进行电光强度调制后，调制光边带与光载波之间的频率间隔为 f_{RF}，光载微波信号经过长距离低损耗光纤传输，通过光电探测器检测和解调恢复出频率为 f_{RF} 的微波信号，最终实现微波信号的长时间延迟储能。

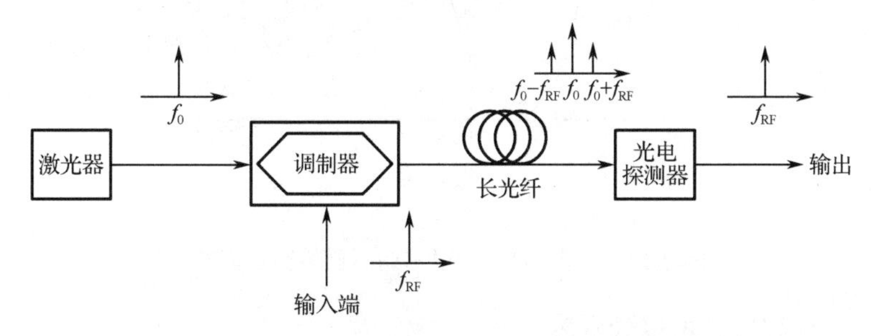

图 2-12　强度调制直接探测光纤储能链路结构

激光器为强度调制直接探测光纤储能链路所提供的光载波信号，通过电光调制实现了微波信号从微波域至光频域的转换。强度调制光纤储能链路通常采用商用马赫-曾德尔调制器（Mach-Zehnder Modulator，MZM），其基本结构如图 2-13 所示。马赫-曾德尔调制器输入端的 Y 形分支结构将输入光信号等分为两路后，经过上下两臂铌酸锂波导分别传输。在外加电场作用下，铌酸锂材料电光效应导致传输波导折射率发生变化，进而改变光波的传输时延，整体表现为传输光信号的相位随外加调制电场发生变化，最终马赫-曾德尔调制器输出端 Y 形结构将两路光波信号合成，输出光信号的强度随着微波调制信号的变化而变化。

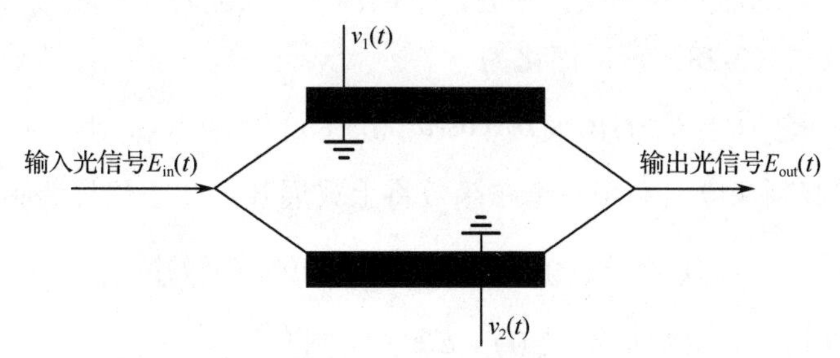

图 2-13　马赫-曾德尔调制器基本结构

马赫-曾德尔调制器（MZM）的传输响应函数可以表示为

$$T_{MZM}=\frac{1}{2}\left[1+\cos\left(\Delta\phi+\pi\frac{v_1(t)-v_2(t)}{V_\pi}\right)\right] \tag{2-26}$$

其中，V_π 为调制器半波电压，即当光信号相位变化 π 时所对应的外加电压值；$\Delta\phi$ 为马赫-曾德尔调制器两臂在没有外加微波调制信号时的固定相位差，它决定了马赫-曾德尔调制器的工作区域，该相位差由调制器直流偏置点决定；$v_1(t)-v_2(t)$ 为马赫-曾德尔调制器两臂调制信号的差值，输出光信号强度随着两臂信号差值而发生变化，进而实现电光强度调制功能。

如图 2-14 所示，典型马赫-曾德尔调制器的传输响应曲线呈现余弦特性，其工作偏置点通常设置在正交偏置点处，此时输出光信号强度比最大传输点处低 3dB，并且调制器具有较好的线性调制特性。

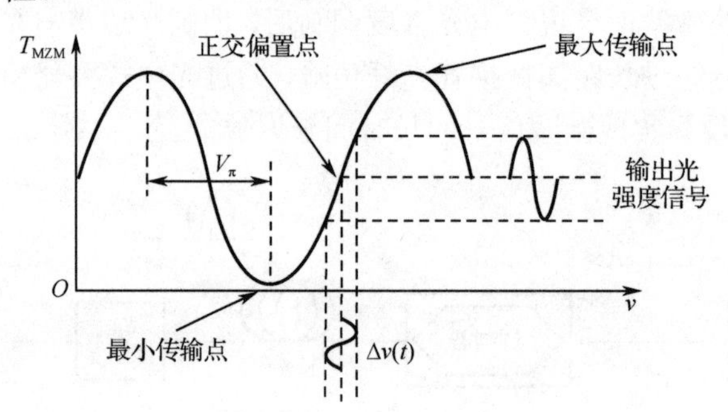

图 2-14　典型马赫-曾德尔调制器传输响应曲线

假设单频光载波信号可以表示为

$$E_{in}(t)=E_0\cos(\omega_0 t) \tag{2-27}$$

其中，E_0 和 ω_0 分别为光载波信号的幅度与角频率。为了实现零啁啾调制，马赫-曾德尔调制器通常采用推挽工作模式，即 $v_1(t)=-v_2(t)$。此时，电光强度调制器的输出光信号 $E_{out}(t)$ 与输入光信号 $E_{in}(t)$ 之间的关系为

$$E_{out}(t)=E_{in}(t)\cos\left(\frac{\Delta\phi}{2}+\pi\frac{v_1(t)}{V_\pi}\right) \tag{2-28}$$

假设外部射频调制信号为单频正弦波，即 $v_1(t)=V\cos(\omega_m t)$，V 和 ω_m 分别为调制信号的幅度和角频率，则式（2-28）可以简化为

$$E_{out}(t)=E_{in}(t)\{\cos[\beta\pi\cos(\omega_m t)]-\sin[\beta\pi\cos(\omega_m t)]\} \tag{2-29}$$

其中，$\beta=V/V_\pi$ 为调制深度。利用贝塞尔函数将上式展开，在小信号调制情况下，有

$$E_{out}(t)\approx E_{in}(t)[\mathrm{J}_0(\beta\pi)-2\mathrm{J}_1(\beta\pi)\cos(\omega_m t)] \tag{2-30}$$

将输入光信号表示成复数形式 $E_{in}(t)=E_0\mathrm{e}^{\mathrm{j}\omega t}$，则有

$$E_{out}(t)\approx E_0[\mathrm{J}_0(\beta\pi)\mathrm{e}^{\mathrm{j}\omega t}-\mathrm{J}_1(\beta\pi)\mathrm{e}^{\mathrm{j}(\omega+\omega_m)t}-\mathrm{J}_1(\beta\pi)\mathrm{e}^{\mathrm{j}(\omega-\omega_m)t}] \tag{2-31}$$

经过长光纤低损耗传输后，该调制光信号馈入光电探测器。光电探测器输出光电流与调制光信号功率大小成正比，即

$$i(t)=\rho|E_{out}(t)|^2 \tag{2-32}$$

其中，ρ 为光电探测器响应度。因此，光电探测器输出光电流可以表示为

$$i(t)=A_0^2\rho+2A_1^2\rho+4A_0A_1\rho\cos(\omega_{\mathrm{m}}t)+2A_1^2\rho\cos(2\omega_{\mathrm{m}}t) \tag{2-33}$$

其中，$A_0=E_0\mathrm{J}_0(\beta\pi)$ 且 $A_1=-E_0\mathrm{J}_1(\beta\pi)$。相应的基频微波信号功率为

$$P_{\mathrm{m}}=i_{\mathrm{m}}^2R=\frac{(4A_0A_1\rho)^2R}{2}=8A_0^2A_1^2\rho^2R \tag{2-34}$$

其中，i_{m} 为基频探测光电流，R 为光电探测器负载阻抗。由式（2-34）可知，光电探测器输出微波信号功率与光载波信号和边带信号振幅的乘积成正比。当光电探测器输入光功率提高 1dB 时，输出微波信号功率增加 2dB，因此通过提高光纤储能链路中光信号功率可以有效提高链路射频增益。

2.3.2　关键性能指标

强度调制直接探测光纤储能链路整体上可以看作微波放大器“黑盒子”，微波信号从电光强度调制器调制输入端口输入，从光电探测器解调输出端口输出。光纤储能链路的关键性能指标主要包括链路射频增益、链路噪声系数和信噪比动态范围等，这些性能指标会直接影响微波信号的传输储能质量，进而影响光纤式微波光电振荡器的输出信号性能。

1. 链路射频增益

在微波信号经过强度调制直接探测光纤储能链路传输时，器件的插入损耗以及电光/光电转换过程会导致微波信号功率衰减。链路射频增益 G 定义为光纤储能链路解调输出射频功率 P_{out} 与调制输入射频功率 P_{in} 的比值：

$$G=\frac{P_{\mathrm{out}}}{P_{\mathrm{in}}} \tag{2-35}$$

实际应用中通常采用对数单位来表示链路射频增益，即

$$G=10\lg(P_{\mathrm{out}}/P_{\mathrm{in}}) \tag{2-36}$$

光纤储能链路的射频增益可以进一步通过链路其他参数来表示：

$$G=\left[\frac{\pi R\rho\alpha_{\mathrm{loss}}P(t)}{2V_\pi}\sin\frac{\pi V_{\mathrm{B}}}{V_\pi}\right]^2 \tag{2-37}$$

其中，R 为光纤储能链路负载阻抗，ρ 为光电探测器响应度，α_{loss} 为链路中的光纤传输损耗，$P(t)$ 为调制器输出光载波信号功率，V_{B} 与 V_π 分别为马赫-曾德尔调制器的偏置电压与半波电压。由式（2-37）可知，光电探测器响应度、光纤传输损耗以及调制器半波电压直接影响强度调制直接探测光纤储能链路的射频增益。光纤储能链路的射频增益指标决定了微波反馈链路增益的设计，提高光纤储能链路射频增益可以减少微波反馈链路所需放大器级数，有效避免微波放大器引入的额外噪声源，进而改善光纤式微波光电振荡器的相位噪声性能。

2. 链路噪声系数

强度调制直接探测光纤储能链路的噪声系数可综合衡量储能链路系统的噪声与增益水平，它直观反映了微波信号经过光纤储能链路传输后信噪比的下降程度。通常定义为链路系统输入信噪比与输出信噪比的比值（用对数表示）：

$$\mathrm{NF}=10\lg\left(\frac{S_{\text{in}}/N_{\text{in}}}{S_{\text{out}}/N_{\text{out}}}\right) \tag{2-38}$$

其中，S_{in} 与 S_{out} 分别为光纤储能链路的输入射频信号与输出射频信号的功率，N_{in} 与 N_{out} 分别为光纤储能链路的输入噪声与输出噪声的功率。当微波信号经过强度调制直接探测光纤储能链路传输后，链路中固有噪声 N_{add} 附加到微波信号中。假设只考虑长距离光纤中的功率衰减，则光纤储能链路的噪声系数可以表示为

$$\begin{aligned}\mathrm{NF}&=10\lg\left(\frac{S_{\text{in}}/N_{\text{in}}}{S_{\text{out}}/N_{\text{out}}}\right)=10\lg\left[\frac{S_{\text{in}}/N_{\text{in}}}{GS_{\text{in}}/(GN_{\text{in}}+N_{\text{add}})}\right]\\&=10\lg\left[\frac{S_{\text{in}}(GN_{\text{in}}+N_{\text{add}})}{GS_{\text{in}}N_{\text{in}}}\right]=10\lg\left[1+\frac{N_{\text{add}}}{GN_{\text{in}}}\right]\end{aligned} \tag{2-39}$$

光纤储能链路可以等效为微波放大器“黑盒子”，其噪声传递模型如图 2-15 所示。强度调制直接探测光纤储能链路的固有噪声主要包括热噪声、散粒噪声、激光器相对强度噪声等，这些基础噪声对光纤储能链路的噪声系数指标均有贡献。储能链路噪声系数会影响链路传输中的信噪比，从而对光纤式微波光电振荡器的远端相位噪声性能产生影响。为了实现低相位噪声微波光电振荡器，还需要考虑长距离光纤中瑞利散射和色散效应等因素所引入的额外噪声，进而对光纤储能链路的噪声进行分析与抑制，具体方法将在本书第 3 章中进行详细介绍。

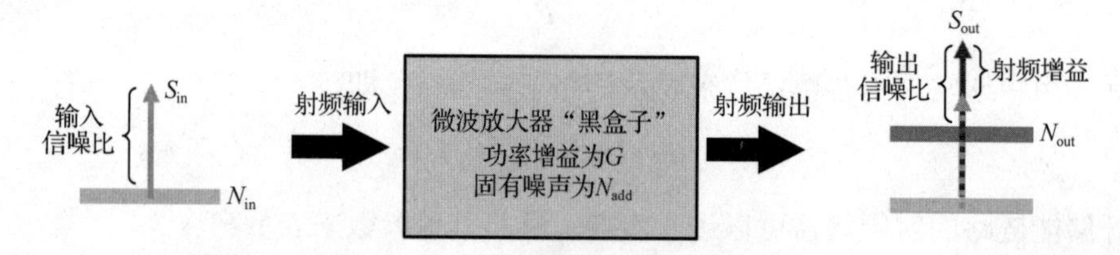

图 2-15　光纤储能链路噪声传递模型

3. 信噪比动态范围

光纤储能链路受到其中噪声与非线性的共同作用，其射频输入功率范围会影响微波信号在链路中的传输质量。通常，光纤链路需要通过非线性失真来描述非线性传输特性，并利用无杂散动态范围来表征链路中无非线性交调分量时射频输出（或输入）的功率范围。由于本书重点关注光纤式微波光电振荡器的高质量信号产生，振荡环路中光纤链路主要用于实现单频光载微波信号的高品质储能，并且只有工作在非线性功率饱和状态下才能保证微波光电振荡器的稳定起振，因此不需要考虑非线性交调失真（Intermodulation Distortion，IMD）和无杂散动态范围等。本节将面向光纤式微波光电振荡器的高输出功率和极低相位

噪声，重点关注光纤储能链路的信噪比动态范围指标。

信噪比动态范围是指基频输出功率分别与输出噪声基底 $P_{\text{out-noise}}$ 和输出饱和功率 $P_{\text{out-sat}}$ 相等时所对应的链路输出（或输入）射频功率范围。仅从输出信号功率角度来看，信噪比动态范围SNR-DR也可以理解为光纤储能链路能够实现的最大输出信噪比：

$$\text{SNR-DR}=\frac{P_{\text{out-sat}}}{P_{\text{out-noise}}} \tag{2-40}$$

图2-16所示为信噪比动态范围示意图，它反映了双对数坐标下光纤储能链路的基频输出功率、三阶IMD、五阶IMD、无杂散动态范围和信噪比动态范围与输出噪声基底之间的关系。

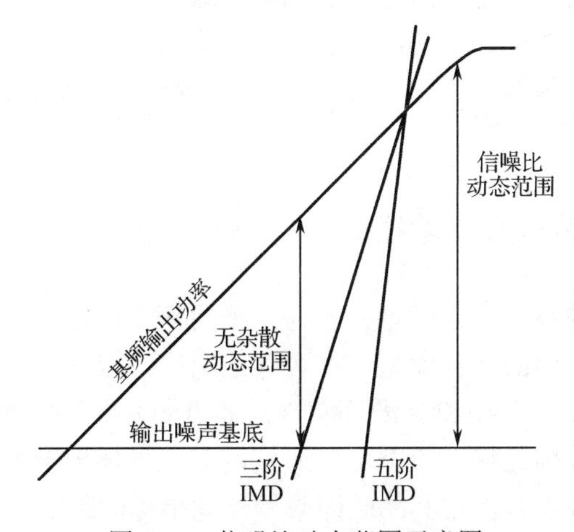

图2-16　信噪比动态范围示意图

无杂散动态范围和信噪比动态范围的功率下限均受限于光纤储能链路输出噪声基底，并且主要由链路射频增益和噪声系数共同决定，噪声来源包括激光器相对强度噪声、各类器件热噪声和光电探测器散粒噪声等。此外，链路无杂散动态范围的功率上限主要由三阶IMD的强弱决定，约为三阶截断点（OIP3）功率值的2/3；与之相比，信噪比动态范围的功率上限则与三阶IMD无关，主要由光纤链路的饱和输出功率决定。

虽然光纤储能链路可以类比于微波放大器“黑盒子”，但是与微波放大器存在本质差异：微波放大器的非线性饱和特性通常受输出端功率限制；而光纤储能链路的非线性饱和特性则主要来源于输入端功率限制（取决于激光器和电光调制器等的参数），相应的链路输出饱和功率可以通过设计链路参量（如提高激光器功率等）进行调节优化。

根据上述分析可知，光纤式微波光电振荡器的输出载波功率和远端噪声水平分别受限于光纤储能链路的输出饱和功率和输出噪声基底，因而此类振荡器的远端相位噪声与光纤储能链路的信噪比动态范围（最大输出信噪比）相等。在固定光纤储能链路中，当提高激光功率且噪声功率增加速度小于射频饱和输出功率时，链路信噪比动态范围（最大输出信噪比）和振荡器远端相位噪声可以得到优化改善；随着激光功率进一步提升，链路输出噪声与饱和输出功率增加速度相同，光纤储能链路信噪比动态范围（最大输出信噪比）将保持不变，此时提高激光功率并不能改善光纤式微波光电振荡器的远端相位噪声性能。相关内容将在第 3 章中进行详细介绍。

2.4 高品质光学环形谐振腔概述

与光纤储能链路不同，光学环形谐振腔为谐振储能结构，满足谐振条件的光载微波信号可以在腔内长时间循环传输，保证了光电谐振腔的高品质储能特性，从而实现微波光电振荡器的低相位噪声信号输出。此外，谐振储能结构极大缩短了光电环路长度，不仅解决了微波光电振荡器严重的杂散模式问题，更有助于减小振荡系统的体积和功耗，进而实现微波光电振荡器封装的小型化。了解高品质光学环形谐振腔的基本特性，是理解其在微波光电振荡器中发挥关键作用的前提，本节重点介绍高品质光学环形谐振腔的传输模型和特征参数两部分内容。

2.4.1 光学环形谐振腔传输模型

微波光电振荡器中的高品质光学谐振腔通常采用环形结构，光纤环形谐振腔和回音壁模式光学微腔是其中最常用的两种类型。在实际应用中，根据耦合波导个数，光学环形谐振腔可以分为全通（All-pass）型和上传/下载（Add-drop）型两种典型结构，分别如图 2-17（a）和（b）所示。通过构建统一模型可以得到两类光学环形谐振腔的传输响应，并进一步分析光学环形谐振腔基本参数对其品质因数等性能指标的影响。

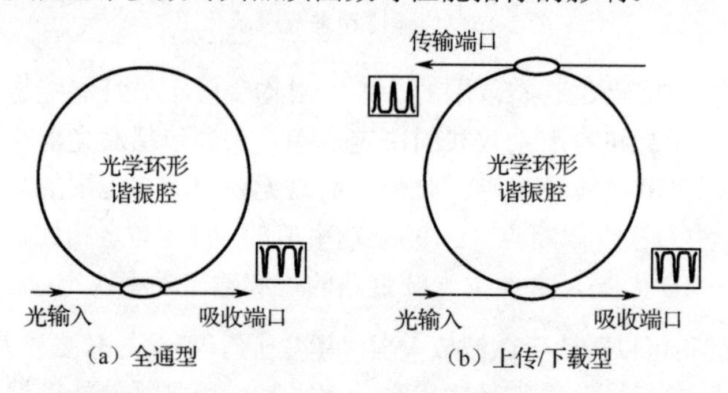

图 2-17 光学环形谐振腔的典型结构

1. 全通型光学环形谐振腔传输模型

全通型光学环形谐振腔的传输模型如图 2-18 所示，其中包含四个基本参数：透射（直通耦合）系数 $\rho\in[0,1]$、交叉耦合系数 $k\in[0,1]$、腔内光场传输系数（简称传输系数）α 和传输相移 φ。a_1、a_3、b_2 和 b_4 定义为各耦合端口处光场复振幅，其模值的平方对应相应端口的光功率。假设耦合进谐振腔的光波单向传输且为线偏振态，耦合端口处无额外损耗，即

$$|\rho^2|+|k^2|=1 \tag{2-41}$$

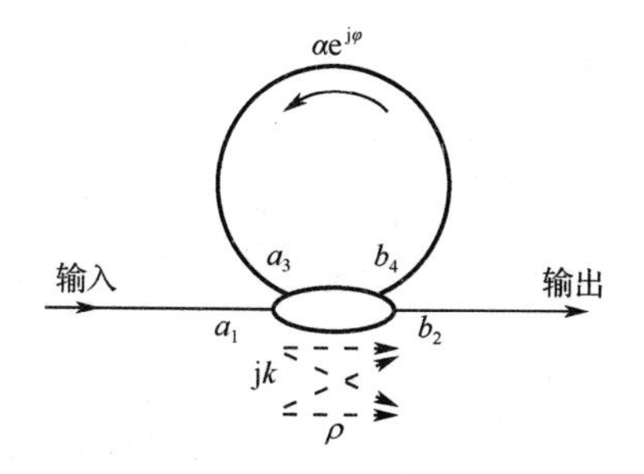

图 2-18　全通型光学环形谐振腔的传输模型

全通型光学环形谐振腔的归一化传输矩阵可以表示为

$$\begin{bmatrix} b_2 \\ b_4 \end{bmatrix} = \begin{bmatrix} \rho & jk \\ jk & \rho \end{bmatrix} \begin{bmatrix} a_1 \\ a_3 \end{bmatrix} \tag{2-42}$$

光波在光学环形谐振腔内单向循环传输，耦合端口处光场 a_3 与 b_4 之间的关系为

$$a_3 = \alpha e^{j\varphi} b_4 \tag{2-43}$$

其中，$\alpha = e^{-\alpha_l L}$ 为无量纲的光场振幅传输系数，它综合考虑了谐振腔中各类传输损耗，α_l（单位为m^{-1}）和 L 分别为线性传输损耗系数和环形谐振腔长度；φ 为光波在环形谐振腔内传输一周所累积的相位变化。φ 可以通过传播常数 β 和环形谐振腔长度 L 表示为

$$\varphi = \beta L = 2\pi n_{\text{eff}} L/\lambda = \frac{n_{\text{eff}} L}{c}\omega \tag{2-44}$$

其中，n_{eff} 表示环形谐振腔的有效折射率，λ 和 ω 分别为入射光的波长和角频率，c 为真空中光速。基于式（2-42）和式（2-43），全通型光学环形谐振腔的光场传递函数可以表示为

$$A(\varphi) = \frac{b_2}{a_1} = \frac{\rho - \alpha e^{j\varphi}}{1 - \alpha\rho e^{j\varphi}} = |A(\varphi)| e^{j\phi} \tag{2-45}$$

假设输入光场振幅 $a_1 = 1$，输出端 b_2 的功率 $|A(\varphi)|^2$ 和相位 $\phi(\varphi)$ 可以分别表示为

$$|A(\varphi)|^2 = \frac{\alpha^2 + \rho^2 - 2\alpha\rho\cos(\varphi)}{(\alpha\rho)^2 + 1 - 2\alpha\rho\cos(\varphi)} \tag{2-46}$$

$$\phi(\varphi) = \arctan\left[\frac{\alpha\sin(\varphi)}{\rho - \alpha\cos(\varphi)}\right] - \arctan\left[\frac{\alpha\rho\sin(\varphi)}{1 - \alpha\rho\cos(\varphi)}\right] + K \tag{2-47}$$

其中，K 为正实数，它与耦合状态相关。

通过改变传输系数 α 与透射系数 ρ，光学环形谐振腔将处于不同的工作状态，如图 2-19 所示。根据腔内介质材料损耗与增益系数的相对大小关系，光学环形谐振腔可以作为无源、有源和透明器件使用。当谐振腔由无源介质构成（即仅存在内部损耗且 $\alpha < 1$）时，根据传输系数 α 与透射系数 ρ 之间的关系，光学环形谐振腔分别处于欠耦合（$\alpha < \rho$）、过耦合（$\alpha > \rho$）和临界耦合（$\alpha = \rho$）状态；当腔内损耗与有源介质增益平衡（$\alpha=1$）时，谐振腔输出光强与入射光强相等，此时谐振腔处于透明状态；当腔内有源增益大于本征损耗

（$\alpha>1$）时，光学环形谐振腔将处于选择性放大状态，整体上可以视为光学放大器。为了避免系统自激振荡，α 通常小于起振阈值 $\alpha_{\text{th}}=1/\rho$。

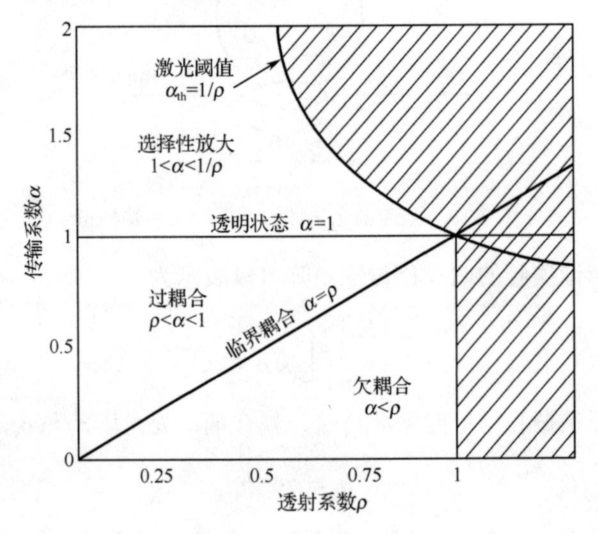

图 2-19 光学环形谐振腔的不同状态

由于传输相移 φ 与入射光频率一一对应，根据式（2-46）和式（2-47）可以得到光学环形谐振腔的幅频与相频响应特性曲线。假设透射系数 $\rho=0.5$，当腔内传输系数 α 分别为 0.1、0.3 和 0.5 时，相应的光学环形谐振腔的幅频与相频响应特性曲线分别如图 2-20（a）和（b）所示，其中 FSR 为自由光谱范围。当 $\alpha<\rho$ 时，谐振腔处于欠耦合状态，腔内循环光占入射光总功率的比例较小。随着传输系数 α 增大，谐振腔传输幅频响应的最小值减小，而相频变化速率加快，但是谐振频率（频偏为 0）处相位变化值始终为 0。当 $\alpha=\rho=0.5$ 时，谐振腔处于临界耦合状态，满足谐振条件的光波在腔内干涉相长，而输出端透射光相位变化值为 π，与入射光干涉相消，因此输出光强达到最小值。

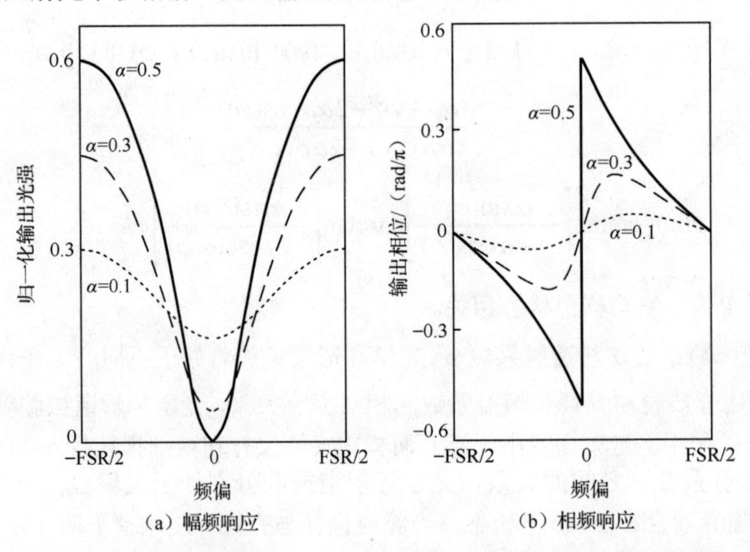

图 2-20 欠耦合、临界耦合状态下光学环形谐振腔的幅频和相频响应特性曲线

假设透射系数 $\rho = 0.55$，当腔内传输系数 α 分别为 0.55、0.7 和 0.9 时，对应的光学环形谐振腔的幅频与相频响应特性曲线分别如图 2-21（a）和（b）所示。当 $\alpha > \rho$ 时，谐振腔处于过耦合状态，光学环形谐振腔内的循环光占输入光总功率的主要部分。当传输系数 α 增大时，谐振腔传输的幅频响应最小值增大，而相位变化速率变缓。

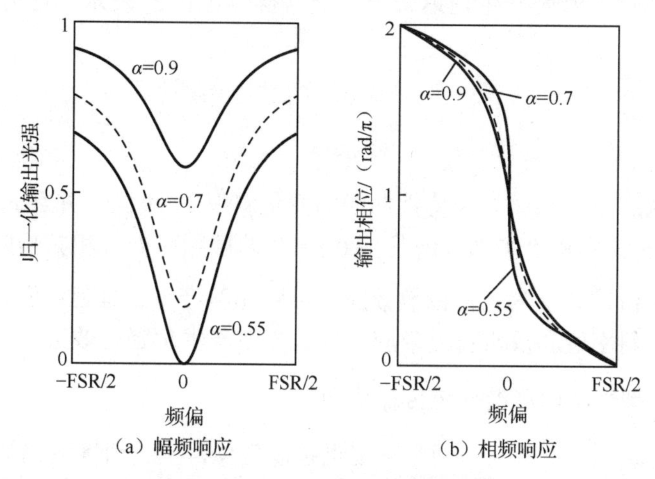

（a）幅频响应　　（b）相频响应

图 2-21　过耦合状态下光学环形谐振腔的幅频和相频响应特性曲线

当 α =1 时，光学环形谐振腔处于透明状态，输出光功率等于输入光功率，相当于不发生耦合过程；当 α >1时，环形谐振腔处于选择性放大状态，其幅频和相频响应特性曲线分别如图 2-22（a）和（b）所示，其中幅频响应特性曲线在谐振频率处存在增益峰值，随着传输系数 α 增大，增益逐渐升高，谐振频率处的相位变化速率加快。

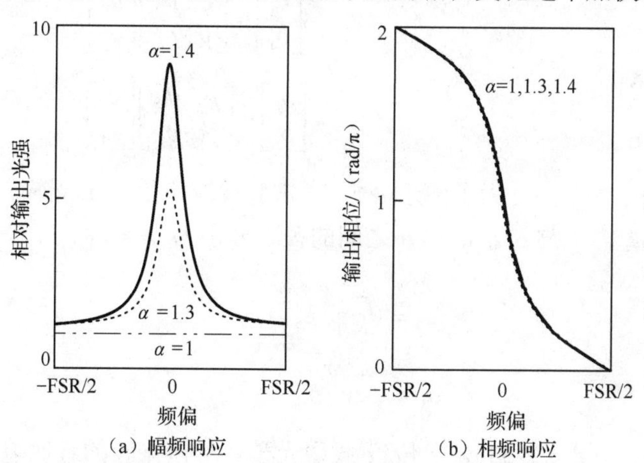

（a）幅频响应　　（b）相频响应

图 2-22　选择性放大状态下谐振腔的幅频和相频响应特性曲线

由式（2-46）和式（2-47）可知，在欠耦合和过耦合状态下可以得到相似的传输幅频响应特性曲线，而不同耦合状态下相频响应特性曲线则存在较大差异。相频响应特性曲线的变化斜率可以表示为

$$F_D = \left.\frac{\mathrm{d}\phi(\varphi)}{\mathrm{d}\varphi}\right|_{\varphi=0} = \frac{\alpha(1-\rho^2)}{(1-\alpha\rho)(\rho-\alpha)} \tag{2-48}$$

它与环形谐振腔的群时延相关。当发生谐振时，环形谐振腔的折射率变化引起光波群速度发生改变，从而对入射光产生延迟效果。通常群时延以 τ_{g} 表示，它与相移 $\phi(\omega)$ 之间的关系为

$$\tau_{\mathrm{g}} = -\left.\frac{\mathrm{d}\phi(\omega)}{\mathrm{d}\omega}\right|_{\varphi=0} \tag{2-49}$$

在不同耦合状态下，相频响应特性曲线的变化斜率 F_D 不同，并且 F_D 值的正负号分别对应“快光”区($\tau_{\mathrm{g}}>0$)和“慢光”区($\tau_{\mathrm{g}}<0$)。在谐振频率处，相频响应特性曲线斜率在过耦合状态下为负值，表现为正常色散效应，导致光波产生正延迟；而临界耦合和欠耦合状态则对应正相位斜率值和反常色散效应，导致光波产生负延迟效果。

2．上传/下载型光学环形谐振腔传输模型

与全通型环形谐振腔类似，上传/下载型光学环形谐振腔通常可以用图 2-23 所示的传输模型进行分析。假设两路光学波导与环形谐振腔之间的耦合系数分别为 k_1 和 k_2，透射系数分别为 ρ_1 和 ρ_2，两路耦合端口处均无额外损耗（即 $|\rho_1^2|+|k_1^2|=|\rho_2^2|+|k_2^2|=1$）。

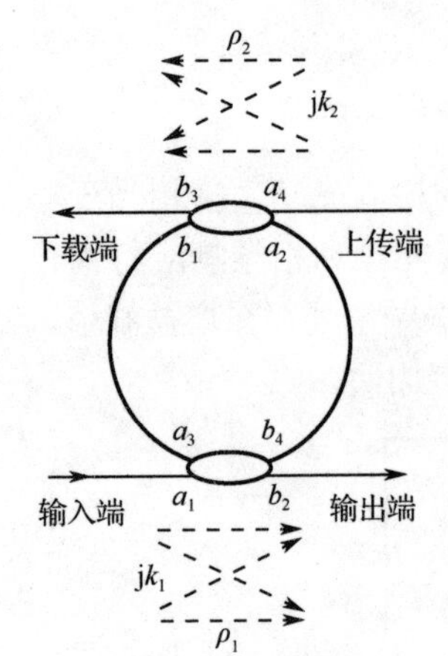

图 2-23　上传/下载型光学环形谐振腔的传输模型

各端口处光场之间的关系同样可以用归一化矩阵表示为

$$\begin{bmatrix} b_2 \\ b_4 \end{bmatrix} = \begin{bmatrix} \rho_1 & \mathrm{j}k_1 \\ \mathrm{j}k_1 & \rho_1 \end{bmatrix} \begin{bmatrix} a_1 \\ a_3 \end{bmatrix} \tag{2-50}$$

$$\begin{bmatrix} b_3 \\ b_1 \end{bmatrix} = \begin{bmatrix} \rho_2 & \mathrm{j}k_2 \\ \mathrm{j}k_2 & \rho_2 \end{bmatrix} \begin{bmatrix} a_4 \\ a_2 \end{bmatrix} \tag{2-51}$$

为了便于分析，通常假设端口信号 a_4 无输入，耦合端口信号 a_2 与 b_4、a_3 与 b_1 之间的关系分别为

$$a_2 = \sqrt{\alpha}\mathrm{e}^{\mathrm{j}\frac{\varphi}{2}} b_4 \tag{2-52}$$

$$a_3 = \sqrt{\alpha}\mathrm{e}^{\mathrm{j}\frac{\varphi}{2}} b_1 \tag{2-53}$$

基于式（2-50）～式（2-53），上传/下载型光学环形谐振腔的直通端与下载端光场传递函数可以分别表示为

$$A_1(\varphi) = \frac{b_2}{a_1} = \frac{\rho_1 - \alpha\rho_2\mathrm{e}^{\mathrm{j}\varphi}}{1-\alpha\rho_1\rho_2\mathrm{e}^{\mathrm{j}\varphi}} \tag{2-54}$$

$$A_2(\varphi) = \frac{b_3}{a_1} = \frac{-k_1k_2\sqrt{\alpha\mathrm{e}^{-\mathrm{j}\varphi}}}{1-\alpha\rho_1\rho_2\mathrm{e}^{-\mathrm{j}\varphi}} \tag{2-55}$$

进而得到功率传递函数为：

$$|A_1(\varphi)|^2=\left|\frac{\rho_1-\alpha\rho_2 \mathrm{e}^{\mathrm{j}\varphi}}{1-\alpha\rho_1\rho_2 \mathrm{e}^{\mathrm{j}\varphi}}\right|^2 \tag{2-56}$$

$$|A_2(\varphi)|^2==\left|\frac{-k_1k_2\sqrt{\alpha \mathrm{e}^{\mathrm{j}\varphi}}}{1-\alpha\rho_1\rho_2 \mathrm{e}^{\mathrm{j}\varphi}}\right|^2 \tag{2-57}$$

当光学环形谐振腔中光波满足谐振条件，即 $\varphi=2n\pi$ 时，假设输入端光场 $a_1=1$，则直通端和下载端光功率分别为：

$$|b_2|^2=|A_1(\varphi)|^2=\left|\frac{\rho_1-\alpha\rho_2}{1-\alpha\rho_1\rho_2}\right|^2 \tag{2-58}$$

$$|b_3|^2=|A_2(\varphi)|^2=\frac{(1-\rho_1^2)(1-\rho_2^2)\alpha}{(1-\alpha\rho_1\rho_2)^2} \tag{2-59}$$

由式（2-58）和式（2-59）可以分别得到上传/下载型光学环形谐振腔的直通端和下载端幅频响应特性。如图 2-24（a）所示，直通端具有周期性的带阻陷波响应，下载端则呈现周期性的带通峰值响应。当 $\rho_1=\alpha\rho_2$ 时，谐振腔处于临界耦合状态，直通端输出光功率最小，下载端输出光功率最大。ρ_1、ρ_2 和 α 均会对光学环形谐振腔的传输特性产生影响，当 ρ_1 和 α 确定时，谐振腔幅频响应随参量 ρ_2 的变化情况如图 2-24（b）所示。

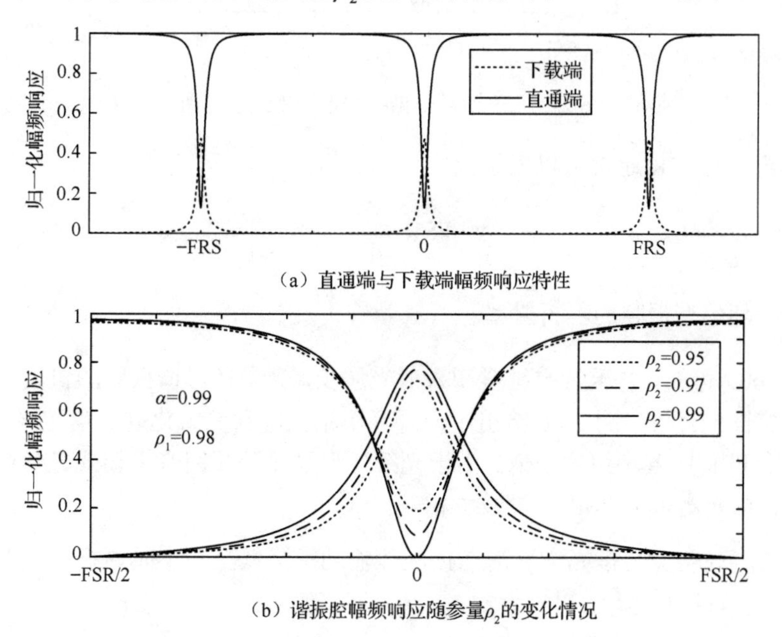

图 2-24　上传/下载型光学环形谐振腔的幅频响应

基于上述传输模型理论，还可以推导出光学环形谐振腔的自由光谱范围 FSR、半高全宽 FWHM、品质因数 Q 和精细度 F 等参量的表达式，进而通过分析上述指标参数的影响因素，为光学环形谐振腔的性能优化提供理论依据。

2.4.2　光学环形谐振腔特征参数

光学环形谐振腔的特征参数是其性能指标（特别是储能能力）的量化表征，也是微波光电振荡器选型设计的重要参考。当采用光学环形谐振腔作为储能元件时，微波光电振荡器的工作频率和相位噪声水平主要与光学环形谐振腔的品质因数 Q 或精细度 F 有关。因此，本节基于光学环形谐振腔的传输模型，推导品质因数 Q 与精细度 F 两个特征参数的基本表达式，并分析其与理论模型中环形谐振腔基本参数之间的关系。

如图 2-25 所示，光学环形谐振腔具有谐振选频特性，其谐振模式呈周期性分布特征，相邻两个谐振模式之间的频率间隔称为自由光谱范围 FSR。对于单个谐振模式，由于不同谐振腔的光波损耗程度不同，谐振模式宽度也不相同，因此通常利用谐振模式的半高全宽（FWHM）对其进行量化表征。

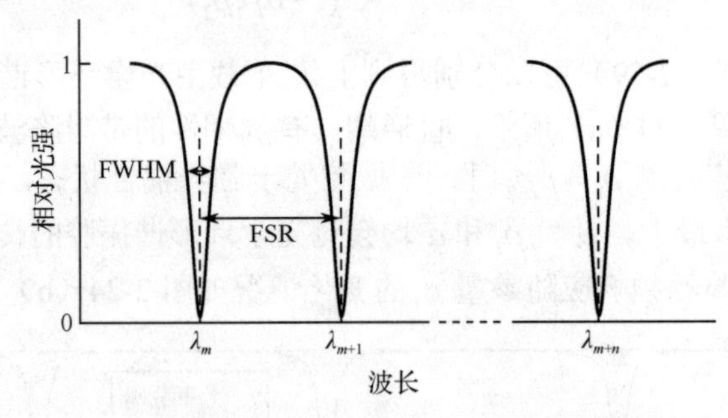

图 2-25　光学环形谐振腔谐振模式示意图

自由光谱范围 FSR 通常可以表示为

$$\text{FSR}=\frac{c}{n_g L} \tag{2-60}$$

其中，n_g 表示环形谐振腔的群折射率。

由式（2-60）可知，对于特定材料和入射光波长，光学环形谐振腔的自由光谱范围 FSR 仅与谐振腔腔长 L 有关。图 2-26 给出了光纤环形谐振腔和二氧化硅微盘腔（n_g 均取 1.45）自由光谱范围 FSR 的各一组典型值。由于光纤环形谐振腔和回音壁模式光学微腔的尺寸差别很大，其自由光谱范围 FSR 的量级也相差很大。

谐振模式半高全宽是指光学环形谐振腔传输功率降低至一半时谐振模式两侧光波的频率差。根据式（2-46），$|A_{1/2}|^2$ 可以表示为

$$|A_{1/2}|=\frac{|A_{\max}|^2+|A_{\min}|^2}{2}=\frac{\alpha^2+\rho^2-4(\alpha\rho)^2+(\alpha^2\rho)^2+(\alpha\rho^2)^2}{[1-(\alpha\rho)^2]^2} \tag{2-61}$$

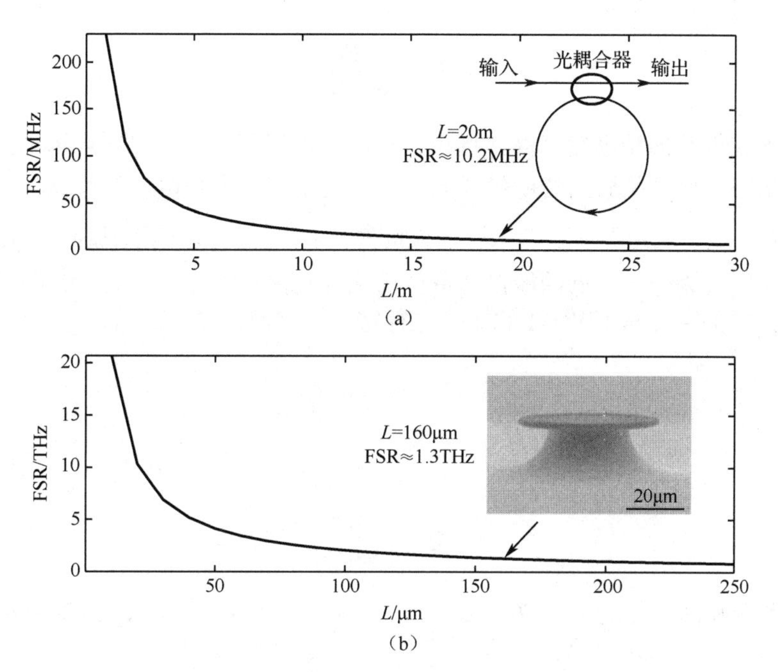

图 2-26　光纤环形谐振腔（a）和二氧化硅微盘腔（b）的自由光谱范围 FSR 与腔长 L 之间的关系曲线

其中，$|A_{\max}|^2$ 为远离谐振频率的最大传输功率，即 $|A_{\max}|^2=|A(\varphi)|^2\big|_{\varphi=\pi}=\dfrac{(\alpha+\rho)^2}{(1+\alpha\rho)^2}$；$|A_{\min}|^2$ 为谐振频率处最小传输功率，即 $|A_{\max}|^2=|A(\varphi)|^2\big|_{\varphi=0}=\dfrac{(\alpha-\rho)^2}{(1-\alpha\rho)^2}$。传输功率 $|A_{1/2}|^2$ 也可以表示为

$$|A_{1/2}|^2=|A(\varphi)|^2\big|_{\varphi=\varphi_{1/2}}=\frac{\alpha^2+\rho^2-2\alpha\rho\cos(\varphi_{1/2})}{(\alpha\rho)^2+1-2\alpha\rho\cos(\varphi_{1/2})} \tag{2-62}$$

其中，相移 $\varphi_{1/2}$ 可以通过式（2-61）和式（2-62）直接得到

$$\varphi_{1/2}=\arccos\left[\frac{2\alpha\rho}{1+(\alpha\rho)^2}\right] \tag{2-63}$$

联立式（2-44）和式（2-63），环形谐振腔半高全宽 FWHM 可以表示为

$$\mathrm{FWHM}=\frac{c}{\pi n_{\mathrm{g}}L}\arccos\left[\frac{2\alpha\rho}{1+(\alpha\rho)^2}\right] \tag{2-64}$$

式（2-64）表明，当光学环形谐振腔的腔长确定时，谐振模式的半高全宽主要受到传输系数 α 和透射系数 ρ 的共同影响。当乘积 $\alpha\rho$ 逐渐接近 1 时，谐振模式半高全宽随之减小。因此，通过调节耦合比和降低传输损耗，可以实现更窄的谐振模式线宽。

当光学环形谐振腔的自由光谱范围 FSR 和半高全宽（FWHM）已知时，也可以通过精细度 F 表征谐振谱线的质量。精细度 F 为无量纲量，其定义为光学环形谐振腔的自由光谱范围（FSR）与半高全宽（FWHM）之比，即

$$F = \frac{\text{FSR}}{\text{FWHM}} \tag{2-65}$$

光学环形谐振腔的精细度越高，谐振谱线的谐振峰越尖锐。光纤环形谐振腔的精细度通常为数百量级，而高品质回音壁模式光学微腔的精细度可高达上百万。

品质因数（Q）是光学环形谐振腔的关键参数，它直接反映了谐振腔储能能力的强弱。品质因数通常定义为腔内存储的能量与单位周期内腔内损耗能量之比。为了更精确地量化，也可以采用谐振频率 v_0 与 FWHM 的比值进行定义。因此，品质因数（Q）可以表示为

$$Q = 2\pi \cdot \frac{E}{-T\mathrm{d}E/\mathrm{d}t} \tag{2-66}$$

或

$$Q = \frac{v_0}{\text{FWHM}} \tag{2-67}$$

其中，E 为谐振腔储存总能量，$-T\mathrm{d}E/\mathrm{d}t$ 表示单周期内耗散能量。由式（2-64）和式（2-67），在 $0 < \alpha\rho < 1$ 条件下，品质因数与谐振腔基本参数之间的关系为

$$Q = \frac{\omega_0 n_\mathrm{g} L}{c}\left[2\arccos\frac{2\alpha\rho}{1+(\alpha\rho)^2}\right]^{-1} \tag{2-68}$$

式（2-68）表明：对于特定入射波长，当谐振腔材料和尺寸确定时，品质因数（Q）随着乘积 $\alpha\rho$ 的增加而提高。

相比于传统微波谐振腔，光学环形谐振腔能够将谐振模式的 3dB 带宽特性传递至微波域，并且等效微波（射频）品质因数 Q_{RF} 与光学品质因数 Q_{opt} 之间的关系可以表示为

$$Q_{\mathrm{RF}} = Q_{\mathrm{opt}} \frac{f_{\mathrm{RF}}}{f_{\mathrm{opt}}} \tag{2-69}$$

其中，f_{RF} 和 f_{opt} 分别为微波（射频）谐振频率和光学谐振频率。由式（2-69）可知，等效微波品质因数与微波谐振频率成正比。因此在输入光学频率固定的情况下，谐振腔的等效微波品质因数随着微波谐振频率的提高而增加，这与传统微波谐振腔情况存在差异。为了实现比传统微波谐振腔更高的等效微波品质因数，光学品质因数通常应高于 10^8。因此，为了提升微波光电振荡器的储能能力，需要设计选用高品质、高精细度的光学环形谐振腔。

第 3 章

高品质光纤储能链路

在光纤式微波光电振荡器中，光纤储能链路和微波反馈回路共同构成光电谐振腔。微波反馈回路主要用于微波信号的放大、选频和移相等功能，而光纤储能链路则用于实现微波信号的光域延迟储能以及光域/微波域之间的能量转换，其中低损耗长光纤有助于提高光电谐振腔品质因数，并改善微波光电振荡器的相位噪声性能。然而，长光纤储能链路内部存在多种噪声源，极大限制了光纤式微波光电振荡器的噪声基底（简称噪底）水平，并且链路非线性失真特性也会影响振荡器输出信号质量（主要包括输出功率、相位噪声和谐波杂散）。此外，长光纤的引入还会导致光纤式微波光电振荡器存在模式杂散严重和频率稳定性差等问题，进而影响微波光电振荡器的综合性能指标，限制了其面向工程应用场景的实用性和可靠性。因此，为了实现长光纤式微波光电振荡器的高性能综合设计，本章将首先对光纤式微波光电振荡器的开环结构——高品质光纤储能链路中的噪声源及其非线性特性进行介绍，并讨论链路噪声及非线性失真对微波光电振荡器性能指标的影响，最后对长光纤导致的杂散模式严重和频率稳定性差问题进行原理分析与优化讨论。

3.1 光纤储能链路中的噪声源

低损耗长光纤能够有效增加光载射频信号在光纤中的延迟储能时间，从而提高光电谐振腔的品质因数 Q 值，保证光纤式微波光电振荡器极低相位噪声的极限性能。然而，经过长光纤传输链路后，微波振荡信号中必然包含由光电器件、射频器件和光纤介质引入的幅度噪声和相位噪声，这些噪声影响着光纤式微波光电振荡器中光纤储能链路的性能，进而造成振荡输出微波信号频谱纯度的恶化。长光纤储能链路中的噪声来源如图 3-1 所示。长光纤储能链路中的噪声主要包括热噪声、散粒噪声和激光器远端相对强度噪声等加性噪声，以及放大器与光电探测器的闪烁噪声、激光器频率噪声和激光器低频相对强度噪声等乘性噪声，这些噪声共同影响着微波光电振荡器的实际相位噪声性能：加性噪声主要影响微波光电振荡器系统的远端相位噪声性能；而乘性噪声会使基带噪声上变频至高频起振信号中，并且在 Leeson 效应作用下进一步恶化微波光电振荡器系统的近端相位噪声性能。另外，光载射频信号在长光纤中传输时，瑞利散射效应也会恶化光信号幅度噪声，并且在环路非线性器件（主要是光电探测器）作用下，光信号幅度噪声会进一步转换为微波信号相位噪声，从而导致微波信号相位噪声性能恶化。因此，为了实现光纤式微波光电振荡器的极低相位噪声性能，需要对光纤储能链路中的噪声源进行分析。

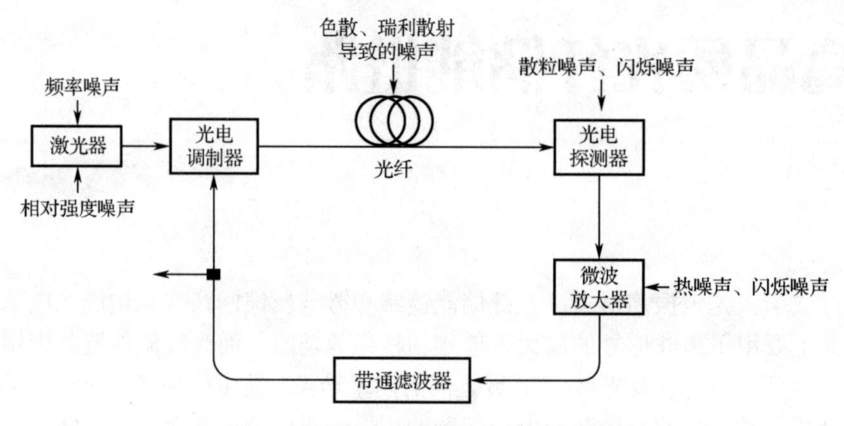

图 3-1 长光纤储能链路中的噪声来源

3.1.1 白噪声

由本书 2.2.1 节中 Leeson 相位噪声分析模型可知，微波振荡器的远端相位噪声表现为白噪声，在振荡器通带范围内具有相同的功率谱密度，并且与振荡信号功率无关。在光纤储能链路中，白噪声主要来源于热噪声、散粒噪声和激光器相对强度噪声。

1. 热噪声

热噪声是指激光器、光电探测器和微波放大器等有源器件处于工作状态下内部粒子产生的随机热运动，主要与器件阻抗以及工作温度有关，而与传输信号的功率或频率无关。热噪声所对应的粒子随机波动通常表现为零均值高斯过程，相应的热噪声功率可以表示为

$$\begin{aligned} p_{\text{th}} &= \frac{1}{4} i_{\text{th}}^2(t) R \\ &= kTB \end{aligned} \tag{3-1}$$

式中，i_{th} 为分子热运动对应电流，R、k 和 T 分别为等效阻抗、玻耳兹曼常数（1.38×10^{-23} J/K）和热力学温度，B 为等效噪声带宽。在室温条件下，热噪声功率谱密度的典型值为 −174dBm/Hz。热噪声水平较低，通常它决定了电子电路系统的绝对噪声基底。

2. 散粒噪声

光纤储能链路中的散粒噪声主要源于半导体光电探测器件内部运动载流子的随机波

动，其表现为输出光电流的随机波动。散粒噪声对应的载流子波动满足泊松分布随机过程，其噪声功率谱密度与光电探测器输出光电流成正比，即与光纤储能链路中的光信号功率的二次方成正比。散粒噪声功率通常可以表示为

$$p_{\text{shot}} = 2qI_{\text{d}}R_{\text{L}}B \tag{3-2}$$

式中：q 为电荷常量，$q = 1.6\times10^{-19}\text{C}$；$I_{\text{d}}$ 为平均探测光电流（由光电探测器输入光功率与响应度共同决定）；R_{L} 与 B 分别为负载阻抗和等效噪声带宽。

3．激光器相对强度噪声

光子自发辐射和受激辐射具有时域随机性，并且光子在激光谐振腔表面的反射和发射具有选择性，激光器泵浦电流也存在随机波动，因此激光器输出功率波动通常会形成强度噪声。输出光功率 $p_{\text{o}}(t)$ 可以表示为平均光功率 $\langle p_{\text{o}}\rangle$ 与随机功率抖动 $p_{\text{rin}}(t)$ 的叠加，即

$$p_{\text{o}}(t) = \langle p_{\text{o}}\rangle + p_{\text{rin}}(t)$$

式中，$\langle p_{\text{rin}}(t)\rangle = 0$。激光相对强度噪声 rin 定义为噪声带宽 B 内光功率波动均方值与输出平均光功率二次方的比值，即

$$\text{rin} = \frac{\langle p_{\text{rin}}(t)^2\rangle}{\langle p_{\text{o}}\rangle^2} = \frac{2\langle p_{\text{rin}}^2(t)\rangle}{B\cdot\langle p_{\text{o}}\rangle_{\text{Hz}}^2} \tag{3-3a}$$

式中，$\langle p_{\text{o}}\rangle_{\text{Hz}}$ 为单位带宽内平均光功率。由于激光相对强度噪声 rin 的功率谱密度为单边带，这里仅需考虑一半带宽。激光相对强度噪声 rin 能够通过光电探测器转化为光电流的随机抖动，光纤储能链路中光电探测器输出端口能够最先观测到激光相对强度噪声，因此式(3-3a)可以转换为光电流形式：

$$\text{rin} = \frac{2\langle i_{\text{rin}}^2(t)\rangle}{B\cdot\langle I_{\text{d}}\rangle^2} \tag{3-3b}$$

式中，$i_{\text{rin}}(t)$ 为随机光电流抖动，$\langle I_{\text{d}}\rangle$ 为探测到的平均光电流。rin 通常用对数形式表示为 $\text{RIN} = 10\lg(\text{rin})$。由于瞬时随机波动无法通过现有时域测试手段进行表征，所以激光器相对强度噪声通常采用功率谱密度进行表征。激光器相对强度噪声 RIN 与激光器输出功率波谱密度 $S_{\text{p}}(f)$ 之间的关系可以表示为

$$\text{RIN} = \frac{S_{\text{p}}(f)}{\langle p_{\text{o}}\rangle^2} \tag{3-4}$$

根据频偏的不同，激光器相对强度噪声可以分为三类：低频段技术噪声（主要来源于激光器本身闪烁噪声和外部环境干扰等），中频段弛豫振荡（主要来源于激光器谐振腔内辐射与增益介质的相互作用），高频段量子噪声（也称散粒噪声，主要来源于与频率不相关的光量子波动）。

图 3-2 所示为部分商用激光器的相对强度噪声水平测量结果，主要涉及 1550nm 波段的 DFB 半导体激光器和光纤激光器。由图 3-2 可以看出：在低频偏处，DFB 半导体激光器的相对强度噪声呈 $1/f$ 噪声特征，而光纤激光器的频谱相对平坦，并且两种激光器都容易受到外界因素（如温度及振动环境变化）影响；在高频偏处，DFB 半导体激光器的相对强度噪声频谱比较平坦，而光纤激光器的频谱存在弛豫振荡峰值，并且远端相对强度噪声较高。因此，在低相位噪声光纤式微波光电振荡器设计中，通常采用具有低相对强度噪声水平的 DFB 半导体激光器作为光纤储能链路的泵浦光源。

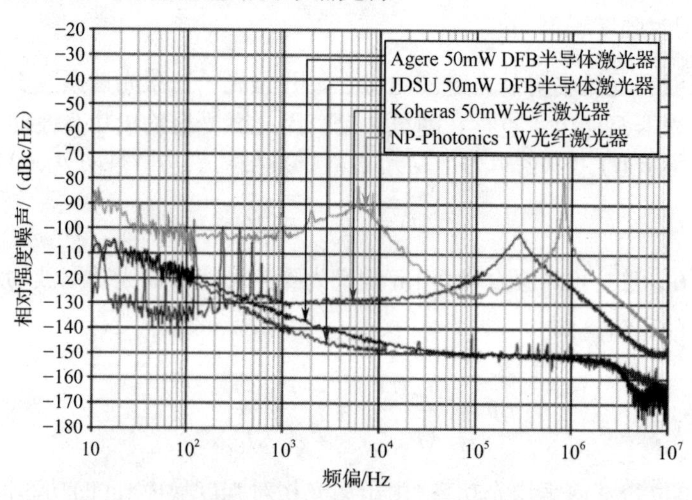

图 3-2　部分商用激光器的相对强度噪声水平测量结果

光纤储能链路中相对强度噪声、白噪声（总和）、热噪声和散粒噪声的功率谱密度与光电探测器输入光功率之间的关系如图 3-3 所示。由图可知：热噪声作为电子系统的绝对噪声基底，与光电探测器接收光功率无关；散粒噪声与光电探测器输入光功率呈线性正比关系；激光器相对强度噪声与光电探测器输入光功率的二次方呈线性正比关系，并且主要由激光器本身噪声指标决定。当光纤储能链路中光电探测器输入光功率较小时，链路中的白噪声由热噪声主导；随着光电探测器输入光功率不断增加，光纤储能链路主导噪声由热噪声分别变为散粒噪声或相对强度噪声。由本书 2.3 节分析可知，强度调制直接探测光纤储能链路输出微波信号功率与光电探测器输入光功率的二次方成正比：当链路中热噪声或散粒噪声占主导时，随着光电探测器输入光功率的增加，射频功率的提升速度高于噪声的增长速度，提高输入光功率有助于改善光纤储能链路输出信噪比；随着光电探测器输入光功率的进一步增加，链路主导噪声将受限于激光器相对强度噪声，输出微波信号功率与链路噪声的增长速度相同，此时光纤储能链路输出信噪比保持不变。因此，光纤储能链路输出信噪比存在最大极限值，为了实现微波信号在光纤链路中高信噪比传输储能，需要对光电探测器输入光功率进行优化设计。

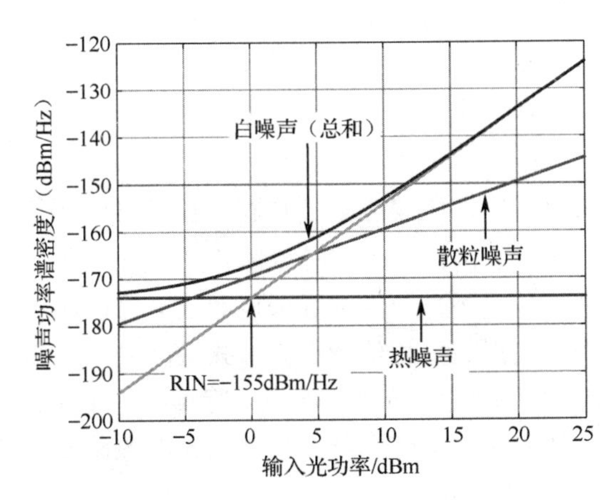

图 3-3 光纤储能链路中相对强度噪声、白噪声（总和）、热噪声和散粒噪声的功率谱密度与光电探测器输入光功率之间的关系

3.1.2 激光频率噪声与光纤色散

激光器频率噪声主要来源于激光器激发态原子或离子的自发辐射，并且受到激光谐振腔的机械振动、温度抖动等外界环境因素影响，通常可以用线宽进行表示。激光器线宽越小，意味着激光单色性越好。在光纤储能链路中，由于光纤中存在色散效应，不同频率激光在光纤中传输时具有不同的传播速度，因此激光器频率噪声/线宽通过光纤色散效应影响光纤储能链路内光载微波信号的传输时延，最终导致输出微波信号相位噪声恶化。

光纤储能链路通常采用单模光纤作为储能元件，长光纤带来的相应传输时延和相位变化可以表示为

$$T = n_{\mathrm{g}} L / c \tag{3-5}$$

$$\Delta\varphi = -2\pi f_0 T \tag{3-6}$$

式中，f_0、n_{g}、L 与 c 分别表示传输微波信号频率、光纤折射率系数、光纤物理长度和真空中光速。光纤的色散系数定义为

$$D_{\lambda} = \frac{2\pi c}{\lambda^2 v_{\mathrm{g}}^2} \frac{\mathrm{d}v_{\mathrm{g}}}{\mathrm{d}\omega}$$

式中，λ 和 ω 分别为光波波长和角频率，v_{g} 为光纤中光波群速度，D_{λ} 为光纤色散系数。对于典型单模光纤 SMF-28，1550nm 波长处色散系数 D_{λ} 约为18ps/（nm·km）。在强度调制直接探测储能链路中，激光器频率噪声在光纤色散影响下导致的微波信号相位噪声 $\mathcal{L}_{\mathrm{CD}}(\omega)$ 可以表示为

$$\mathcal{L}_{\mathrm{CD}}(\omega) = \frac{1}{2}\left(\frac{\omega_{\mathrm{m}} \lambda^2 D_{\lambda}}{c}\right)^2 L^2 S_{\mathrm{v,\,laser}}(\omega) \tag{3-7}$$

式中：ω_{m} 为光纤储能链路传输微波信号的角频率；$S_{\mathrm{v,laser}}(\omega)$ 为激光器频率噪声谱密度，与

激光器线宽指标相关。由式（3-7）可知，色散效应导致的微波信号相位噪声水平与光纤长度、光纤色散系数以及激光器频率噪声水平正相关。因此，根据光纤长度和激光器相位噪声可以预测出色散效应导致的附加相位噪声贡献。

在光纤式微波光电振荡器中，微波频率 f_0 由稳定振荡时的相位条件决定，延迟波动会直接转化为微波信号相位噪声。因此，激光频率噪声通过光纤色散机制限制光纤式微波光电振荡器的相位噪声水平，稳定激光频率或降低色散效应可以显著改善光纤式微波光电振荡器的相位噪声性能。为了实现极低相位噪声光纤式微波光电振荡器系统，需要对激光频率噪声和光纤色散效应导致的微波信号相位噪声进行抑制。由于色散位移光纤在 1550nm 处具有极小的色散系数，使用色散位移光纤作为微波光电振荡器储能元件，有助于优化振荡信号相位噪声性能。

3.1.3 闪烁噪声

闪烁噪声源于器件内部电子的缓慢随机起伏，主要存在于光电探测器和微波放大器等半导体器件中。闪烁噪声又称 $1/f$ 噪声，其噪声谱密度与频偏呈近似反比关系，在双对数坐标噪声谱中表现为斜率为−1 的噪声曲线，如图 3-4（a）所示。当载波信号经过半导体器件传输后，闪烁噪声通过器件非线性效应寄生到载波频率上，对载波信号的频谱纯度造成影响，具体变频转换原理如图 3-4（b）所示。

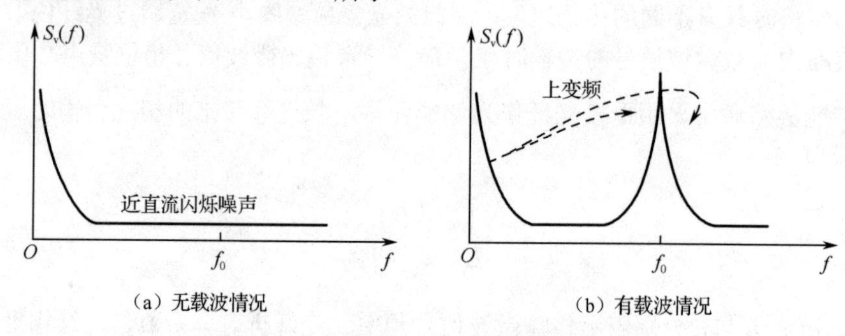

（a）无载波情况　　（b）有载波情况

图 3-4　近直流闪烁噪声上变频转换原理图

闪烁噪声的上变频转换过程可以通过器件非线性进行解释。假设输入信号为 $v_i(t)$，经过非线性器件传输后，输出信号 $v_o(t)$ 的泰勒展开式为

$$v_o(t) = a_1 v_i(t) + a_2 v_i^2(t) + \cdots \tag{3-8}$$

式中，a_1 与 a_2 等为与器件增益相关的系数。在有噪声情况下，输入信号可以表示为

$$v_i(t) = V_i e^{j\omega_0 t} + n(t) \tag{3-9}$$

式中，$V_i e^{j\omega_0 t}$ 为输入载波信号（V_i 和 ω_0 分别为载波信号的幅度和角频率），$n(t)$ 为器件的固有噪声。将式（3-9）代入式（3-8）中，并忽略高阶项，可以得到输出信号为

$$v_o(t) = a_1 V_i e^{j\omega_0 t} \left(1 + 2\frac{a_2}{a_1} n(t)\right) \tag{3-10}$$

式中，$a_1V_\mathrm{i}\mathrm{e}^{\mathrm{j}\omega_0 t}$ 为输出微波基频信号。上变频后，噪声信号可以表示为

$$n'(t)=2\frac{a_2}{a_1}n(t)\cdot a_1V_\mathrm{i}\mathrm{e}^{\mathrm{j}\omega_0 t} \tag{3-11}$$

由上述推导可以看出，经过上变频转换过程后，载频附近闪烁噪声水平与输入载波信号幅度之间具有固定比例关系，通过提高载波信号功率无法优化输出信号近端信噪比。

光纤储能链路中的闪烁噪声主要存在于光电探测器和微波放大器中。正如本书 2.2.1 节中 Leeson 相位噪声分析模型所述，微波放大器固有噪声包括近直流闪烁噪声和远端白噪声。两种噪声的分界点频率为拐点频率 f_c，微波放大器输出相位噪声谱 $S_\varphi(f')$ 可以表示为

$$S_\varphi(f')=b_0+b_{-1}f'^{-1} \tag{3-12}$$

$$b_0=\frac{FkT}{p_\mathrm{i}} \tag{3-13}$$

式中：b_0 表示微波放大器白相位噪声水平，由放大器噪声系数 F 、等效温度 T 和输入信号功率 p_i 共同决定；b_{-1} 表示在微波放大器相位噪声谱 1Hz 频偏处对应的相位噪声值，可以用来表征微波放大器的闪烁噪声水平。不同输出功率情况下典型微波放大器的相位噪声谱如图 3-5 所示。当微波放大器输出信号功率 p_o 增加时，系数 b_0 相应降低，而系数 b_{-1} 保持不变，在拐角频率 f_c 处微波放大器白噪声水平与闪烁噪声水平相同。

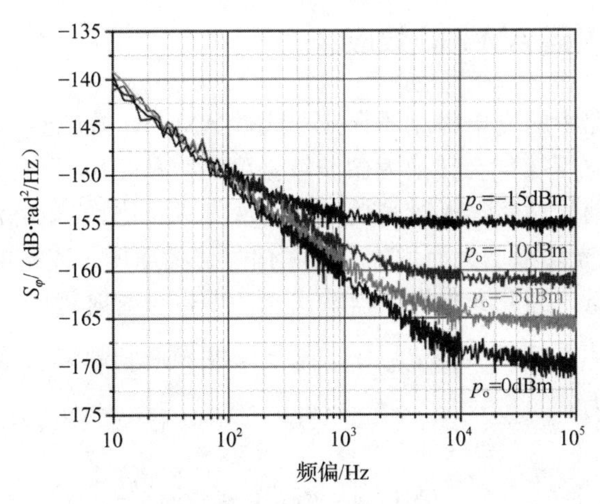

图 3-5　不同输出功率下典型微波放大器的相位噪声谱

光电探测器的相位噪声谱与微波放大器的类似，在高频偏与低频偏处分别对应散粒噪声和闪烁噪声。图 3-6 所示为典型光电探测器（DSC30）的幅度噪声和相位噪声谱。部分商用光电探测器的 b_{-1} 系数见表 3-1。得益于现代先进的光电探测器制备工艺，光电探测器能够实现高线性度和低残余相位噪声等性能，所以光电探测器并不是微波光电振荡器相位噪声性能受限的主导因素。

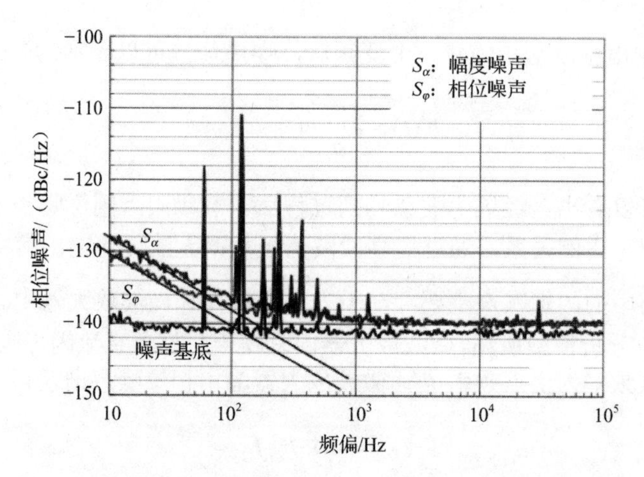

图 3-6　典型光电探测器（DSC30）的幅度噪声和相位噪声谱

表 3-1　部分商用光电探测器的 b_{-1} 系数

光电探测器型号	b_{-1}/（dB · rad²/Hz）
HSD30	−127.6
DSC30-1K	−120.8
QDMH3	−120.2

3.1.4　光电探测器 AM-PM 效应

由于光纤储能链路中的光电探测器存在非线性 AM-PM 效应（幅度抖动–相位抖动转换效应），光域基带相对强度噪声会转换为微波域强度噪声和相位噪声。当输出光功率较低时，光电探测器输出微波信号功率与入射光功率的二次方成正比，光电探测器内的载流子数（电子–空穴对）随着输入光功率增大而增加。射频信号传播速度（或光电探测器折射率）取决于半导体中载流子数量，因此光电探测器输出光功率也会对射频信号相位产生影响。

假设光域强度噪声频谱密度为 $R(f')$，激光强度噪声到微波信号相位噪声和幅度噪声的转化可以分别表示为

$$S_\varphi(f') = R(f')\cdot p_{\text{opt}}^2 \cdot \left(\frac{\mathrm{d}\varphi}{\mathrm{d}p_{\text{opt}}}\right)^2 \tag{3-14}$$

$$S_\alpha(f') = R(f')\cdot P_{\text{opt}}^2 \cdot \left(\frac{\mathrm{d}\alpha}{\mathrm{d}p_{\text{opt}}}\right)^2 \tag{3-15}$$

式中，p_{opt} 为光电探测器输出光功率。对于较小的光信号强度波动，光域相对强度噪声转化为微波域相位噪声的公式如式（3-14）所示，其中 $S_\varphi(f')$ 为频偏 f' 处的相位噪声谱密度（单位为 rad^2/Hz），$\mathrm{d}\varphi/\mathrm{d}p_{\text{opt}}$ 表示微波信号相位随光电探测器输入光功率的变化率。光域相对强度噪声转化为微波域幅度噪声的公式如式（3-15）所示，其中 $S_\alpha(f')$ 为归一化微波

信号功率抖动 α 的谱密度函数，$\mathrm{d}\alpha/\mathrm{d}p_{\mathrm{opt}}$ 表示微波信号幅度随光电探测器输入光功率的变化率，并且 α 可以表示为

$$\alpha = \frac{\Delta p_{\mathrm{RF}}}{2 \cdot p_{\mathrm{RF}}} \tag{3-16}$$

研究光电探测器功率饱和度与 AM-PM 效应之间的关系，有助于定性分析光电转换过程中光域相对强度噪声对微波光电振荡器相位噪声性能的影响。如图 3-7（a）所示，随着光电探测器输入光功率的增加，微波信号功率随之增加直至达到饱和点，并且在功率饱和点附近，光电探测器输入光功率小范围变化时，微波信号相位变化相对平缓，这意味着光电探测器输出信号功率和相对相位值在相似输入光功率条件下同时存在零斜率点。根据式（3-14）与式（3-15）可以看出，零斜率意味着光域相对强度噪声对微波信号幅度和相位噪声的贡献很小，由此可以判断光纤储能链路中光域相对强度噪声到微波信号振幅和相位噪声的传递转化在光电探测器功率饱和点附近得到优化，如图 3-7（b）所示。

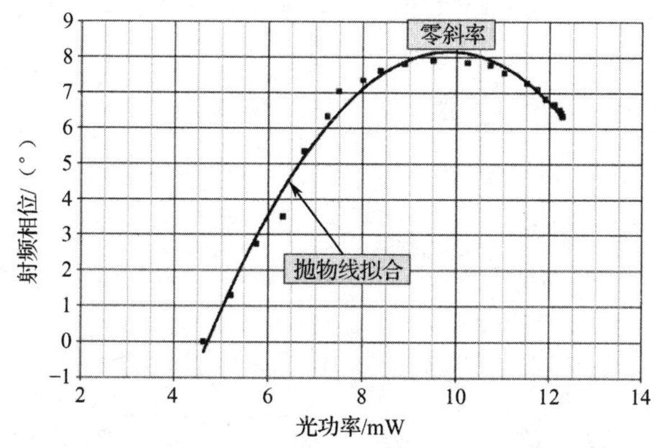

（a）不同输入光功率条件下光电探测器输出微波信号的射频相位变化

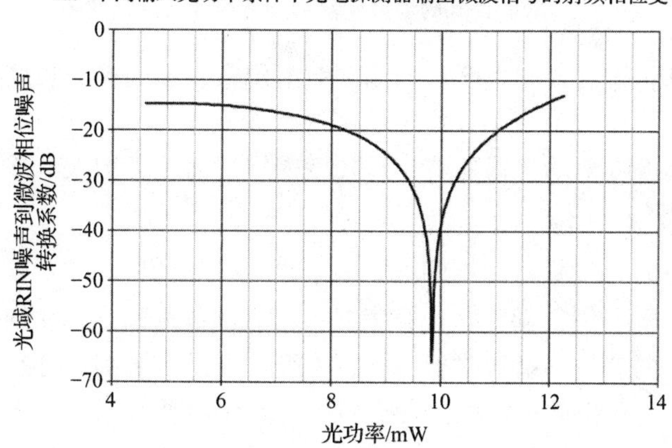

（b）不同输入光功率条件下光电探测器的噪声转换系数

图 3-7　不同输入光功率下光电探测器的射频相位变化和噪声转换系数

光域相对强度噪声到微波相位噪声转化的指标可以通过 $F(p_{\mathrm{opt}})$ 进行表征：

$$F(p_{\text{opt}})=\frac{p_{\text{opt}}^{2}}{2}\left(\frac{\mathrm{d}\varphi}{\mathrm{d}p_{\text{opt}}}\right)^{2} \tag{3-17}$$

当光电探测器输入光功率位于零斜率点时，光域相对强度噪声到微波域相位噪声的转换系数能够降低 30～40dB。

3.1.5 光纤瑞利散射噪声

制造光纤的主要原材料为石英，应力导致的光纤局部折射率变化会引起传输信号发生散射。石英密度变化会导致光纤内部存在密度不均匀的离散点，当传输信号经过光纤离散点时，会产生与原传输方向不同的散射光，这种散射现象通常称为瑞利散射效应。其中，部分散射光的传输方向与原信号传输方向完全相反，该部分散射光称为背向瑞利散射光。背向瑞利散射光在光纤传输过程中同样会在离散点处发生二次散射，部分背向瑞利散射光与原输入光信号传输方向相同，构成二次瑞利散射光。背向瑞利散射及二次瑞利散射的原理示意图如图 3-8 所示。二次瑞利散射光与原信号光在光纤中同向传输，二者之间存在一定时延并发生干涉现象，进而造成光纤输出光信号的幅度抖动，进一步恶化激光信号的相对强度噪声性能。

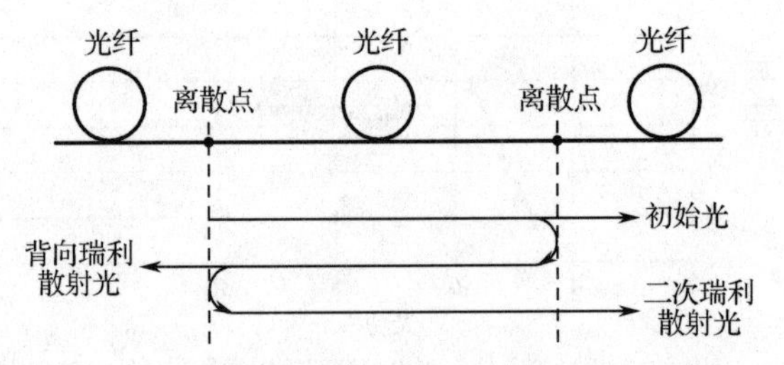

图 3-8 背向瑞利散射及二次瑞利散射的原理示意图

入射光经长光纤传输后，产生严重的瑞利散射现象。不同光纤长度下的前向和背向光强度噪声功率谱如图 3-9（a）所示。由于瑞利散射效应与光纤长度存在相关性，前向传输光和背向散射光的强度噪声功率都随着光纤长度的增加而逐渐增大，并且两者功率谱呈现相似分布情况。

当光纤长度固定为 10km 时，不同入射光功率条件下的前向和背向光强度噪声功率谱如图 3-9（b）所示。此时，前向传输光和背向散射光的强度噪声功率同样随着输入光功率的增加而逐渐增大，两者功率谱曲线形状保持不变，并且呈现相似分布情况。因此，经过 10km 光纤传输后，前向和背向光的强度噪声显著恶化，背向散射光噪声比噪声基底高出 40dB 以上。

由 3.1.3 节的分析可知，由于光纤储能链路存在 AM-PM 非线性效应（主要来源于光电探测器），当光载波携带微波调制信息时，光域相对强度噪声可以转换为微波信号相位噪声，因此，光纤二次瑞利散射现象通过恶化激光相对强度噪声最终会影响输出微波信号相位噪声。如图 3-10 所示，通过对比 10MHz 低相位噪声晶振信号经过强度调制直接探测光纤链路的传输质量可以看出，10MHz 信号经过强度调制直接探测光纤链路后，相位噪声水平变化较小；相比之下，经过 6km 光纤传输后的信号相位噪声受到光纤二次瑞利散射效应的严重影响，在频偏 10Hz～10MHz 范围内均存在一定程度的恶化，在 10kHz 频偏处相位噪声甚至恶化近 25dB。

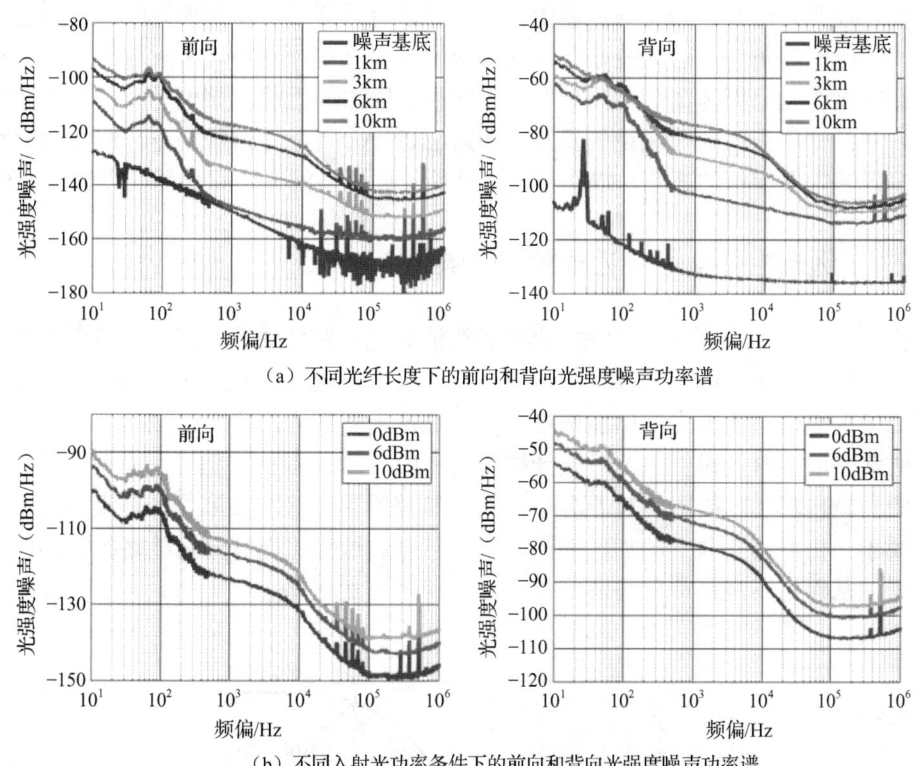

（a）不同光纤长度下的前向和背向光强度噪声功率谱

（b）不同入射光功率条件下的前向和背向光强度噪声功率谱

图 3-9　前向和背向光强度噪声影响因素

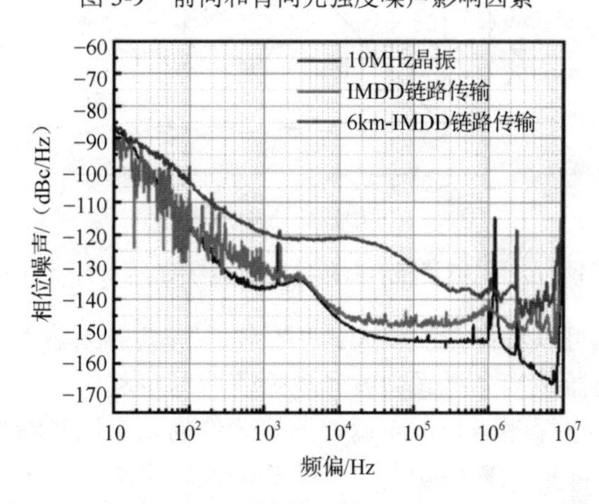

图 3-10　光纤二次瑞利散射对微波信号相位噪声的影响

3.2 光纤储能链路非线性失真

在高性能光纤式微波光电振荡器中，光纤储能链路必须工作于非线性饱和状态，以维持稳定的平衡振荡条件，因此链路非线性效应不仅是光电振荡器正常工作的必要条件，而且还会影响微波光电振荡器的输出功率、远端相位噪声、近载频相位噪声以及谐波水平。本节将对光纤储能链路的非线性失真及饱和效应进行分析，并讨论链路非线性效应对微波光电振荡器各方面指标的影响，以指导最佳性能光纤式微波光电振荡器的设计与实现。

3.2.1 远端相位噪声与近载频相位噪声

根据 Leeson 相位噪声模型可知，光纤式微波光电振荡器的远端相位噪声由光纤储能链路的最大输出信噪比（即信噪比动态范围）直接决定，表现为链路最大输出基频功率与噪声基底之间的差值。由于光纤储能链路存在非线性失真效应，输出微波信号功率不能无限增加，通常采用 1dB 压缩点（光纤储能链路的 1dB 压缩增益比小信号固有增益低 1dB）表示链路饱和输出功率，如图 3-11 所示。此外，链路噪声基底主要取决于白噪声水平，由于白噪声属于与信号相互独立的加性噪声，因此可以通过优化光纤储能链路参数来抑制噪声基底水平，从而提高链路最大输出信噪比。

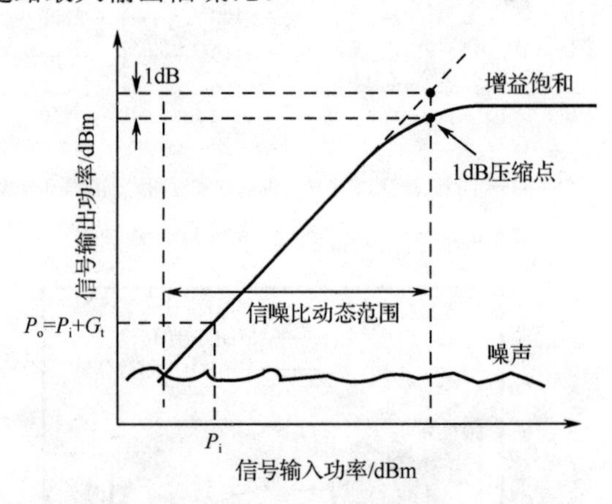

图 3-11 光纤储能链路的射频输出功率与输入功率之间的关系

光纤储能链路整体可以看作微波放大器“黑盒子”，其射频输入端口和输出端口分别为电光调制器和光电探测器。当光纤式微波光电振荡器稳定起振后，光纤储能链路工作于功率饱和状态。受限于光电探测器和电光调制器等器件的功率饱和特性，光纤储能链路的输出射频功率存在上限，即射频输出功率不能随着输入功率增大而无限增大。随着输入光功率增大，光电探测器内部的空间电荷效应和热效应等因素会导致探测光电流发生饱和，输出射频功率到达特定值后会出现压缩现象，输入光功率过大时甚至会烧坏光电探测器。因此，为了提高光纤储能链路的固有射频增益以满足振荡器起振条件，高饱和功率线性光电探测器是高性能光纤式微波光电振荡器中必备的核心器件。

在高品质光纤储能链路设计中，光电探测器的非线性通常可以忽略不计，链路非线性主要由电光调制器主导（在 3.2.2 节中将对其进行进一步介绍）。由式（2-26）可知，光纤储能链路非线性主要来源于电光调制器的固有非线性传输函数，电光调制器通常具有输入饱和特性，链路输出射频信号也会因此出现功率饱和现象，这是光纤式微波光电振荡器稳定起振的必要条件，也会影响振荡器的输出功率和远端相位噪声性能。

正如本书第 2 章所述，虽然光纤储能链路可以类比微波放大器，但是两者的功率饱和特性存在本质差异：微波放大器的非线性饱和特性通常由输出端功率限制，而光纤储能链路的非线性饱和特性主要来源于输入端功率限制（取决于电光调制器件参数），相应的链路输出饱和功率可以通过设计链路参量（如提高激光器功率等）进行调节优化。

当光纤式微波光电振荡器处于起振状态时，在小信号输入情况下，光纤储能链路固有增益与输入射频功率无关，满足振荡器起振增益条件，如图 3-11 中直线部分所示。随着光纤式微波光电振荡器趋于稳定，光纤储能链路固有增益随之逐渐减小，输出信号功率出现增益压缩现象直至达到饱和状态，满足振荡器增益平衡条件，如图 3-11 中水平部分所示。

当光纤储能链路处于增益压缩状态时，本书第 2 章所讨论的链路射频增益模型便不再适用。本节将主要讨论链路增益压缩效应，并将在 3.2.2 节中具体讨论另一种链路非线性谐波失真效应。光纤式微波光电振荡器中光纤储能链路的饱和输入功率 $p_{\text{in-sat}}$ 可以表示为

$$p_{\text{in-sat}}=\frac{V_{\pi}^{2}}{2\pi^{2}R_{\text{m}}} \tag{3-18}$$

式中，V_{π} 和 R_{m} 分别为电光强度调制器的半波电压和负载阻抗。由上式可知，链路输入饱和功率主要取决于调制器半波电压，例如，与 50Ω 射频信号源阻抗匹配的商用马赫-曾德尔电光调制器的半波电压通常为 $V_{\pi}=5\text{V}$，在正交工作偏置下链路饱和输入射频功率 $p_{\text{in-sat}}=25.3\text{mW}或14\text{dBm}$。因此，典型光纤储能链路可以通过提高小信号射频增益 g 提升链路输出饱和功率。假设链路输入端与输出端均满足阻抗匹配条件时（即 $R_{\text{m}}=R$），将式（2-37）代入式（3-18）可以得到：

$$p_{\text{out-sat}}=g\cdot p_{\text{in-sat}}=\left[\frac{\pi R\rho\alpha_{\text{loss}}\,p(t)}{2V_{\pi}}\right]^{2}\cdot\frac{V_{\pi}^{2}}{2\pi^{2}R_{\text{m}}}=\frac{\rho^{2}\alpha_{\text{loss}}^{2}\,p^{2}(t)R}{8} \tag{3-19}$$

当基于上述调制器的储能光纤链路小信号射频增益值为-30dB 时，链路输出饱和功率为-16dBm。由式（3-19）可知，通过提高平均光功率可以进一步提升链路输出饱和功率，因此，光纤储能链路与商用微波放大器的输出饱和功率特性存在明显区别，商用微波放大器的输出饱和功率通常为固定值，而光纤储能链路的输出饱和功率可以通过增加激光器的功率得以提升。

另外，光纤式微波光电振荡器的远端相位噪声由光纤储能链路的输出白噪声水平决定，主要包括热噪声、光电探测散粒噪声和激光相对强度噪声等。由于白噪声属于均匀分布在整个频谱范围内的加性噪声，为了便于分析链路噪声基底对振荡器远端相位噪声的贡献，本节将各类白噪声功率带宽归一化为 1Hz（即 dBm/Hz）。

虽然光纤储能链路在输出功率饱和方面与微波放大器存在本质上的区别，但是在输出噪声基底方面却与微波放大器原理相同，均由系统功率增益 G 和噪声系数 NF 共同决定。光纤储能链路的归一化输出白噪声基底水平可以表示为

$$N_{\text{out}} = 10\lg(kT) + G + \text{NF} \tag{3-20}$$

为了满足光电振荡环路的增益起振条件，高性能光纤式微波光电振荡器必须采用高功率半导体激光器和高饱和线性光电探测器。因此，实际光纤储能链路的主导噪声源为激光相对强度噪声，假定电光调制器与光电探测器之间的光传输损耗可以忽略，在激光相对强度噪声受限的情况下，强度调制直接探测光纤储能链路中平均光功率与链路噪声系数之间的关系为

$$\text{NF} = 10\lg\left(2 + \frac{10^{\frac{\text{RIN}}{10}} R}{2\left(\dfrac{\pi R_{\text{m}}}{2V_{\pi}}\right)^2 kT}\right) \tag{3-21}$$

由式（3-21）可知，激光器相对强度噪声和输出射频信号功率均与平均光功率的二次方成正比，在激光器强度噪声受限的情况下链路输出信噪比保持不变，因此光纤储能链路噪声系数与平均光功率无关。

微波光电振荡器的远端相位噪声受限于光纤储能链路的输出饱和功率和噪声基底，链路信噪比动态范围（或最大输出信噪比）可以表示为

$$\begin{aligned}\text{DR}_{\text{SNR}} = \text{SNR}_{\text{out-max}} &= p_{\text{out-sat}} - N_{\text{out}} \\ &= p_{\text{in-sat}} - 10\lg(kT) - \text{NF}\end{aligned} \tag{3-22}$$

因此，当光纤式微波光电振荡器中电光调制器件参数（工作于正交点）确定并且忽略高功率探测器非线性影响后，光纤储能链路的输入饱和功率固定不变，链路最大输出信噪比只与噪声系数直接相关，且成反比关系，链路最小噪声系数对应着最大输出信噪比（即最佳光电振荡器远端相位噪声）。根据式（3-21）可知，激光相对强度噪声受限情况下的光纤储能链路噪声系数与平均光功率无关，因此无法通过提高平均光功率来改善链路噪声系数指标，只能通过降低激光相对强度噪声水平来提升链路最大输出信噪比（或信噪比动态范围），进而优化光纤式微波光电振荡器的远端相位噪声水平。根据式（2-37）可知，在激光相对强度噪声受限的情况下，链路小信号增益或者饱和输出功率与平均光功率的二次方成正比，虽然提高平均光功率无助于改善微波光电振荡器远端相位噪声性能，但是有助于提升振荡器输出功率水平。

此外，激光器相对强度噪声受限情况下的光纤储能链路的输出信噪比还可以表示为

$$\text{SNR}_{\text{out}} = 10\lg\frac{m^2}{\text{rin}} = 10\lg m^2 - \text{RIN} \tag{3-23}$$

式中，m 为光调制深度，当光调制深度取最大值（m=1）时，可以得到光纤储能链路的最

大输出信噪比（或信噪比动态范围），即 –RIN 。因此，在激光器相对强度噪声受限情况下的光纤储能链路中，理想情况下链路最大输出信噪比只受限于激光器相对强度噪声水平，与式（3-22）所得结论相同。在不同激光器相对强度噪声水平下，光纤储能链路输出信噪比与平均光电流（对应射频输出功率）之间的关系曲线如图 3-12 所示。由图可见，链路的最大输出信噪比与激光器的相对强度噪声绝对值相等。

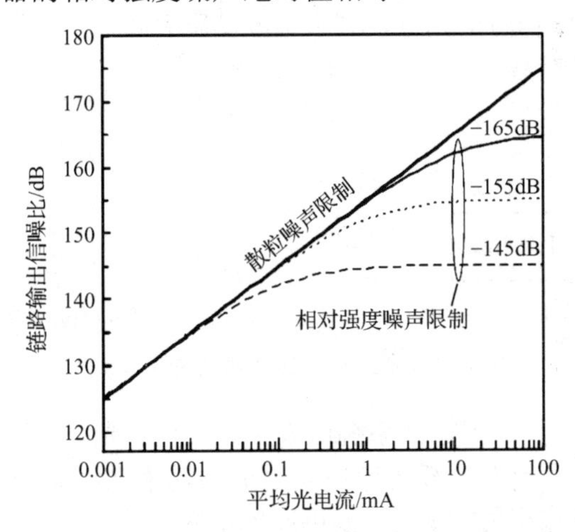

图 3-12　光纤链路输出信噪比与平均光电流（对应射频输出功率）之间的关系曲线

基于目前高性能商用半导体激光器（最大输出功率为 100mW、RIN=−160dBm/Hz）、电光强度调制器（$V_\pi = 5V$）与光电探测器（饱和功率 15dBm 以上）构建高品质强度光纤储能链路，射频增益和噪声系数分别为−25dB 和 30dB。因此，光纤储能链路的输出饱和功率和噪声基底能够分别达到−10dBm 和−169dBm/Hz，相应的链路最大输出信噪比（或信噪比动态范围）以及光纤式微波光电振荡器的远端相位噪声可以达到−159dBc/Hz，与激光器相对强度噪声指标水平相匹配。

光纤式微波光电振荡器的远端相位噪声性能受到光纤储能链路的输出噪声基底影响，主要包括激光器相对强度噪声、热噪声和散粒噪声等，上述噪声属于与振荡信号之间满足独立相加关系的加性背景噪声，与光纤储能链路中是否传输振荡信号无关。本节还将分析光纤储能链路非线性效应对微波光电振荡器近载频相位噪声的影响，振荡器近载频噪声属于与振荡信号相乘并存的乘性噪声，噪声边带与载波功率呈线性比例关系，并且随着振荡信号一起增加或消失。

虽然光纤式微波光电振荡器的近载频相位噪声会受到 Leeson 效应影响，但是近载频噪声主要来源于光纤储能链路中的近直流噪声，主要包括激光器的近频相对强度噪声与频率噪声、光纤瑞利散射噪声以及探测器/放大器闪烁噪声等。链路中近直流噪声通过非线性变频转换至近载频噪声边带，最终限制光纤式微波光电振荡器的近载频相位噪声水平。由于光纤储能链路必须工作于非线性饱和状态，无法通过优化链路噪声系数改善高性能光纤式微波光电振荡器的近载频相位噪声性能，需要有针对性地抑制光纤储能链路中的近直流噪声（本书 3.1 节和 5.2 节都对此进行了详细介绍）。

3.2.2 非线性谐波失真

如前所述，光纤储能链路工作于非线性饱和状态，光纤式微波光电振荡器中也会产生非线性谐波分量，谐波频率是基频振荡信号的无限整数倍，如图 3-13 所示。谐波分量通常以 dBc 表示其相对于载波信号的强度，并且谐波功率会随着阶次增加而下降，因此高于三阶的高次谐波分量可以被忽略。

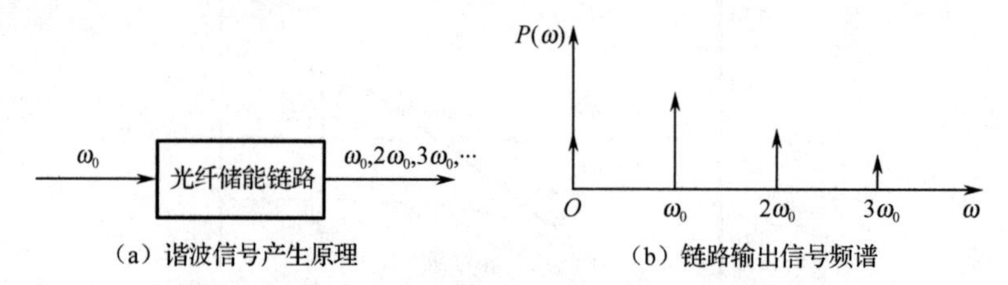

（a）谐波信号产生原理　　（b）链路输出信号频谱

图 3-13　光纤储能链路谐波失真示意图

由于谐波分量会对高灵敏度微波系统造成干扰，研究光纤式微波光电振荡器中非线性谐波分量具有重要意义。假设光纤式微波光电振荡器中光纤储能链路的输入振荡信号为 $V_{\text{in}} = A\cos(\omega_0 t)$，则链路输出射频信号 V_{out} 可以表示为

$$\begin{aligned} V_{\text{out}} &= a_0 + a_1 A\cos\omega_0 t + a_2 A^2\cos^2\omega_0 t + a_3 A^3\cos^3\omega_0 t + \cdots \\ &= \left(a_0 + \frac{1}{2}a_2 A^2\right) + \left(a_1 A + \frac{3}{4}a_3 A^3\right)\cos\omega_0 t \\ &\quad + \frac{1}{2}a_2 A^2\cos 2\omega_0 t + \frac{1}{4}a_3 A^3\cos 3\omega_0 t + \cdots \end{aligned} \tag{3-24}$$

忽略储能链路中高阶谐波失真分量的影响，三阶及以下的谐波失真不同频率成分对应幅度见表 3-2。由于光纤储能链路工作于非线性饱和状态，泰勒级数展开式（3-24）中的系数 a_2 和 a_3 等均不为 0，链路输出信号中包含角频率为 $2\omega_0$ 和 $3\omega_0$ 的谐波失真分量。

表 3-2　三阶及以下的谐波失真不同频率成分对应幅度

信号成分	角频率	幅度
直流信号	0	$a_0 + \frac{1}{2}a_2 A^2$
基频信号	ω_0	$a_1 A + \frac{3}{4}a_3 A^3$
二阶谐波信号	$2\omega_0$	$\frac{1}{2}a_2 A^2$
三阶谐波信号	$3\omega_0$	$\frac{1}{4}a_3 A^3$

光纤储能链路的非线性效应主要来源于电光强度调制过程与光电探测器件，其中电光强度调制过程存在固有非线性传输特性，而光电探测器中非线性效应源于内部多种因素造成的功率饱和，与探测器本身的传输函数无关。相较于电光调制器，高饱和功率线性光电探测器的非线性失真效应可以忽略不计，因此高品质光纤储能链路中非线性效应主要由电

光调制器占主导。

仅考虑电光调制器的非线性失真时，马赫-曾德尔调制器的传输函数有确定的模型表达式，可以通过马赫-曾德尔传输函数表达式（2-26）来分析链路非线性失真与调制器工作偏置点之间的关系。链路基频、二阶及三阶失真的相对射频功率与调制器偏置角之间的关系曲线如图 3-14 所示。因此，光纤储能链路中马赫-曾德尔调制器的最大增益通常设置在正交偏置点 $V_{\mathrm{M}}=kV_{\pi}/2$ 处（其中 k 为整数），并且在正交偏置点处电光调制器的偶数阶非线性谐波失真均为零。

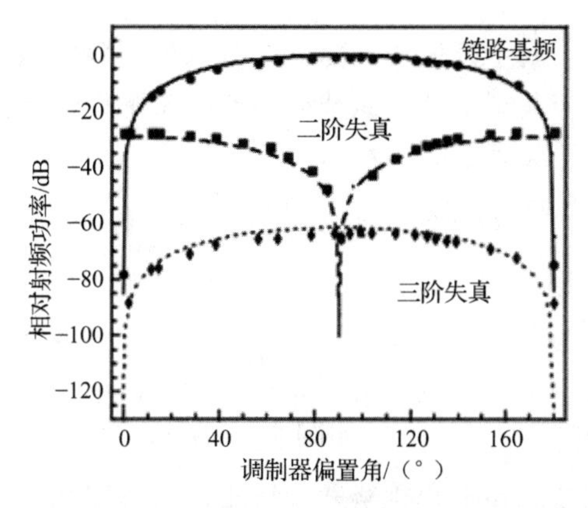

图 3-14　链路基频、二阶及三阶失真的相对射频功率与调制器偏置角之间的关系曲线（离散点为实测值）

光纤式微波光电振荡器为了获得最佳远端相位噪声性能，强度调制直接探测光纤储能链路需要具有最佳的射频增益与噪声系数指标，马赫-曾德尔调制器通常工作于正交偏置点处，此时链路三阶非线性谐波失真最强且不存在二阶非线性谐波失真。因此，理论上光纤式微波光电振荡器中不存在二次谐波分量，但是电光调制器存在偏置精度和偏置漂移等问题，链路二阶非线性谐波失真与理论预测值之间存在偏差。此外，由于电光调制器工作于大信号饱和状态，传输模型中贝塞尔近似展开误差也将增大，并且射频反馈回路增益设置得过高也会造成电光调制过程中出现削波失真，这会进一步恶化光纤储能链路的二次谐波失真程度。

为了优化光纤式微波光电振荡器中的谐波失真水平，光纤储能链路中的电光调制器应进行偏置点自动精确控制，并且射频反馈回路中的微波放大器功率增益也应合理分级设计，避免恶化光纤式微波光电振荡器的二次谐波分量以及远端相位噪声水平。

3.3　光纤储能链路时延

光纤储能链路的长时延特性使得光纤式微波光电振荡器具有极低相位噪声性能。目前，保持最佳相位噪声性能纪录的 10GHz 微波光电振荡器由 16km 长光纤构成，然而长光纤也会给微波光电振荡器带来一些不可忽略的问题。首先，由于只有满足振荡器相位匹配条件的谐振模式才能够起振，而模式间隔与振荡环路腔长成反比，依赖于长光纤储能的微波光电振荡器通常具有很小的模式间隔，这些细密的起振模式对目前商用射频带通滤波器的品质因数（Q）提出了极高要求。其次，长光纤极易受到温度和振动等环境因素影响，进而导致微波光电振荡器的输出频率发生漂移甚至跳变，造成微波光电振荡器输出信号长期频率稳定度变差。本节将详细分析长光纤储能链路导致的光纤式微波光电振荡器存在的模式杂散严重和频率稳定性差等问题。

3.3.1 光电振荡杂散模式

光纤式微波光电振荡器属于延迟线振荡器，有多个离散频点能够满足振荡条件，进而产生杂散干扰频率成分。与典型反馈式微波振荡器的振荡相位条件类似，微波光电振荡器中起振信号的频率与相位需要满足：

$$\omega\tau + \varphi(\omega) + \varphi_0 = 2k\pi \quad k = 0,1,2,\cdots \tag{3-25}$$

式中，ω、τ 与 φ_0 分别为振荡信号角频率、光电振荡环路时延和振荡信号初始相位，k 为正整数，$\varphi(\omega)$ 为环路中其他器件引起的相位变化。光纤式微波光电振荡器的频率响应具有等间距峰值，每个峰值对应单一频率分量，光纤储能链路中长光纤长度决定了谐振模式频率间隔，相邻振荡模式间隔为 $\Delta f = 1/\tau$ ，如图 3-15 所示。光纤式微波光电振荡器的振荡频率由振荡环路时延和带通滤波器中心频率共同决定，振荡模式频率间隔随着光纤长度的增加而减小。现代微波滤波技术在较高中心频率处难以实现超窄带带通滤波，因此在带通滤波通带范围内，多个振荡模式之间会产生增益竞争，其他振荡模式在外界扰动下可能获取足够增益取代原有振荡频率，从而增加了光纤式微波光电振荡器的单模起振难度，并且带来了严重的杂散模式问题。

在实际工程设计时，通常需要对储能光纤长度进行折中权衡考虑，从而获得兼具低相位噪声和低杂散特性的光纤式微波光电振荡器。目前，光纤式微波光电振荡器的杂散抑制技术主要从增加模式间隔和提高选模滤波能力两个方面进行设计，包括双/多环结构、注入锁定和高 Q 值谐振滤波技术等。本书第 5 章将详细介绍光纤式微波光电振荡器的杂散抑制方案。

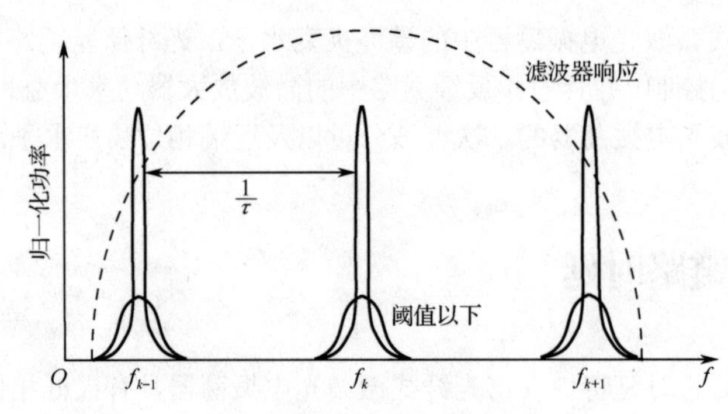

图 3-15 微波光电振荡器频率响应

3.3.2　光电振荡频率漂移

高频率稳定度是微波光电振荡器面向实际工程应用的重要前提。虽然光纤式微波光电振荡器的短期频率稳定度由低损耗长光纤带来的低相位噪声性能保证，但其长期频率稳定度会受到长光纤环境敏感性的严重限制。

首先，光纤式微波光电振荡器的谐振腔腔长主要取决于储能链路中的光纤长度，长光纤极易受到温度和振动等外界环境因素影响，进而造成振荡模式改变，导致微波光电振荡器的输出频率发生漂移或跳变。其次，射频反馈链路中带通滤波器同样具有温度敏感特性，其通带范围会随着温度变化而改变，最终影响光纤式微波光电振荡器的输出信号频率。如图 3-16 所示，在时长 10min 的测试过程中，自由运行状态下光纤式微波光电振荡器的输出信号频率漂移超过了 22kHz。

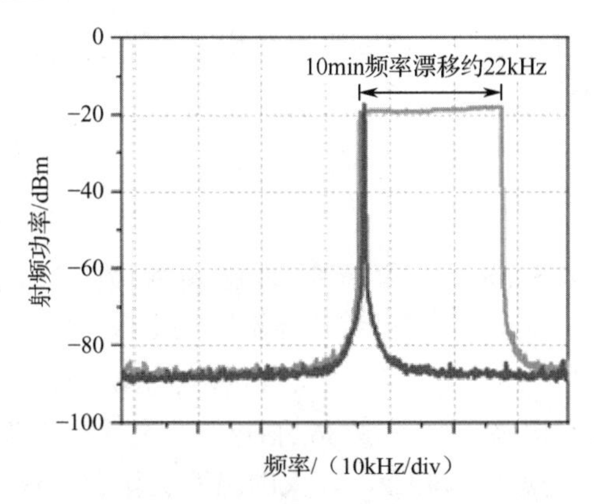

图 3-16　光纤式微波光电振荡器输出频率随时间漂移变化

在所有外界环境因素中，温度条件变化对光纤式微波光电振荡器频率稳定度的影响最为突出，因此在实际设计中应重点考虑环境温度影响。长光纤对温度变化较为敏感，环境温度变化导致的热胀冷缩效应可以改变光纤物理长度，也会直接影响光纤介质的有效折射率，因此光纤长度与折射率的变化共同导致光电谐振腔腔长发生改变。光纤式微波光电振荡器的振荡频率 f_{osc} 通常可以表示为

$$f_{osc}=\frac{mc}{nL}=\frac{m}{\tau} \tag{3-26}$$

式中：m 和 c 分别为微波光电振荡器振荡频率的纵模阶数和真空中光波传播速度；n 和 L 分别为光电谐振腔的有效折射率与物理腔长，腔长主要由光纤储能链路中光纤长度决定。由式（3-26）可知，光纤式微波光电振荡器频率漂移 Δf_{osc} 与光纤物理长度改变量 ΔL 、光纤折射率系数改变量 Δn 之间满足如下关系：

$$\frac{\Delta f_{osc}}{f_{osc}}=\frac{\Delta L}{L}=\frac{\Delta n}{n} \tag{3-27}$$

综合考虑上述两种影响因素，可以准确分析光纤式微波光电振荡器的频率稳定性。光

纤折射率系数与温度变化之间的关系可以表示为

$$n_{\mathrm{T}} = n_0(1 + C_{\mathrm{T}}\Delta T) \tag{3-28}$$

式中，ΔT 为温度变化量，n_0 和 n_{T} 分别为光纤温度变化前后的折射率系数，C_{T} 为光纤折射率温度系数。相较于光纤折射率变化，光纤长度变化受到温度影响较小，光纤长度随温度变化规律可以表示为

$$L_{\mathrm{T}} = L_0(1 + C_{\mathrm{L}}\Delta T) \tag{3-29}$$

式中，L_0 和 L_{T} 分别为温度变化前后的光纤长度，C_{L} 为光纤线性膨胀系数。综合考虑光纤折射率与光纤长度随温度变化的影响，光纤式微波光电振荡器的频率漂移可以表示为

$$\frac{\Delta f_{\mathrm{osc}}}{f_{\mathrm{osc}}} = -\frac{(C_{\mathrm{T}} + C_{\mathrm{L}})\Delta T + C_{\mathrm{T}}C_{\mathrm{L}}\Delta T^2}{(1 + C_{\mathrm{T}}\Delta T)(1 + C_{\mathrm{L}}\Delta T)} \tag{3-30}$$

由于光纤的折射率温度系数与线性膨胀系数均远小于 1，忽略高阶项后式（3-30）可以简化为

$$\frac{\Delta f_{\mathrm{osc}}}{f_{\mathrm{osc}}} \approx -(C_{\mathrm{T}} + C_{\mathrm{L}})\Delta T \tag{3-31}$$

普通单模光纤在 1550nm 处的折射率温度系数与线性热膨胀系数分别为 $C_{\mathrm{T}} = 0.811\times10^{-5}/℃$ 和 $C_{\mathrm{L}} = 5.5\times10^{-7}/℃$。当外界温度发生改变时，光纤式微波光电振荡器系统的频率相对变化量为 $8.65\times10^{-6}/℃$。对于中心频率 10GHz 的光纤式微波光电振荡器而言，外界环境温度每变化 1℃，振荡频率漂移 86.5kHz。当光纤储能链路长度为 3km 时，光纤式微波光电振荡器的模式间隔为 66kHz，较大的温度变化会导致微波光电振荡器振荡模式发生漂移甚至跳变，进而影响微波光电振荡器的正常起振和频率稳定度。

在光纤式微波光电振荡器中，高品质射频带通滤波器也具有温度敏感特性，环境温度变化会造成滤波器的腔长和中心频率发生变化，进而改变光电谐振腔腔长，并且导致输出信号频率漂移。随着环境温度变化，射频带通微波滤波器的中心频率漂移规律可以表示为

$$\frac{\Delta f}{f\cdot\Delta T} = -\alpha \tag{3-32}$$

式中，α 为射频带通滤波器的热膨胀系数。对于铝材质射频带通滤波器，$\alpha = 25\times10^{-6}/℃$。利用矢量网络分析仪可以测得射频带通滤波器的温度特性，如图 3-17 所示。由图可见，当射频带通滤波器温度从 260K 升至 340K 时，滤波器通带幅频响应曲线中心漂移了约 20MHz。

外界环境温度改变会对光纤式微波光电振荡器的长期频率稳定度造成严重影响，因此在设计过程中应考虑温度变化对整个振荡系统的影响。常见的光纤式微波光电振荡器长期频率稳定度优化方法主要包括被动稳频和主动稳频两类：被动稳频技术通常选用新型温度不敏感光纤或采用温度精密控制等方法措施，而主动稳频技术主要采用锁相环技术将微波光电振荡器与低频参考源锁定。本书第 5 章将会对光纤式微波光电振荡器的长期频率稳定性优化技术进行具体介绍。

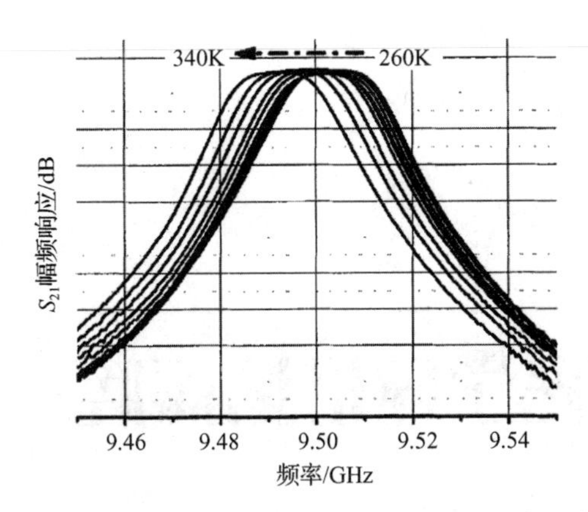

图 3-17　20MHz 带宽滤波器通带幅频响应曲线随环境温度漂移变化

第 4 章

高品质光学环形谐振腔

4

微波光电振荡器的极低相位噪声性能得益于高品质光学储能元件。低损耗长光纤储能链路虽然能够提供长延迟储能时间，实现微波光电振荡器信号的高频谱纯度性能，但长光纤也会导致严重的杂散模式、较差的频率稳定度和庞大的机架体积等问题。采用高品质光学环形谐振腔作为微波光电振荡器储能元件，不仅可以保证微波光电振荡器的相位噪声性能，而且能够提高其结构紧凑性。在本书 2.4 节中已经对光学环形谐振腔通用传输模型和特征参数进行了介绍，本章将从光纤环形谐振腔和回音壁模式光学微腔两种典型环形结构腔的特征参量出发，总结光纤环形谐振腔的品质因数（Q）提升方法，并介绍不同材料回音壁模式光学微腔的线性与非线性特性，最后对光学环形谐振腔品质因数的通用表征技术进行介绍。

4.1　光纤环形谐振腔

在传统光纤式微波光电振荡器中，用于延迟储能的长光纤带来了诸如体积庞大、抗环境干扰能力差等难以克服的缺陷。光纤环形谐振腔利用光纤低损耗特性，通过闭合环路提升光波有效传输路径，从而利用较短光纤实现高 Q 值储能，在保证微波光电振荡器低相位噪声性能的同时，能够缓解长光纤带来的一系列问题，因此，由光纤环形谐振腔构成的微波光电振荡器具有很好的工程化应用前景。本节将对光纤环形谐振腔的基本概念进行简要介绍，并讨论光纤环形谐振腔的 Q 值提升方法。

4.1.1　光纤环形谐振腔概述

光纤环形谐振腔概念最早由 Marcatili 于 1969 年提出。1982 年，Stokes 等人设计了一种由交叉耦合单模光纤构成的光纤环形谐振腔结构，如图 4-1（a）所示。该光纤环形谐振腔精细度较低（仅为 80），通过低损耗光纤耦合器可以将环形谐振腔精细度提升至 500。随着光纤耦合器制备技术的成熟，利用商用定向耦合器可以使光纤环形谐振腔具备更好的对称输出特性和更高的精细度，如图 4-1（b）所示。因此基于定向耦合器的各类光纤环形谐振腔得到了研究人员的广泛研究。

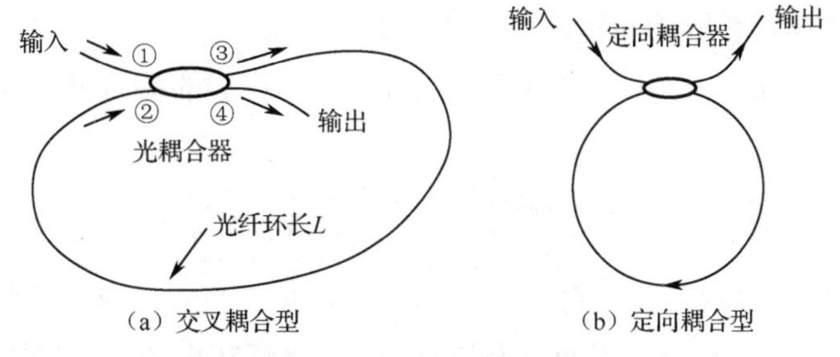

（a）交叉耦合型　　（b）定向耦合型

图 4-1　光纤环形谐振腔

光纤环形谐振腔有多种分类方式，其中根据光纤环数量可以将光纤环形谐振腔分为单环型和多环型，如图 4-2（a）和（b）所示。由于不同环数光纤谐振腔具有不同的传输特性，因此在实际系统中可以灵活设计光纤环和耦合器的数量，构建合适的谐振腔结构以满足应用需求。另外，根据腔内是否存在有源增益介质，光纤环形谐振腔还可以分为无源腔和有源腔。如图 4-2（c）所示，在环形谐振腔内引入有源增益介质可以有效补偿光纤环形谐振腔传输损耗，进而提高光纤环形谐振腔的品质因数。

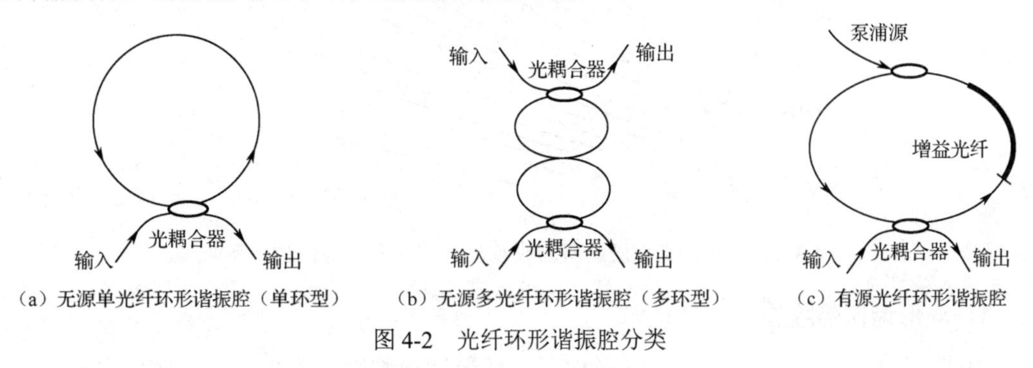

（a）无源单光纤环形谐振腔（单环型）　（b）无源多光纤环形谐振腔（多环型）　（c）有源光纤环形谐振腔

图 4-2　光纤环形谐振腔分类

除了用作微波光电振荡器中储能元件，光纤环形谐振腔还广泛应用于光纤激光器和传感测量等领域。首先，类似于 F-P（Fabry-Perot，法布里-珀罗）激光器，掺杂光纤在光纤环形谐振腔中作为增益介质，通过多次循环反馈可以实现激光振荡输出。近年来，各种波段和不同性能的光纤环形激光器得到了广泛研究。另外，由于环形谐振腔中光纤作为环境敏感元件，外界因素对谐振腔腔长的影响将导致环形谐振腔谐振频率发生变化，光纤环形谐振腔利用该特性可以应用于各种传感系统中。

4.1.2　Q 值影响因素

由本书第 2 章 Leeson 模型可知，微波光电振荡器的相位噪声性能主要受到谐振腔射频品质因数的影响。由式（2-69）可知，假设振荡器输出信号频率为 20GHz 且激光工作波长为1.5μm，则光学频率与微波频率比值约为10^4，因此等效射频品质因数 Q_{RF} 比光学品质因

数 Q_{opt} 低10^4；当光学品质因数 Q_{opt} 为10^8时，则 20GHz 处等效射频品质因数 Q_{RF} 为10^4，而 10GHz 处等效射频品质因数仅为 5000。当光纤环形谐振腔应用于微波光电振荡器时，通常要求其光学品质因数超过10^8甚至10^9，因此，本节将主要分析影响光纤环形谐振腔品质因数的关键因素，并探讨相应的品质因数提升方法。

根据式（2-68），在$0<\alpha\rho<1$条件下，光纤环形谐振腔的品质因数可以表示为

$$Q=\omega_0\tau_L\left(2\arccos\left[\frac{2\alpha\rho}{1+(\alpha\rho)^2}\right]\right)^{-1} \tag{4-1}$$

式中，$\tau_L=n_gL/c$表示单圈环程时间。由式（4-1）可知，光纤环形谐振腔的品质因数 Q 与腔长 L、腔内传输系数 α 和耦合系数 ρ 密切相关，在光纤环形谐振腔腔长 L 确定的条件下，光纤环形谐振腔品质因数 Q 与参数 α 和 ρ 之间的关系曲线如图 4-3 所示。

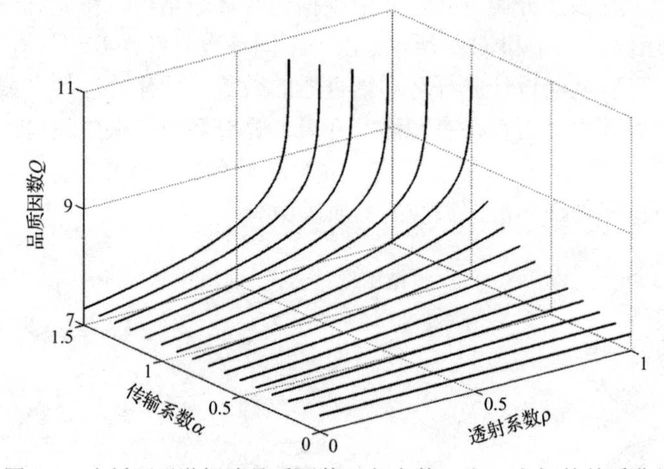

图 4-3　光纤环形谐振腔品质因数 Q 与参数 α 和 ρ 之间的关系曲线

1．环形谐振腔腔长

由式（4-1）可知，在$0<\alpha\rho<1$条件下，环形谐振腔腔长增加将呈比例地提高光纤环形谐振腔的理论品质因数，并降低其自由光谱范围（FSR），如图 4-4 所示。

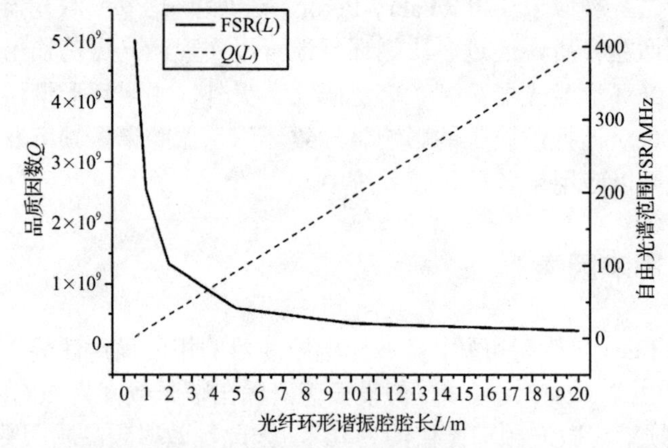

图 4-4　光纤环形谐振腔的理论品质因数 Q 和自由光谱范围 FSR 与光纤环形谐振腔腔长 L 之间的关系

光纤环形谐振腔结构对品质因数的影响也可以从光子寿命角度进行理解：光纤环形谐振腔品质因数越高，其光子储能能力越强，光子在谐振腔中存活时间越长。因此，光纤环形谐振腔的品质因数也可以表示为

$$Q=\omega_0\frac{W}{P}=\omega_0\tau \tag{4-2}$$

式中：ω_0 为谐振光波角频率，$\omega_0=2\pi v_0$；W 为光学环形谐振腔可储存光波总能量；P 为单位时间内腔内光波损耗能量，$P=\mathrm{d}W/\mathrm{d}t$；$\tau$ 为单光子寿命。由于光波在光纤环形谐振腔内闭合循环传输，光纤环形谐振腔环路可以等效为折叠的低损耗光纤延迟线，等效延迟长度 L_{eq} 可以表示为

$$L_{\mathrm{eq}}=\frac{2Qc}{n_{\mathrm{eff}}\omega_0} \tag{4-3}$$

式中，n_{eff} 为光纤环形谐振腔有效折射率。等效延迟长度越长，则光纤环形谐振腔光子寿命越长，品质因数越高。由图 4-4 可知，与 20m 光纤环形谐振腔对应的自由光谱范围约为 10MHz，可以获得约 5×10^9 的品质因数，因此该长度量级的高 Q 值光纤环形谐振腔能够满足微波光电振荡器的应用需求。

2．传输损耗与耦合系数

光纤环形谐振腔的有载品质因数通常用本征品质因数 Q_0 和耦合品质因数 Q_{e} 共同表示。对于高精细度的光纤环形谐振腔：本征品质因数 Q_0 仅表征环内损耗，对应于式（4-1）中 $\rho=1$；耦合品质因数 Q_{e} 仅与耦合特性有关，通过假设环内损耗为零（即 $\alpha=1$）得到。光纤环形谐振腔的有载品质因数可以表示为

$$Q^{-1}=Q_0^{-1}+Q_{\mathrm{e}}^{-1} \tag{4-4}$$

由于高精细度环形谐振腔的半高全宽很小，假设 $\cos(\varphi)\approx1-\varphi^2/2$，由式（4-1）可以得到环形谐振腔品质因数表达式：

$$Q=\frac{w_0\tau_{\mathrm{L}}\sqrt{1+\alpha^2\rho^2}}{2\sqrt{2}(1-\alpha\rho)} \tag{4-5}$$

在高精细度环形谐振腔（$\alpha\rho\approx1$）中，Q_0 和 Q_{e} 利用参数 α 和 ρ 可以近似表示为

$$Q_0=-\frac{w_0\tau_{\mathrm{L}}}{2\ln(\alpha)} \tag{4-6}$$

$$Q_{\mathrm{e}}=-\frac{w_0\tau_{\mathrm{L}}}{2\ln(\rho)} \tag{4-7}$$

为了同时提升光纤环形谐振腔的 Q_0 和 Q_{e} 值，需要优化改善参数 α 和 ρ，即降低腔内传输损耗和提升耦合效率。

当环形谐振腔腔长 L 与耦合系数 ρ 不变时，由式（4-1）可知，腔内传输损耗越小，传

输系数α越大，光纤环形谐振腔的品质因数越高。由于受材料特性限制，光纤环形谐振腔内部本征损耗和光纤熔接损耗成为限制光纤环形谐振腔Q值进一步提高的主要影响因素。

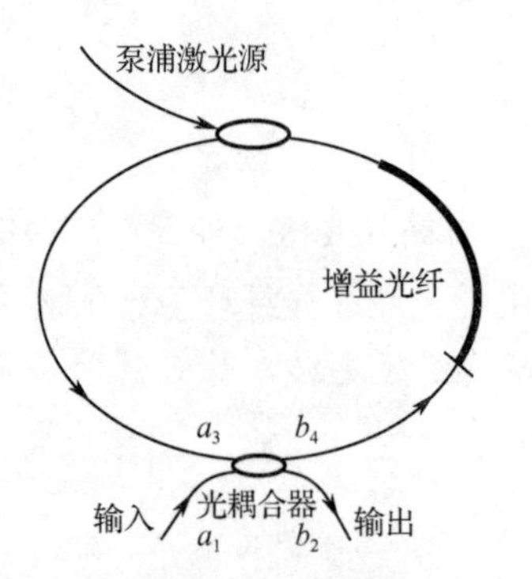

图 4-5　有源光纤环形谐振腔模型

为了提升传输系数α，研究人员在光纤环形谐振腔中嵌入增益光纤（掺 Er^{3+}或 Yb^{3+}等）来补偿腔内损耗，利用有源增益极大程度延长了光子寿命，即有效增加了光波在环形谐振腔中循环传播圈数，进而提高光纤环形谐振腔的品质因数。如图 4-5 所示，在有源光纤环形谐振腔中，泵浦光源与光纤环形谐振腔通过波分复用器进行连接，腔内掺杂增益光纤能够实现谐振信号的有源光放大。

有源光纤环形谐振腔通常可以用腔内功率增强因数 IPEF 来表征有源增益介质对腔内光强的增强程度，根据 2.4.1 节中全通型光纤环形谐振腔的理论模型分析，腔内功率增强因数与光纤环形谐振腔中传输系数α、直通耦合系数ρ之间的关系可以表示为

$$\mathrm{IPEF}=\left.\frac{|b_4|^2}{|a_1|^2}\right|_{\varphi=0}=\left.\frac{1-\rho^2}{(1-\alpha\rho)^2}\right|_{\varphi=0} \tag{4-8}$$

在无源光纤环形谐振腔（即$\alpha<1$）中，临界耦合状态（$\rho=\alpha$）下腔内功率增强因数达到最大值；在有源光纤环形谐振腔（即$\alpha>1$）中，当腔内传输系数α接近激光振荡阈值$\alpha_{\mathrm{th}}=1/\rho$时，腔内功率增强因数将显著增加，如图 4-6 所示。有源光纤环形谐振腔腔内光强增强程度越高，光纤环形谐振腔内光子储能能力提升得越明显，光纤环形谐振腔品质因数也将越高。

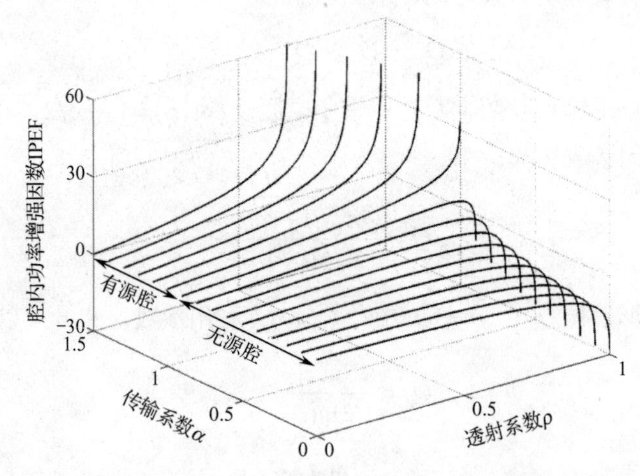

图 4-6　腔内功率增强因数与α和ρ的关系曲线

当光纤环形谐振腔腔内传输系数α确定时，透射系数ρ越大（即耦合系数k越小），光纤环形谐振腔的品质因数越高。光纤谐振腔通常采用光学定向耦合器实现耦合，利用灵活可调的耦合比保证较高的耦合效率，从而提升光纤环形谐振腔的有载品质因数。

4.2　回音壁模式光学微腔

有源光纤环形谐振腔结合自再生增益与循环延迟效应实现了高 Q 值储能能力，因此耦合式微波光电振荡器不仅具备低相位噪声性能，而且可以实现尺寸紧凑的封装。即便如此，耦合式微波光电振荡器仍然需要上百米光纤环形谐振腔，这极大限制了微波光电振荡器的小型集成化发展，使其难以适用于对体积、质量、功耗要求苛刻的机载、弹载和星载等平台上。回音壁模式光学微腔兼具高 Q 值和可集成优势，可以替代长光纤和有源光纤环形谐振腔作为微波光电振荡器的储能介质；此外，回音壁模式铌/钽酸锂微腔还可以集电光调制与灵活滤波功能于一体，为可调谐微波光电振荡器的结构简化与集成应用提供了新的解决方案。本节将具体介绍回音壁模式光学微腔的基本特性，帮助读者理解光学微腔在小型化和新型集成微波光电振荡器中的应用原理。

4.2.1　回音壁模式光学微腔简介

早在 20 世纪初，英国科学家 Lord Rayleigh 便发现了回音壁传声现象，如图 4-7（a）所示。当他靠近圣保罗大教堂穹顶回廊墙壁时，可以清晰地听到回廊任一位置处他人的窃窃私语，他推测声音是沿着回廊墙壁进行传播的，并通过建立数学模型推导出“耳语回廊”模式下波动方程的解析解，最终指出回音壁传播方式使得声波能量传输衰减比自由空间中小很多，因此具有很好的远距离传播特性。我国著名的北京天坛回音壁也有相似的现象，通常将这种传播模式称为“回音壁模式”，如图 4-7（b）所示。

（a）

（b）

图 4-7　圣保罗大教堂和北京天坛回音壁

虽然回音壁模式概念起源于声波研究，但是回音壁现象在实际电磁波领域的研究应用更加广泛和深入。1939 年，Richtrnyer 在介电球体中研究了回音壁模式现象，指出在特定形状介质中可以形成高频电磁谐振，并对介质球形谐振腔和环形谐振腔进行了初步的电磁理论分析。20 世纪 60 年代，在激光技术发展的推动下，回音壁模式开始在光学波段展现出巨大应用潜力。研究人员相继在介质球形谐振腔、红宝石环形谐振腔和半导体材料微盘谐振腔中实现了回音壁模式的激光出射，基于回音壁模式的各种谐振腔也逐渐成为理论物理、非线性光学和集成光子器件等领域新的研究热点。

回音壁模式谐振腔中声波和电磁波传输原理相同。以回音壁模式光学微腔为例：在谐振腔封闭弯曲的高折射率介质界面上，当光波入射角θ大于全反射临界角θ_c时会发生全反射，如图 4-8（a）所示；一些特定频率的光波可以被长时间囚禁在腔体内保持稳定行波传输，进而形成如图 4-8（b）所示的回音壁模式。

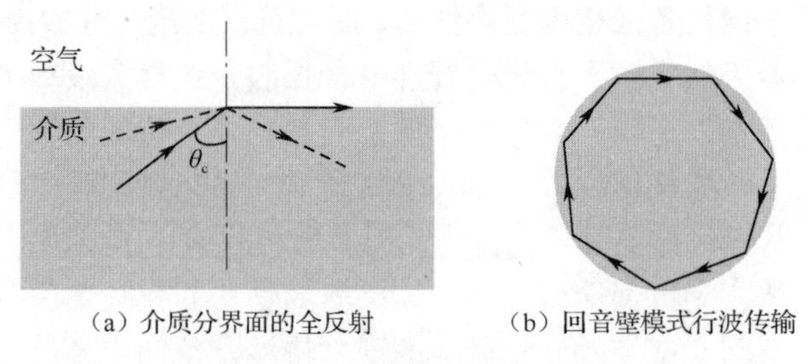

（a）介质分界面的全反射　　（b）回音壁模式行波传输

图 4-8　回音壁模式基本模型

只有满足相位匹配条件的光波才能在回音壁模式光学微腔内谐振，因此回音壁模式谐振腔可以作为一种选频元件，谐振波长λ需要满足如下条件：

$$2\pi n_{\text{eff}} r = m\lambda \tag{4-9}$$

式中，n_{eff}和r分别为环形谐振腔的有效折射率和半径，正整数m为不同谐振模式序数。上述特定波长的入射光在腔内传输一周后的相位变化恰好为2π的整数倍，循环传输光波能够叠加增强。由于光波沿着谐振腔边缘低损耗传播，绝大部分光波能量聚集在边界附近极小的环形区域，最终可以在腔内形成具有特定空间分布的光场，如图 4-9（a）所示。回音壁模式光学微腔模式体积小且品质因数高，腔内能量密度得到极大提高。如图 4-9（b）所示，在一个直径为 50μm、Q值为1×10^8的二氧化硅微球中，1mW 输入光便可以使腔内光场强度达到 1GW/cm^2。由此可见，回音壁模式的光场分布特性极大增强了光学谐振腔的储能能力。

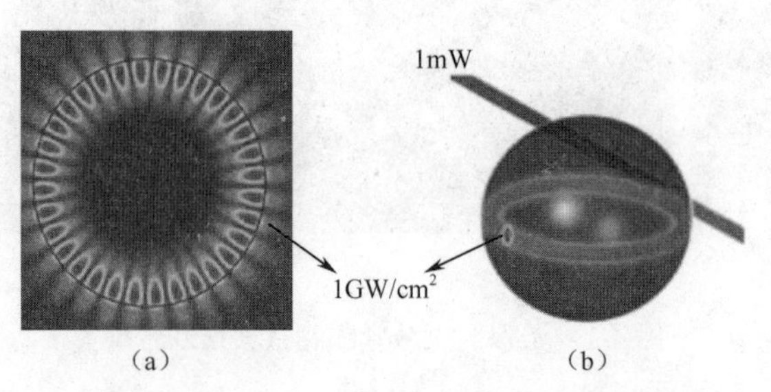

（a）　　（b）

图 4-9　回音壁模式光学微腔赤道面的光场和能量分布

1．腔体结构与材料特性

相比于光纤环形谐振腔，回音壁模式光学微腔具有无与伦比的体积优势。根据腔体形貌特征，回音壁模式光学微腔通常可以分为微芯环谐振腔、微球谐振腔、微泡谐振腔、微盘谐振腔、微瓶谐振腔和微环谐振腔等多种结构，如图 4-10 所示。根据加工工艺平台的不同，常见的回音壁模式光学微腔可以分为体结构晶体微腔和片上波导微腔[1]等，分别适用于不同的应用场景。

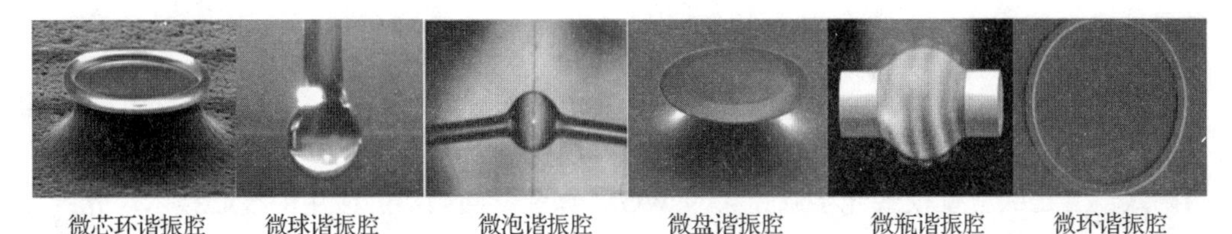

图 4-10　常见的微腔形貌

受限于光学晶体材料硬度和抛光工艺，体结构晶体微腔的直径一般在数百微米到数毫米范围内，多为图 4-11（a）所示的微盘和微柱结构形态。晶体材料通常具有很宽的光学传输窗口，并且材料的吸收损耗极小，可用于制备超高品质因数的光学微腔。例如，氟化镁晶体微腔的 Q 值理论极限大于 10^{10}，具有环境温度和湿度不敏感等优点，常用于高效储能、窄带滤波和低阈值非线性应用；铌/钽酸锂晶体微腔的品质因数可以达到 10^{8}，并且具有优良的电光效应特性，因此，除了线性信号处理应用，铌/钽酸锂晶体微腔还可以实现高速电光调制和宽带频率调谐等功能，在高性能光电子器件与系统（特别是微波光电振荡器）中具有重要的应用价值。由于体结构晶体材料的机械稳定性较高，因此回音壁晶体微腔通常采用机械抛光法进行制备加工。精密研磨抛光工艺可以使晶体微腔表面粗糙度达到纳米量级，极大降低了微腔表面的光波散射损耗，进而显著增强了腔体高品质储能能力。

受限于片上材料特性和工艺水平，片上波导微腔的品质因数通常不超过 10^{7} 量级。近年来，随着制备工艺技术的不断进步，片上波导微腔的品质因数也在不断提高。由于片上波导微腔尺寸通常为微纳量级，模式体积极小［如图 4-11（b）所示］，可以在较低阈值条件下激发光学非线性效应，为研制新型集成微波光电振荡器（详见第 7 章）提供了新的技术方向。此外，微纳加工工艺使得片上微腔具有大批量生产的应用潜力，并且片上工艺的兼容性也使光子器件全集成成为可能，为芯片级集成微波光电振荡器的开发与研制提供了可行路线。

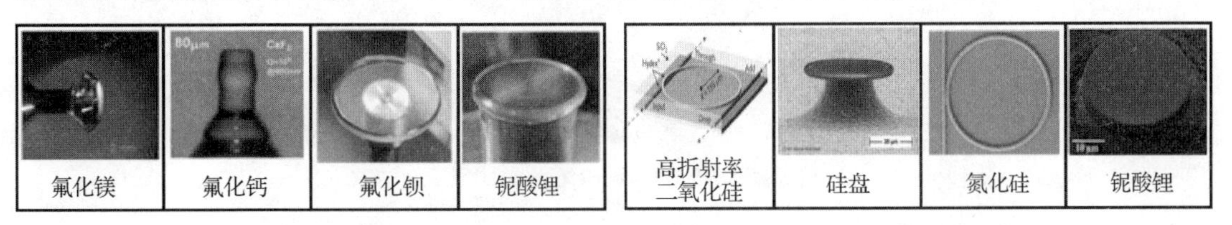

（a）体结构晶体微腔　　（b）片上波导微腔

图 4-11　常见回音壁模式光学微腔的结构和形态

2. 回音壁微腔高效耦合

由回音壁微腔器件自身确定的品质因数称为本征品质因数 Q_0（即无载品质因数），它主要由微腔材料吸收损耗、路径辐射损耗以及表面不均匀起伏和介质内部缺陷导致的散射损耗决定，其中腔体表面散射损耗可以通过改进加工工艺进行有效抑制。在实际应用中，

1 实际上，光在微环谐振腔中传输时并不严格遵循回音壁模式，本书仅从应用角度考虑，因此不作区分。

回音壁模式光学微腔需要借助外部耦合器件来激发和收集回音壁模式，因此耦合过程也会引入额外损耗，相应的耦合品质因数可以表示为 Q_{ext}。实际测量所得微腔品质因数通常称为有载品质因数 Q，可以表示为

$$\frac{1}{Q}=\frac{1}{Q_0}+\frac{1}{Q_{ext}} \tag{4-10}$$

高效耦合是回音壁模式光学微腔（即 WGM 微腔）面向实际应用的核心技术。光纤环形谐振腔借助独立的商用光耦合器进行耦合，结构稳定且耦合效率高。然而，回音壁模式光学微腔为闭合对称结构，并且具有特殊的模式分布，通过传统激光直射方式无法将泵浦光能量直接汇入光学微腔内，因此回音壁模式光学微腔需要利用倏逝波耦合方法实现光场能量交换。

当光波信号在光密介质与光疏介质分界面发生全反射时，部分入射光会透过光密介质并沿光密介质外表面传播形成倏逝波。耦合介质中光波和回音壁模式传输光波在介质分界面附近均以倏逝波形式存在，并且倏逝波强度在光密介质外随着径向距离 r 以指数规律衰减。当耦合距离 d 位于微腔表面倏逝场的趋肤深度 δ 内，两路倏逝场达到一定程度重叠时能够发生光场能量交换，如图 4-12（a）所示，即耦合距离 d 与趋肤深度 δ 满足：

$$d<\delta=\frac{\lambda}{2\pi\sqrt{n_1^2\sin^2\theta-n_2^2}} \tag{4-11}$$

式中，n_1 为微腔折射率，n_2 为外部泵浦与微腔表面倏逝场发生能量交换的介质（多数情况下为空气）折射率，λ 为回音壁模式在真空中的波长，θ 为泵浦光入射角。基于倏逝波耦合理论，为了高效激发光学微腔中的回音壁模式，目前常见的耦合方式主要包括棱镜耦合、波导耦合和锥形光纤耦合等，如图 4-10（b）至（d）所示。

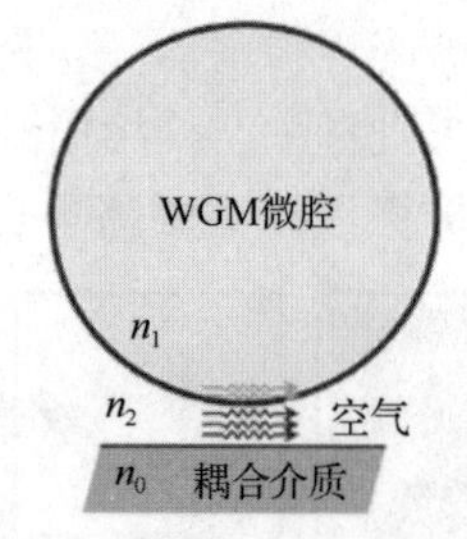

（a）WGM微腔、空气与耦合介质的相对位置

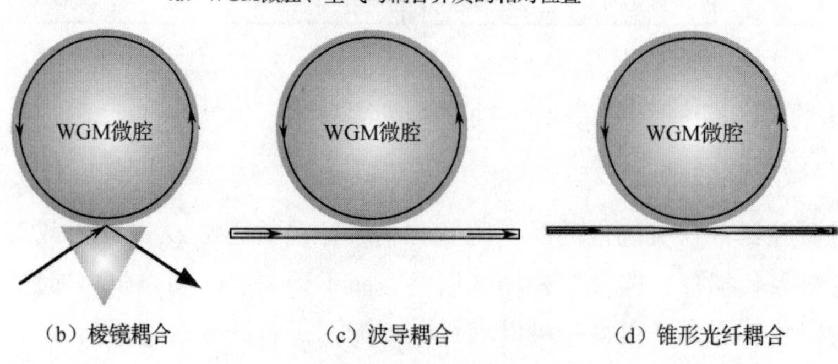

（b）棱镜耦合　（c）波导耦合　（d）锥形光纤耦合

图 4-12　WGM 微腔的常见耦合方式

棱镜耦合是一种典型的近场耦合方式。输入透镜将光波聚焦至棱镜耦合界面并发生全反射激发倏逝场，通过调节光波入射角可以改变倏逝场的波矢量，从而与微腔内特定模式实现相位匹配。棱镜耦合结构灵活且稳定，但是对棱镜入射角度和耦合距离有较高精度要求，环境因素也会对棱镜耦合状态产生影响，这在一定程度限制了棱镜耦合系统的耦合效率。

锥形光纤耦合是一种实验室常用的耦合方法。它是将单模光纤熔融拉伸形成直径不大于 2μm 的锥腰，当锥形光纤靠近微腔赤道面时，锥腰表面光场可以通过倏逝波耦合进入微腔内。锥形光纤耦合方式结构简单，并且具有极高的耦合效率，但是存在环境适应性差等问题，难以在实际工程中应用。

波导耦合技术一般应用于片上波导微腔中。片上波导尺寸较小，通过精确设计波导与微腔之间的耦合距离，入射光波会在波导侧壁表面产生倏逝场，并与微腔模式激发的倏逝场重叠耦合，当两者满足相位匹配条件时，波导模式与回音壁模式微腔之间可以发生高效的能量交换。

由 2.4 节分析可知，光学环形谐振腔的耦合状态由透射系数 ρ 和环内传输系数 α 共同决定，环形谐振腔透射系数可以通过改变光纤耦合器的耦合比进行调节，从而改变光纤环形谐振腔的耦合状态。然而，回音壁模式光学微腔则主要通过调整微腔腔体与耦合系统之间距离来改变耦合状态，以常见的锥形光纤耦合系统为例：当微腔赤道面与光纤锥腰之间距离太远或相位不匹配时，有限的倏逝场深度将导致光纤锥腰与回音壁微腔模式重叠面积太小，大部分倏逝场能量无法耦合进入光学微腔中，系统处于欠耦合状态；随着锥形光纤与光学微腔之间距离缩短，当锥腰半径合适且满足相位匹配条件时，回音壁模式光学微腔的透射系数等于腔内固有传输系数，理论上倏逝场能量能够全部耦合进入光学微腔中，系统处于临界耦合状态；当锥形光纤与光学微腔之间距离太近时，耦合进入光学微腔的光波很容易耦合回光纤锥腰中，引起严重的耦合损耗，此时系统处于过耦合状态。

因此，通过选用合适的耦合方式和精细调控耦合参数来优化回音壁模式光学微腔的耦合状态，可以有助于提升微腔系统耦合效率，这也是发挥微腔超高品质性能优势以提高其实用价值的重要前提。

4.2.2　线性特性与应用

得益于电光材料（如铌/钽酸锂）回音壁微腔的谐振特性与电光特性，微腔能够有助于实现可调谐射频滤波与高速电光调制功能。上述特性使得光学微腔应用于微波光电振荡器时不仅能够实现高效储能，还可以同时实现射频调制和可调滤波等附加功能，这为微波光电振荡器结构简化提供了新的解决方案。

1．可调谐射频滤波

传统射频滤波器的尺寸较大且受电子瓶颈限制，通常存在工作频段范围窄、可调谐性差等缺点。微波光子滤波器可以将射频信号从微波域转换至光频段，在光域实现滤波处理操作，因此具有高带宽、调谐灵活和抗电磁干扰等显著优势。凭借固有的高 Q 值谐振选频特性，回音壁模式光学微腔可以作为高品质可调谐微波光子滤波器中的关键核心元件。

基于回音壁模式光学微腔的微波光子滤波器属于无限冲击响应滤波器，其典型结构如图 4-13 所示。它主要包括激光器、电光调制器、回音壁模式光学微腔和光电探测器等。射频信号通过电光调制器转换至光域，利用回音壁模式光学微腔对光载射频信号提供无限抽头延迟，最后合成馈入光电探测器转换为微波域，即可实现射频信号滤波处理。基于回音壁模式光学微腔的微波光子滤波特征主要由抽头级数（与腔内光波循环次数相关）、加权系数（与微腔单圈传输损耗相关）以及延迟时间（与微腔单圈传输时间相关）共同决定，其中滤波通带形状主要受到微腔谐振曲线影响，而中心频率取决于微腔自由光谱范围（或腔长）大小。除了上述经典架构，回音壁模式光学微腔还可以结合相位调制或单边带调制方式，通过调制边带处理将全通型和上传/下载型微腔的光域滤波响应特性直接传递至微波域，因此，该类型微波光子滤波器的通带/阻带形状由微腔光域谐振曲线映射或互补得到，并且滤波中心频率由泵浦光频率与相应谐振模式之间频差决定。

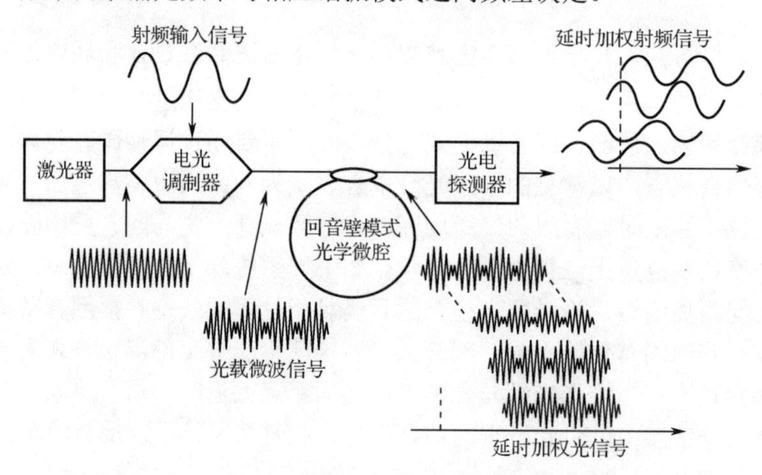

图 4-13　基于回音壁模式光学微腔的微波光子滤波器原理示意图

单级微腔构成的一阶微波光子滤波器结构简单，但是滤波频率响应呈现洛伦兹线型，无法提供平坦的通带范围和陡峭的过渡带。通过多级级联微腔方式可以实现高阶微波光子滤波器，有效提升滤波器的通带平坦度和矩形系数。例如，美国 OEwaves 公司 Lute Maleki 等人利用铌酸锂晶体微腔和棱镜耦合器分别构建了一阶和高阶微波光子滤波器，如图 4-14（a）所示。与一阶滤波器相比，三阶和六阶微腔滤波器的矩形系数更高且通带更加平坦，具有更好的射频带通滤波特性，如图 4-14（b）所示。

为了实现宽带可调谐射频滤波，回音壁模式光学微腔应在光域具备灵活调控能力。在外部条件（如温度、电场或应力）作用下，微腔尺寸或折射率等参数会发生变化，从而使微腔谐振频率随之改变。因此，微腔谐振频率的线性调控可以辅助实现微波光子滤波器中心频率灵活调谐。图 4-15 所示的是常见的微腔调谐方法。

（a）一阶、三阶和六阶光学微腔微波光子滤波器实物图

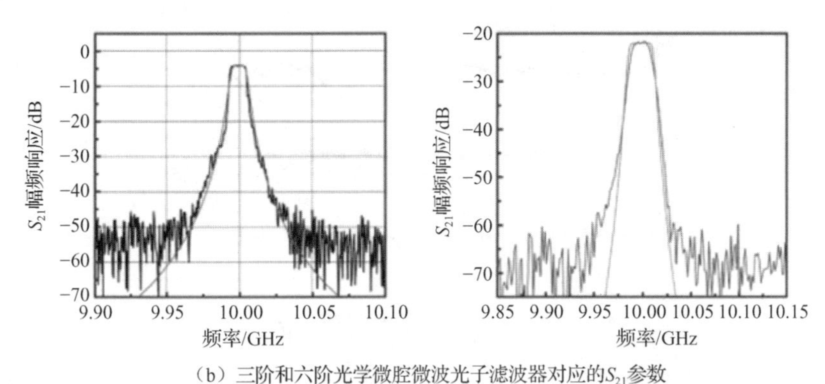

（b）三阶和六阶光学微腔微波光子滤波器对应的S_{21}参数

图 4-14　一阶、三阶和六阶光学微腔微波光子滤波器和频率响应特性

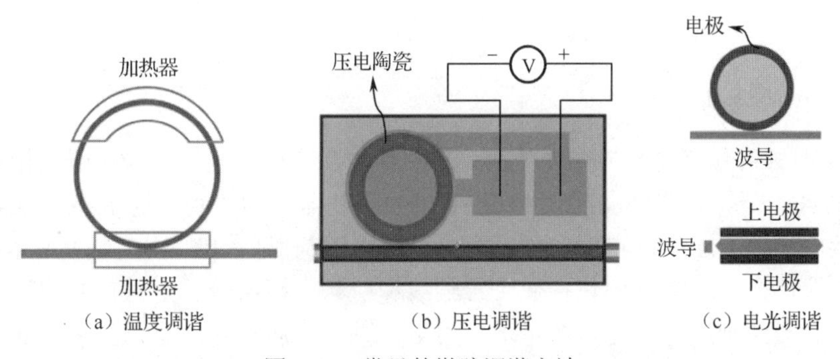

（a）温度调谐　（b）压电调谐　（c）电光调谐

图 4-15　常见的微腔调谐方法

片上波导微腔通常采用温度调谐方式，如图 4-15（a）所示。这种调谐方法是通过加热耦合区域或者微环局部波导使得微腔折射率发生变化，进而导致微腔腔内环路光程改变，微腔谐振峰位置发生一定程度的移动。温度调谐方法虽然能够获得较大的调谐范围，但其调谐响应速度较慢（毫秒量级），并且温度变化通常会导致微腔发生膨胀或收缩，极大限制了微腔谐振频率的线性调谐精度。

压电调谐法则是通过应力直接改变微腔物理属性。如图 4-15（b）所示，微腔表面嵌入压电陶瓷材料，当通过电极施加直流驱动电压时，微腔在应力作用下发生尺寸形变和“弹光效应”（即应力导致折射率变化），微腔的自由光谱范围在这两种效应共同作用下发生改变，进而引起微腔谐振频率变化。由于应力响应速度极快，压电效应能够在微秒量级响应时间内实现谐振频率调谐，然而，压电频率调谐范围通常较小，并且在片上微腔和晶体微腔上集成压电元件具有极大的技术难度。

为了实现大范围高速线性频率调谐，低损耗电光材料微腔是最佳选择。如图 4-15（c）所示，在微腔表面附着电极，由于铌/钽酸锂晶体具有较高的电光系数，利用铌/钽酸锂材料的电光效应可以对微腔折射率进行大范围高速调控，响应速度达纳秒量级，能够实现微腔谐振频率的高精度线性调谐。OEwaves 公司 Lute Maleki 等人对铌酸锂微腔的电光调谐响应进行了实验验证，当铌酸锂微腔电极施加 0～120V 直流驱动电压时，微腔谐振频率能够实现超过 15GHz 的大范围线性调谐，如图 4-16 所示。

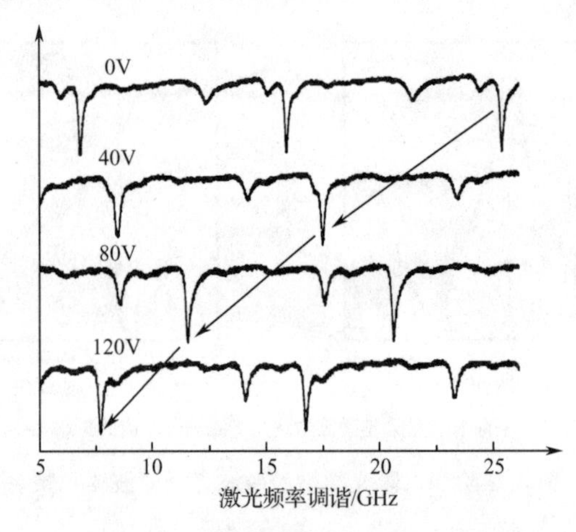

图 4-16　铌酸锂微腔的电光调谐响应

2．电光微腔调制

铌/钽酸锂材料具有良好的电光效应，其中铌酸锂晶体已经广泛应用于商用电光调制器中，图 4-17（a）显示了典型的商用 MZM 电光调制器结构。利用铌/钽酸锂晶体微腔的光学谐振以及电光效应还可以实现一种新型电光微腔调制器，如图 4-17（b）所示。相比传统微腔耦合装置，微腔调制器还包括微带传输线和射频电极部分。射频信号通过微带传输线馈入微腔调制器的金属电极上，在电场作用下，微腔介质折射率会发生相应变化，从而改变出射光波相位以及微腔自由频谱范围，最终实现微腔电光调制效果。

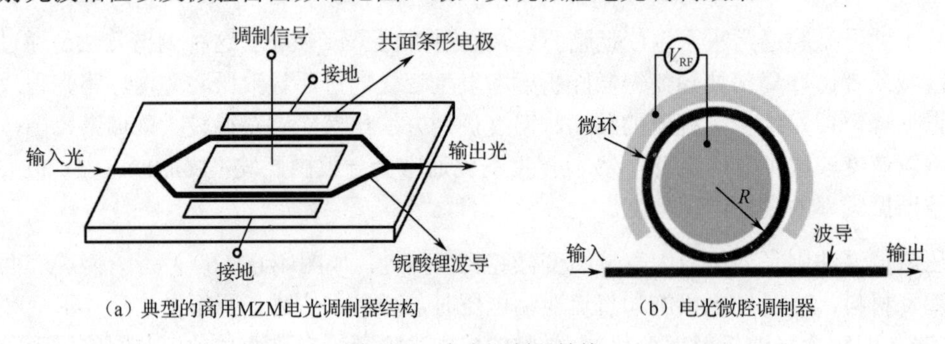

（a）典型的商用MZM电光调制器结构　　（b）电光微腔调制器

图 4-17　电光调制器结构

晶体材料的电光效应是铌/钽酸锂回音壁模式光学微腔实现电光相位调制和强度调制的基础。电光介质折射率与外加调制电场相关，可以通过外加电场 $\boldsymbol{E}$ 的幂级数形式进行表示：

$$n = n_0 + a\boldsymbol{E} + b\boldsymbol{E}^2 \tag{4-12}$$

式中，n_0 为无外加电场时晶体折射率，a 和 b 为常数。当晶体折射率的变化量与所加电场强度成正比时，这种电光效应称为线性电光效应或 Pockels 效应；当晶体折射率的变化量与所加电场强度的二次方成正比时，称之为二次电光效应或 Kerr 效应。在铌/钽酸锂晶体微腔中，线性电光效应比二次电光效应显著得多，因此在讨论铌/钽酸锂晶体电光效应时，通常只考虑线性电光效应。

铌/钽酸锂晶体是一种各向异性的负单轴晶体，其电光张量矩阵中的最大系数为 γ_{33}。对于 z 切铌/钽酸锂晶体，当外加电场与入射光偏振态均沿 z 轴方向时，可以利用 γ_{33} 参量实现高效电光调制。由于电光晶体非寻常光（e 光）的偏振方向通常定义为折射率椭球所在坐标系的 z 轴，对于接近微腔赤道面处的谐振模式，其偏振方向几乎与晶体 z 轴平行，因此在外加 z 方向电场 E_z 的情况下，只需要通过 z 方向主折射率 n_z 随电场的变化规律来构建分析光波相位随射频调制电场的变化关系，即

$$n_z = n_e - \frac{1}{2} n_e^3 \gamma_{33} E_z \tag{4-13}$$

当微腔腔体中电光作用长度为 L 时，由电光效应产生的光波相移为

$$\Delta\varphi = \Delta\beta L = \frac{\omega}{c}\Delta n L = -\frac{\pi n_e^3 \gamma_{33} E_z L}{\lambda} \tag{4-14}$$

式中，$\Delta\beta$ 为折射率变化前后传播常数变化量，λ 为光载波波长。在外加电场作用下，铌/钽酸锂微腔调制器可以实现电光相位调制。假设入射光强度和外加电场强度分别为 $E_{in} = A\cos\omega t$ 和 $E_e = E_m \sin\omega_m t$，则出射光可以表示为

$$E_{out} = A\cos(\omega t - \frac{\omega}{c} n_z L) = A\cos\left[\omega t - \frac{\omega}{c}\left(n_e - \frac{n_e^3}{2}\gamma_{33} E_m \sin\omega_m t\right) L\right] \tag{4-15}$$

略去上式中的常数相位因子，式（4-15）可以整理为

$$E_{out} = A\cos[\omega t + \delta\sin\omega_m t] \tag{4-16}$$

$$\delta = \frac{\omega n_e^3 \gamma_{33} E_m L}{2c} = \frac{\pi n_e^3 \gamma_{33} E_m L}{\lambda} \tag{4-17}$$

假设调制电场分布均匀时，输出光波相位受到正弦调制。式（4-16）可以进一步展开为

$$\begin{aligned} E_{out}(t) &= A\cos(\omega t + \delta\cos\omega_m t) \\ &= A\cos\omega t\cos(\delta\cos\omega_m t) - A\sin\omega t\sin(\delta\cos\omega_m t) \end{aligned} \tag{4-18}$$

当调相灵敏度 $\delta < \pi/6$ 时，微腔调制表现为窄带调相效果，此时由 $\cos(\delta\cos\omega_m t) \approx 1$ 和 $\sin(\delta\cos\omega_m t) \approx \delta\cos\omega_m t$ 可以得到：

$$\begin{aligned} E_{out}(t) &= A\cos\omega t - A\delta\cos\omega_m t\sin\omega t \\ &= A\cos\omega t - A\delta[\sin(\omega + \omega_m)t + \sin(\omega - \omega_m)t] \end{aligned} \tag{4-19}$$

由式（4-19）可知，微波信号通过微腔调制器的电光效应调制光波相位，在频域上表现为光载频 $f_{\rm p}$ 附近产生了两个边带信号 $f_{\rm p} \pm f_{\rm RF}$，且 $f_{\rm RF}$ 为外加电场频率 $f_{\rm m}$。为了使输出光功率达到最大值，光载频 $f_{\rm p}$ 和调制边带 $f_{\rm p} \pm f_{\rm RF}$ 应分别处于微腔模式的 3 个谐振峰内。因此，当光载频 $f_{\rm p}$ 与微腔谐振模式对准，并且外部调制频率满足 $f_{\rm RF} = m{\rm FSR}$ （m=1,2,3,⋯）时，铌/钽酸锂微腔调制器可以实现高效电光相位调制效果。

除了电光相位调制，在外加电场作用下，铌/钽酸锂微腔还可以实现电光强度调制功能。由于外加电场使微腔谐振模式发生移动，当光载频设置在微腔谐振峰的线性上升或下降区域处时，输出光强也将随着微腔谐振峰的移动而发生变化，进而实现电光强度调制效果。电光晶体微腔调制器与传统马赫-曾德尔调制器的强度调制原理类似，区别在于两种调制器的传输曲线分别表现为余弦形式和洛仑兹线型，如图 4-18 所示。

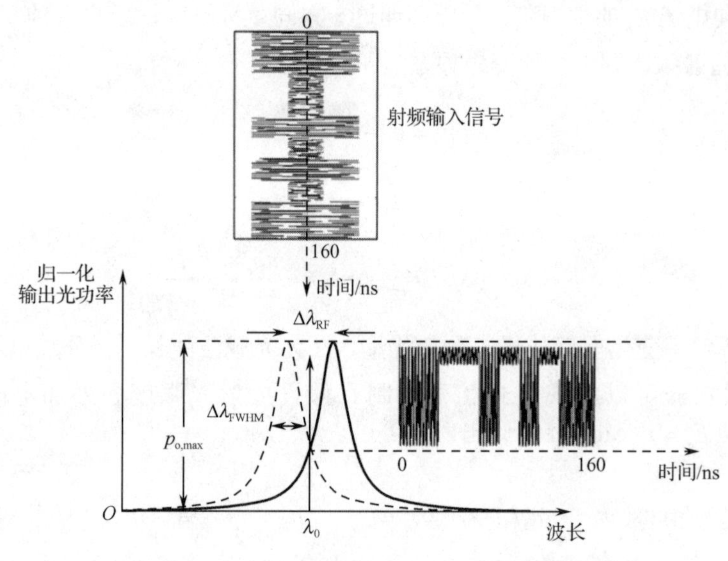

图 4-18　基于铌酸锂微腔的强度调制器原理

4.2.3　非线性效应与应用

正如 4.2.1 节所述，回音壁模式光场分布特性使得光学微腔内光场密度极高，因此通过连续激光泵浦微腔时可以观察到丰富的非线性现象。为了描述介质的非线性光学响应，将极化强度展开为电场的幂级数形式，即

$$P = \varepsilon_0(\chi \cdot \boldsymbol{E} + \chi^{(2)} \cdot \boldsymbol{E} \cdot \boldsymbol{E} + \chi^{(3)} \cdot \boldsymbol{E} \cdot \boldsymbol{E} \cdot \boldsymbol{E} + \cdots) \tag{4-20}$$

式中，ε_0 表示介电常数，$\boldsymbol{E}$ 为外电场，χ、$\chi^{(2)}$ 和 $\chi^{(3)}$ 分别表示线性极化率、二阶和三阶非线性极化率。二阶非线性仅在非中心对称材料中存在，而三阶非线性普遍存在于所有材料中。三阶非线性响应会导致回音壁模式光学微腔中产生克尔效应和受激非弹性散射等现象，其中克尔效应可以用于产生宽带微腔光频梳，而受激非弹性散射能够在低阈值条件下激发特定频移激光。另外，大量热量聚集在较小的微腔模式体积内会引起热非线性效应，

严重影响微腔非线性效应的实际应用前景，因此本节也将对其进行补充介绍。

1. 克尔效应

克尔效应是指在高强度光场作用下介质折射率随光强变化的一种现象。介质折射率随光强 I 的变化关系可以表示为

$$n(I) = n_0 + n_2 I \tag{4-21}$$

式中，n_0 和 n_2 分别表示介质的线性折射率和非线性折射率。介质的非线性折射率与三阶极化率之间的关系可以表示为

$$n_2 = \frac{3}{8nc\varepsilon_0}\chi^{(3)} \tag{4-22}$$

式中，ε_0 为真空介电常数。非线性折射率调制导致了回音壁模式光学微腔中产生自相位调制、交叉相位调制和四波混频等非线性效应。当满足相位匹配条件时，光学微腔最终会在克尔效应作用下激发出光参量振荡以及宽带光频梳。

当单路光波在回音壁模式光学微腔中传输时，腔内介质会经历光强相关的折射率变化，进而引起与光强相关的光波相位变化，这种效应通常称为自相位调制效应；当不同模式光波在同一微腔介质中共同传输时，各模式光波会相互改变各自非线性相移，这种效应称为交叉相位调制效应。自相位调制与交叉相位调制共同作用会导致微腔谐振模式发生非线性相移，如图 4-19 所示。在给定光场强度下，交叉相位调制引起的非线性相移量是自相位调制的 2 倍。

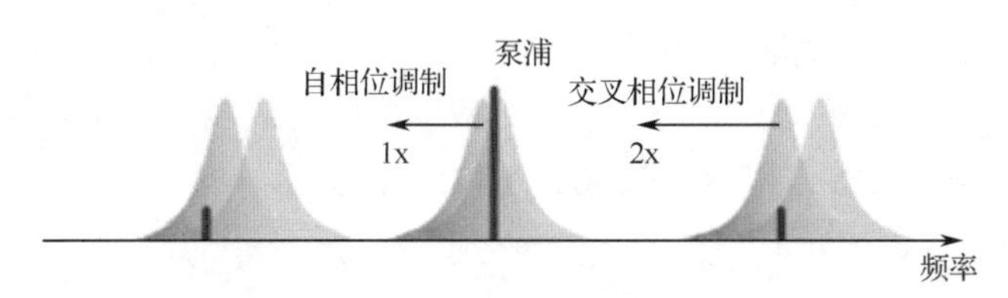

图 4-19　微腔中自相位调制和交叉相位调制引起的非线性相移

此外，微腔中四波混频效应是一种典型的三阶非线性参量过程，通常表现为两个光子湮灭，同时产生两个新的光子。腔内四波混频效应主要分为简并四波混频和非简并四波混频：当微腔入射功率达到一定阈值时，输入泵浦光 ω_p 能够在共振增强和简并四波混频作用下产生两个对称边带 ω_{p_1} 和 ω_{p_2}，根据能量守恒定律可得到 $2\omega_p = \omega_{p_1} + \omega_{p_2}$，如图 4-20 中（1）部分所示；在此基础上，非简并四波混频效应将进一步促使频率发生高效转换，两个边带 ω_k 和 ω_l 相互作用会产生新的边带 ω_m 和 ω_n，并且同样根据能量守恒定律可得到 $\omega_k + \omega_l = \omega_m + \omega_n$，如图 4-20 中（2）部分所示。微腔光谱在上述两种四波混频作用下逐渐展宽，当泵浦光功率足够高时，通过级联四波混频过程，最终可以在具有反常色散的光学微腔中产生宽带克尔光频梳，如图 4-20 所示。

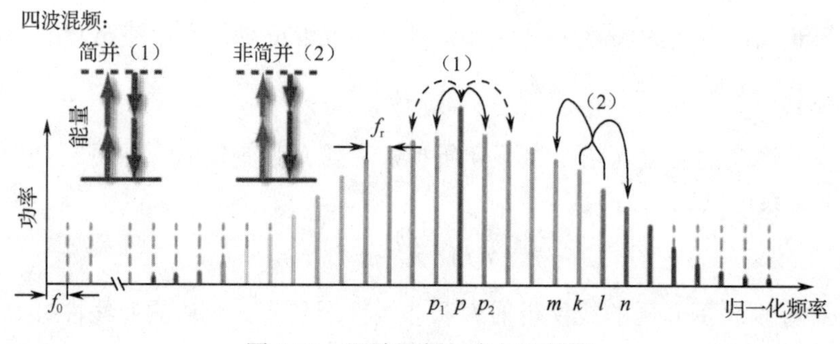

图 4-20　四波混频与克尔光频梳

2. 受激非弹性散射

受激拉曼散射和受激布里渊散射是回音壁模式光学微腔中两种典型的受激非弹性散射效应。极小模式体积和超高品质因数特性使得微腔具备很强的光子束缚能力，能够显著降低腔内非弹性散射阈值，使得受激拉曼散射和受激布里渊散射过程可以在低泵浦功率条件下被激发。

当满足谐振条件的高强度泵浦光进入光学微腔时，微腔介质中分子极化产生电偶极子，发生受迫振动和光子散射，进而产生受激拉曼散射现象。受激辐射光与输入泵浦光之间存在一定的频率偏差，相对频率较低和较高的两种辐射光分别称为斯托克斯散射光和反斯托克斯散射光。如图 4-21 所示，二氧化硅微腔具有很宽的受激拉曼增益区，在 40THz 范围内都有较大的斯托克斯增益，当 1550nm 泵浦光超过拉曼阈值时，二氧化硅微腔中可以激发出典型的 1650nm 波段拉曼光谱，并且斯托克斯光相对泵浦光蓝移约 12.5THz。当入射泵浦光强大于特定阈值时，散射光的相干性和方向性将得到明显提升，并且可以达到与入射泵浦光同量级强度。研究人员基于光学微腔中受激拉曼散射效应开辟了许多新的应用方向，包括低阈值微腔拉曼激光器和相干微腔拉曼光频梳等。

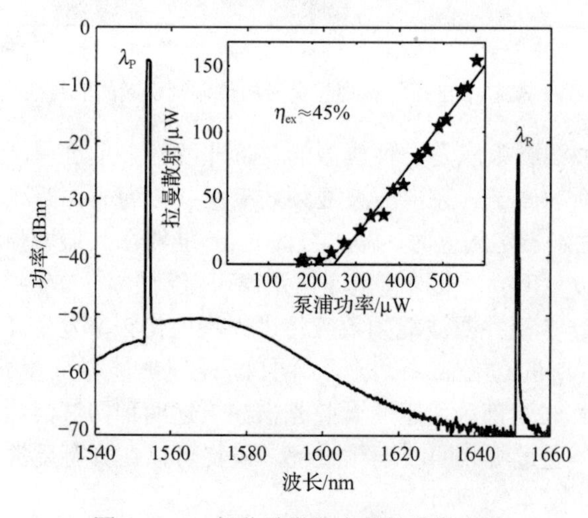

图 4-21　二氧化硅微腔中的拉曼激光谱

有别于微腔受激拉曼散射，受激布里渊散射是泵浦光波与微腔介质内弹性声波发生相互作用产生的一种光散射现象。泵浦光通过电致伸缩效应形成声波，在声波作用下引发微腔介质的弹光效应，形成移动布拉格光栅，在布拉格衍射作用下产生受激布里渊散射。从量子力学角度来看，受激布里渊散射过程中一个泵浦光子湮灭，同时产生一个斯托克斯光子和一个声子，三者之间满足能量和动量守恒定律：

$$\Omega_{\mathrm{B}}=\omega_{\mathrm{p}}-\omega_{\mathrm{s}},\quad k_{\mathrm{A}}=k_{\mathrm{p}}-k_{\mathrm{s}} \tag{4-23}$$

式中，k_{p} 和 k_{s} 分别为泵浦光和斯托克斯光的波矢，ω_{p} 和 ω_{s} 分别为泵浦光和斯托克斯光的角频率。另外，声子的角频率 Ω_{B} 与波矢 k_{A} 满足如下关系：

$$\Omega_{\mathrm{B}}=v_{\mathrm{A}}|k_{\mathrm{A}}|\approx 2v_{\mathrm{A}}|k_{\mathrm{p}}|\sin(\theta/2) \tag{4-24}$$

式中，v_{A} 为声子速度，θ 为泵浦光与斯托克斯光波矢之间的矢量夹角。在回音壁模式光学微腔的赤道平面上，光波与声波只有顺时针和逆时针两种绕行方向，对应夹角 θ 分别为 0（前向散射）或 π（背向散射）。当泵浦光强足够高时，光学微腔前向和背向均可以观测到受激布里渊散射光，并且背向受激布里渊散射光通常比正向散射光强很多，图 4-22 显示了氟化钡微腔中的前向和背向布里渊激光光谱。

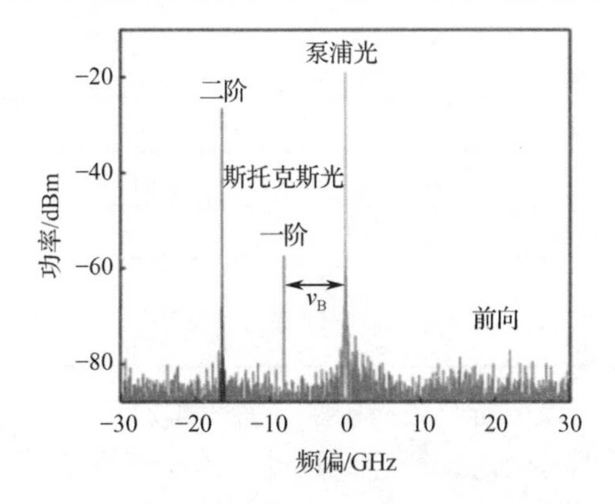

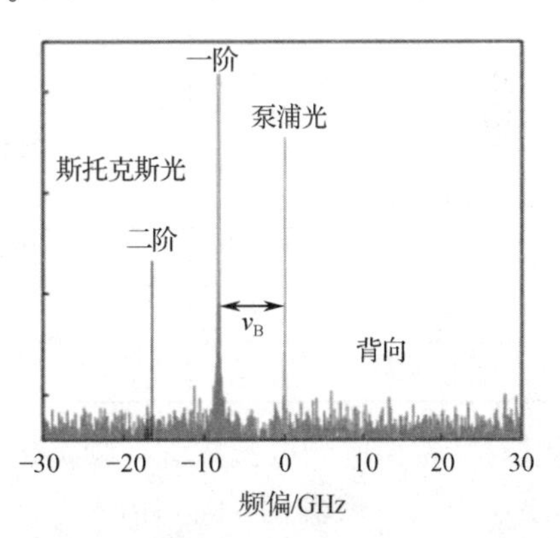

图 4-22　氟化钡微腔中的前向和背向布里渊激光光谱

由于背向受激布里渊散射过程中声场阻尼比光场的大，受激布里渊激光的频率噪声相比泵浦光明显降低，因此，超高 Q 值微腔可以用于产生窄线宽布里渊激光。注意，布里渊频移处在微波频段，利用相干斯托克斯/反斯托克斯光可以直接合成低相位噪声微波信号。此外，斯托克斯光还可以作为二级泵浦参与微腔光频梳产生，窄线宽斯托克斯激光有利于提高梳齿相干性，并通过光学分频转换为低相位噪声微波信号。

3．热非线性与谐振模式偏移

回音壁模式光学微腔的高 Q 值特性使其在较小模式体积内储存了极高能量，微腔介质由于材料吸收效应蓄积的大量热量难以通过微腔表面快速散发出去，腔体温度发生变化，进而改变微腔谐振频率，影响了回音壁模式光学微腔的实际应用发展。

光波在微腔中形成稳定谐振后，腔内热量主要经历两种类型热传导：首先，从模场区域扩散至整个腔体，响应时间通常在 μs 量级，称为快散热过程；其次，从微腔扩散至周围环境，响应时间通常在 ms 量级，称为慢散热过程。热扩散过程会通过两种不同机制引起微腔谐振频率漂移，即热光效应导致的微腔材料折射率变化以及热膨胀效应引起的微腔尺寸变化。上述温度变化与克尔效应共同作用，导致了微腔谐振模式移动，由于温度变化和克尔效应发生在不同时间尺度（克尔效应几乎瞬时发生），微腔谐振频率的变化通常表现为非线性特性。假设模场区域相对于外界环境温度升高 ΔT，则微腔有效谐振频率变化可以表示为

$$\omega_0^{\text{eff}} = \omega_0\left(1-\alpha_1\Delta T-\alpha_{\text{n}}\Delta T-\frac{1}{n}\frac{n_2 P_{\text{cav}}}{A_{\text{eff}}}\right) \tag{4-25}$$

式中，ω_0 为泵浦波长，P_{cav} 为腔内光功率，A_{eff} 为微腔有效模式面积，$\alpha_{\text{n}}=(1/n)(\partial n/\partial T)$ 和 $\alpha_1=(1/l)(\partial l/\partial T)$ 分别表示微腔热折射系数和线性热膨胀系数。表 4-1 列举了部分典型微腔材料的热折射系数和线性热膨胀系数，不同材料具有不同的热光系数和热膨胀系数，因此各类材料微腔的热稳定性存在很大差异。

表 4-1　部分典型微腔材料的热折射系数和线性热膨胀系数

材　　料	α_{n}（$\times10^{-6}\text{K}^{-1}$）	α_{l}（$\times10^{-6}\text{K}^{-1}$）
CaF_2	−8.0	18.9
BaF_2	−11	18.7
MgF_2（o）	0.6	9.0
MgF_2（e）	0.25	13.0
SiO_2（o）	−5.2	13.9
SiO_2（e）	−6.8	7.6

通过对特定微腔谐振模式进行频率扫描可以分析热效应影响。如图 4-23（a）所示，当低功率泵浦光以波长增大方向扫描进入微腔谐振峰时，微腔内热量变化并不明显，其传输响应曲线呈现洛伦兹线型。当高功率泵浦光以波长增大方向扫描进入谐振峰时，在热效应作用下，微腔谐振峰发生红移现象，泵浦光将长时间处于谐振峰内，因此洛伦兹线型传输谱的蓝失谐侧（高于谐振频率）被展宽；当泵浦光频率即将进入红失谐区域时，腔内积累的热量达到最大值，此时腔内热量不再随着谐振峰的继续移动而增加；当泵浦光继续扫描进入红失谐区时，透过率迅速升高，最终传输谱形成三角形状（通常称之为“热三角”），如图 4-23（b）左侧谐振峰所示。当泵浦光以波长减小方向扫描进入微腔谐振峰时，谐振峰移动方向与泵浦扫描方向相反，这种正反馈机制使得腔内能量迅速达到最大值。随着泵浦光继续扫描至蓝失谐侧逐渐远离谐振峰时，腔内功率逐渐降低，透过率逐渐恢复至 100%，传输谱整体呈现出被压缩的洛伦兹线型，如图 4-23（b）右侧谐振峰所示。

在频率调谐过程中，当泵浦频率位于蓝失谐侧（高于谐振频率）时，微腔内热量吸收与表面耗散平衡，谐振模式呈现稳定状态；当泵浦频率位于红失谐侧（低于谐振频率）时，谐振模式则会因为热量急剧变化而发生快速漂移。微腔热动态方程有助于分析热效应作用下谐振模式的稳定性：

$$C_{\mathrm{p}}\Delta\dot{T}(t)=q_{\mathrm{in}}-q_{\mathrm{out}}$$

$$=I_{\mathrm{h}}\frac{1}{\left(\dfrac{\lambda_{\mathrm{p}}-\lambda_{0}(1+a\Delta T)}{\Delta\lambda/2}\right)^{2}+1}-K\Delta T(t) \tag{4-26}$$

其中等式左边表示微腔热量变化量，C_{p} 为微腔热容量系数；式中 q_{in} 和 q_{out} 分别表示净增加和净释放热量，I_{h} 为实际加热微腔功率，λ_{p} 为泵浦光波长，λ_0 为距离泵浦最近的冷腔模式，$\Delta\lambda$ 为冷腔谐振线宽，a 表示谐振频率的温度变化系数（综合考虑了热折射率和热膨胀变化影响），K 为微腔材料热传导系数。

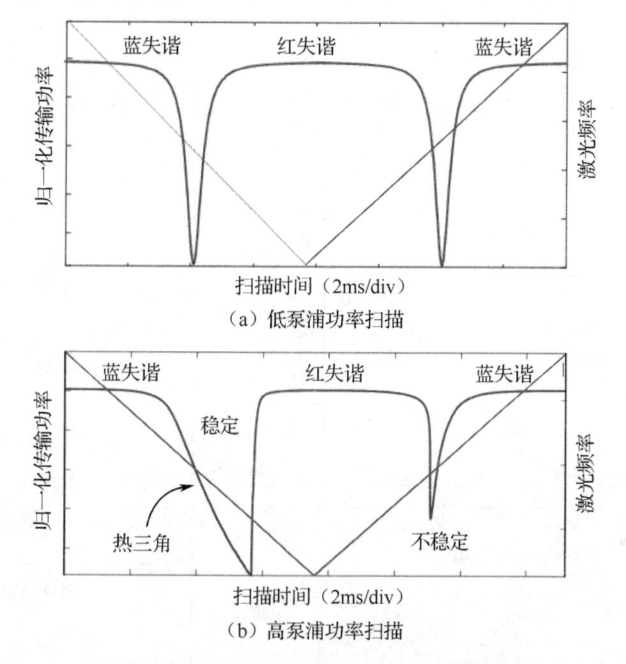

图 4-23　不同泵浦功率条件下往返扫描过程的微腔传输功率变化

在蓝失谐侧稳定状态下，热吸收与热耗散之间动态平衡，微腔可以在这种稳定平衡状态下连续工作，并且克服较小的扰动影响（如泵浦光功率和波长微小抖动）。如果动态平衡不稳定，微小的扰动将导致腔内温度发生变化，并通过正反馈机制使系统偏离平衡状态。微腔热动态方程的稳态解［式（4-26）中 $C_{\mathrm{p}}\Delta\dot{T}(t)$ 为 0］是关于微腔温度变化 $\Delta\dot{T}(t)$ 的三次方程，在给定泵浦光功率条件下，动态方程存在 1 个或 3 个稳态平衡解。图 4-24（a）给出了不同泵浦波长 λ_{p} 条件下的方程解情况，随着泵浦波长增加，稳态解数量从 1 个增加至 3 个，最终又回到 1 个。图 4-24（b）至（d）分别展示了 3 种稳态解情况。

（1）稳定热平衡：如图 4-24（b）所示，泵浦频率位于微腔等效谐振频率的蓝失谐侧，处于自稳定平衡状态。泵浦功率的微小减少会使腔内温度降低，谐振模式向蓝失谐侧漂移，此时腔内吸收功率增加，可以有效补偿泵浦功率减少造成的影响，从而使系统继续保持稳定状态。

（2）不稳定热平衡：如图 4-24（c）所示，泵浦频率位于微腔等效谐振频率的红失谐侧，处于不稳定平衡状态。泵浦功率的微小减少将导致腔体降温，谐振模式向蓝失谐侧漂移，泵浦频率将进一步远离谐振模式，吸收热量减少并导致更快的冷却和漂移，直到谐振模式与泵浦频率完全分离，不受泵浦光功率影响。

（3）稳定冷平衡：如图 4-24（d）所示，泵浦频率距离谐振模式非常远，没有能量耦合进微腔中，虽然平衡解可以视为稳定状态，但是在研究微腔热动态时没有实际意义。

热动态方程稳态解的特性表明：在微腔谐振模式的蓝失谐区可以实现热锁定，泵浦光功率和频率抖动可以在一定程度上得到补偿，使得微腔能够长时间保持在一个温度相对平衡的状态。

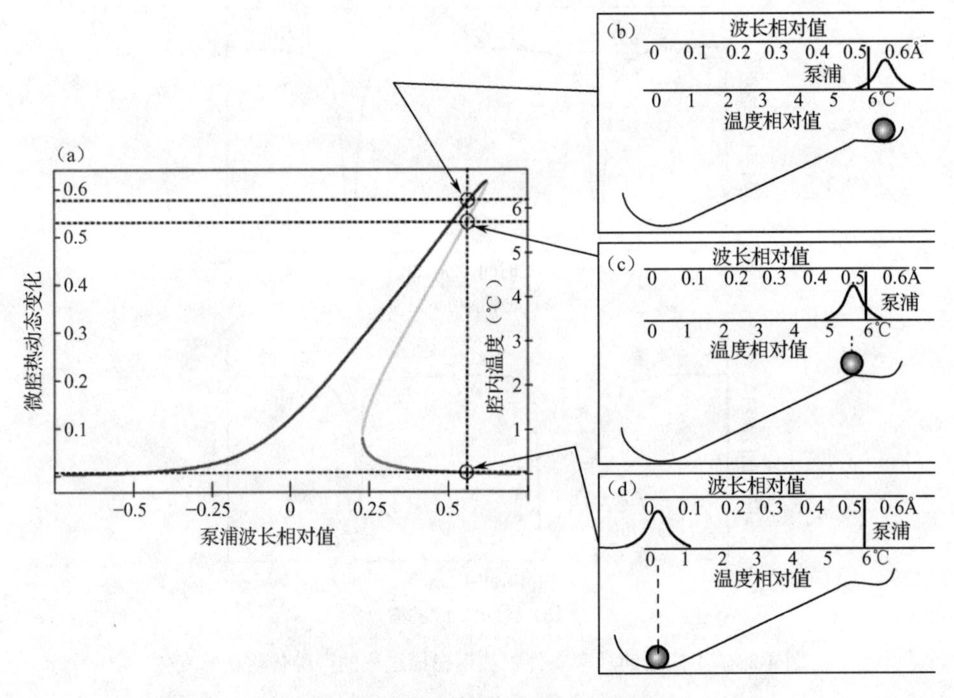

图 4-24　微腔热动态变化曲线与稳态分析

4.3　光学环形谐振腔表征技术

光学环形谐振腔的性能指标与耦合状态需要通过光域或电域表征技术进行测量，主要包括 3 种方法：一是激光频率扫描法，通过慢调谐窄线宽激光器来扫描获得光学环形谐振腔的谐振模式特性；二是腔内功率衰荡法，通过注入瞬态光脉冲获得谐振腔内信号功率衰荡特性；三是具有极高频谱分辨率的射频频谱表征法。

利用激光频率扫描法进行探测可以获得光学谐振腔的谐振模式曲线。如图 4-25（a）所示，泵浦光采用可调谐窄线宽激光器，利用三角波驱动电压来控制调谐激光输出波长，泵浦光信号经过谐振腔输出馈入光电探测器，最后通过示波器实时监测输出光强变化，进而检测谐振腔幅频响应曲线。由于高品质光学谐振腔在 1550nm 附近 Q 值可达 10^9，其谐振曲线 3dB 带宽约为数百千赫兹，因此激光频率扫描法通常使用极窄线宽激光器（如光纤激光器）以保证谐振模式的测量精度。除了品质因数，激光频率扫描法还可以测量光学环形谐振腔的自由光谱范围，如图 4-25（b）所示。然而，该方法的测量精度不仅受到泵浦光线宽限制，还受到腔内循环光热效应引起的腔模频移限制。当测量超高 Q 值或小体积光学谐振腔时，即使采用非常慢的扫频速度和较低的泵浦功率，也很难控制光学谐振腔热频移影响。当扫频过程中激光波长逐渐减小时，由于热效应频移与激光扫频方向相反，光学环形谐振腔谐振曲线带宽变窄；反之，当激光波长逐渐增加时，谐振频率会随之减小，光学环形谐振腔谐振曲线带宽变宽。

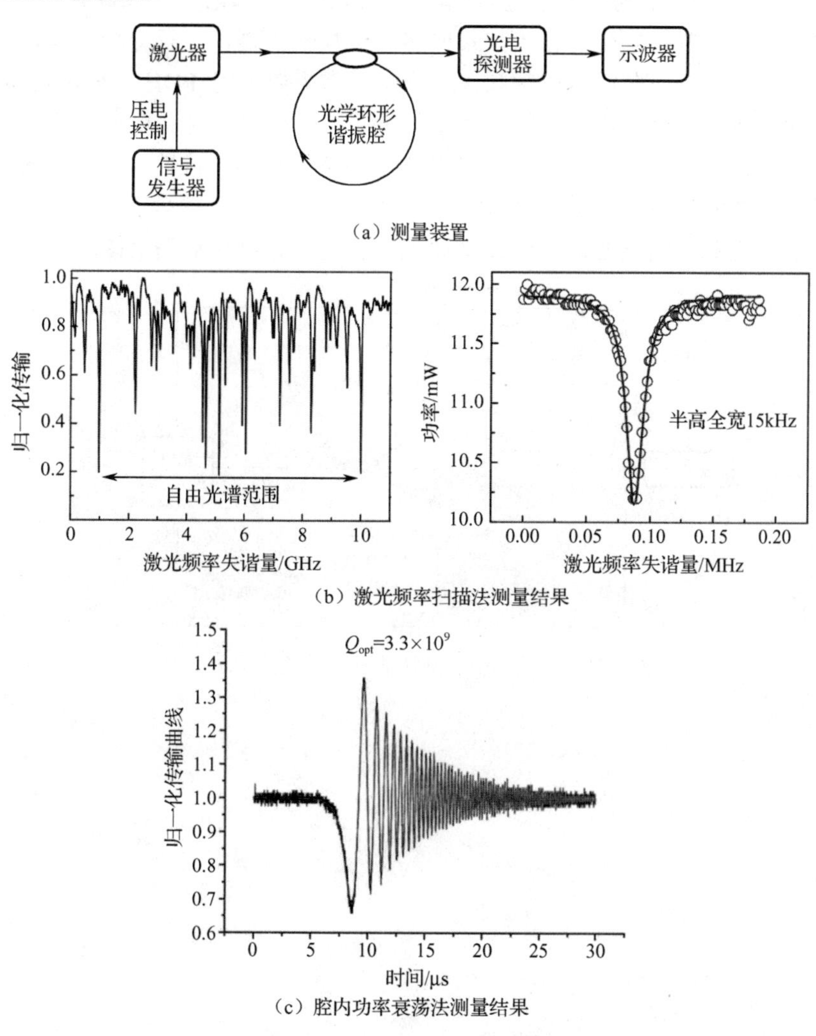

图 4-25　激光频率扫描法与腔内功率衰荡法测量装置

腔内功率衰荡法的测量装置与激光频率扫描法的类似，主要通过腔内弛豫状态来测量光学谐振腔的光子寿命。当泵浦光耦合至谐振腔输入端口时，满足谐振条件的光波会在腔内持续循环传输，部分循环光在耦合输出端口处泄漏出腔外，透射光强与腔内光强存在一定的比例关系，因此切断泵浦光源后，腔内残留循环光会以指数速率衰减，此时利用示波器记录腔外透射光衰荡信息，即可推算出光学环形谐振腔的相关参数，如图 4-25（c）所示。该测量方法不必要求泵浦光线宽小于谐振腔本征线宽，并且有效避免了腔内热效应影响，测量过程受到扰动影响较小。然而，腔内功率衰荡法只在测量高品质（Q>10^7）光学环形谐振腔时精度较高，而且需要利用最小二乘拟合法来推算得到谐振腔的特征参数。

射频频谱表征法则是基于将光域谐振特性转换到射频域的思想，依靠先进且成熟的射频电子技术进行测量，可以直接获得光学环形谐振腔的传输响应曲线，其测试系统结构示意图如图 4-26 所示。微波矢量网络分析仪输出宽带扫频低功率射频信号（直流至数十吉赫兹），通过驱动电光调制器对光载波进行调制，经过光学环形谐振腔传输后，输出光波注入高速光电探测器，并且拍频信号馈入矢量网络分析仪输入端口进行分析处理，最后得到光学环形谐振腔的传输响应曲线。射频频谱表征法通常需要利用 PDH（Pound-Drever-Hall）稳频技术将激光频率与谐振模式锁定。由于矢量网络分析仪的测量精度高达 1Hz，因此该方法能够精确测量光学环形谐振腔谐振曲线的幅频特性与相频特性，目前已被广泛用于表征测量高品质（Q 值为 10^6～10^{10}）光学环形谐振腔。另外，射频频谱表征方法与光电谐振腔性能测试原理相似，因此在研究设计微波光电振荡器时也经常采用该测量方法。

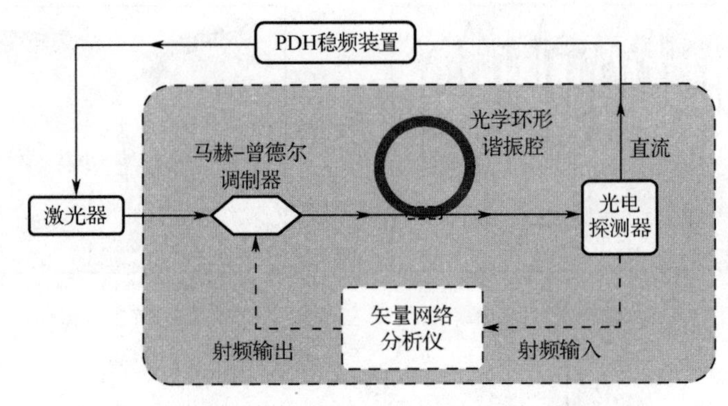

图 4-26　射频频谱表征法的测试系统结构示意图

第三部分

设计篇

第 5 章

光纤式微波光电振荡器

光纤式微波光电振荡器利用光纤的低损耗特点，通过构建超长的高 Q 值光电谐振腔来产生极低相位噪声的微波信号，然而光纤色散和瑞利散射等效应会通过长度累积来增大储能链路的噪声，进而恶化光纤式微波光电振荡器的相位噪声。为了突破传统微波频率源的噪声性能极限，需要通过器件选型、参数优化和系统设计来最大限度地降低光纤式微波光电振荡器输出信号的相位噪声。此外，长光纤也会带来严重的杂散问题，并且容易受到外界环境的影响，导致光纤式微波光电振荡器的输出信号发生频率漂移甚至跳变，极大限制了光纤式微波光电振荡器的实际应用，因此需要对光纤式微波光电振荡器的杂散和频率稳定性进行优化设计。本章将从光纤式微波光电振荡器的理论模型出发，依次介绍光纤式微波光电振荡器的相位噪声优化、杂散抑制和频率稳定度提升，为研究和设计高性能的光纤式微波光电振荡器提供参考。

5.1　光纤式微波光电振荡器的理论模型

光纤式微波光电振荡器的基本结构如图 5-1 所示，主要包括激光器、长光纤、电光调制器、光电探测器、射频放大器和带通滤波器等光学或电子元件，在此基础上，还包括光纤拉伸器、电信号输入或光信号输入端口等频率锁定功能模块。环路起振源自有源器件噪声，射频放大器用于提供足够的环路增益，微波信号在多次循环后功率不断增加，振荡系统中非线性效应最终导致增益压缩，在环路增益趋于 1 时达到稳定振荡状态。本节将从振荡阈值条件、振荡线性响应、振荡频率与幅度、振荡频谱特性四个方面对光纤式微波光电振荡器的理论模型进行介绍。

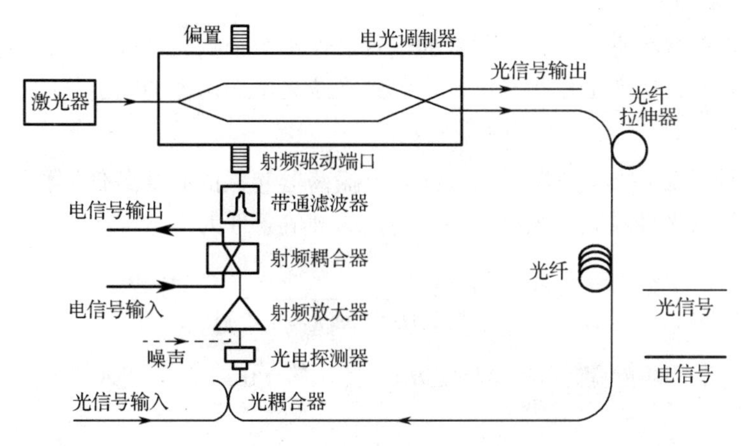

图 5-1　光纤式微波光电振荡器基本结构

5.1.1　振荡阈值条件

在讨论光纤式微波光电振荡器的起振条件时，通常以电光调制为出发点进行分析。对于典型的马赫-曾德尔电光调制器，输出光功率与射频调制信号之间的关系可以表示为

$$P(t)=(\alpha P_o/2)\{1-\eta\sin\pi[V_{in}(t)/V_\pi+V_B/V_\pi]\} \tag{5-1}$$

式中，α 为电光调制器的插入损耗；V_π 和 V_B 分别为电光调制器的半波电压和偏置电压；P_o 为调制器输入光功率；η 用于表征调制器消光比 $(1+\eta)/(1-\eta)$。

当电光调制器输出的光信号经过长光纤延迟储能后馈入光电探测器进行光电转换时，假设光纤传输无损耗且放大器工作于线性区，则经过微波放大器后输出微波信号幅度 $V_{out}(t)$ 为

$$V_{out}(t)=\rho P(t)RG_A=V_{ph}\{1-\eta\sin\pi[V_{in}(t)/V_\pi+V_B/V_\pi]\} \tag{5-2}$$

式中，ρ 和 R 分别为光电探测器的响应度和负载阻抗；G_A 为放大器电压增益；V_{ph} 表示光电压，可以定义为

$$V_{ph}=(\alpha P_o\rho/2)RG_A=I_{ph}RG_A \tag{5-3}$$

式中，I_{ph} 为输出光电流，并且 $I_{ph}=\alpha P_o\rho/2$。光纤式微波光电振荡器的基本原理就是将式（5-2）中输出射频信号反馈到电光调制器的输入端口，形成闭环正反馈的光电振荡环路。根据式（5-2）可知，系统开环小信号增益为

$$G_S=\left.\frac{\mathrm{d}V_{out}(t)}{\mathrm{d}V_{in}(t)}\right|_{V_{in}(t)=0}=-\frac{\eta\pi V_{ph}}{V_\pi}\cos\left(\frac{\pi V_B}{V_\pi}\right) \tag{5-4}$$

由式（5-4）可知，当光纤式微波光电振荡器处于正交偏置工作状态时，即偏置电压 V_B 等于0 或 V_π 时，开环小信号增益 G_S 为最大值。当偏置电压 $V_B=0$ 时，开环小信号增益 $G_S<0$，电光调制器处于负偏置状态；当偏置电压 $V_B=V_\pi$ 时，开环小信号增益 $G_S>0$，电

光调制器处于正偏置状态。电光调制器的偏置极性不会影响光纤式微波光电振荡器的性能表现，但在不同偏置极性工作状态下，光纤式微波光电振荡器的输出基频在理论上会有所不同。

开环小信号增益$G_S>1$是光纤式微波光电振荡器起振的必要条件，根据式（5-4），由$|G_S|>1$可以推导出光纤式微波光电振荡器的振荡阈值条件为

$$V_{ph}=\frac{V_\pi}{[\eta\pi|\cos(\pi V_B/V_\pi)|]} \tag{5-5}$$

在理想情况下，电光调制器参量满足$\eta=1$且V_B等于0 或 V_π，代入式（5-5）中可以得到：

$$V_{ph}=\frac{V_\pi}{\pi} \tag{5-6}$$

由式（5-6）可以看出，射频放大器并不是光纤式微波光电振荡器起振的必要条件，只要光电流满足$I_{ph}\geqslant V_\pi/(\pi R)$，不需要光电振荡环路中的射频放大器也能够达到光纤式微波光电振荡器的振荡阈值条件。射频放大器是光电振荡环路中典型的噪声来源器件，减少射频放大器的级数可以有效降低射频信号的相位噪声。然而，由于电光调制器需要高功率的反馈驱动信号，而光电探测器输出的微波信号功率较低，并且光纤式微波光电振荡器中的链路损耗会随着工作频段的提高而增大，因此光纤式微波光电振荡器通常都会使用微波放大器来提高光电振荡环路增益。

5.1.2 振荡线性响应

式（5-2）中的$V_{out}(t)$与$V_{in}(t)$之间为非线性关系，假设射频调制信号$V_{in}(t)$是典型的单频正弦波信号，即

$$V_{in}(t)=V_0\sin(\omega t+\beta) \tag{5-7}$$

式中，V_0、ω和β分别为射频调制信号的振幅、角频率和初始相位。将式（5-2）右侧进行贝塞尔展开，可以直观地看出输出射频调制信号的频率成分。式（5-2）右侧的贝塞尔展开式为

$$\begin{aligned}V_{out}(t)=V_{ph}\{1-\eta\sin\left(\frac{\pi V_B}{V_\pi}\right)\left[J_0\left(\frac{\pi V_0}{V_\pi}\right)+2\sum_{n=1}^{\infty}J_{2n}\left(\frac{\pi V_0}{V_\pi}\right)\cos(2n\omega t+2n\beta)\right]-\\2\eta\cos\left(\frac{\pi V_B}{V_\pi}\right)\sum_{n=0}^{\infty}J_{2n+1}\left(\frac{\pi V_0}{V_\pi}\right)\sin[(2n+1)\omega t+(2n+1)\beta]\}\end{aligned} \tag{5-8}$$

由式（5-8）可以看出，输出的射频调制信号中包含许多谐波分量。为了将其线性化，假设光电振荡环路中带通滤波器的通带足够窄，除基频外其他频率分量可以完全被滤除，因此$V_{out}(t)$可以表示为

$$V_{out}(t)=G(V_0)V_{in}(t) \tag{5-9}$$

式中，$G(V_0)$表示电压增益系数，其具体表达式为

$$G(V_0)=G_S\frac{2V_\pi}{\pi V_0}J_1\left(\frac{\pi V_0}{V_\pi}\right) \tag{5-10}$$

随着调制信号幅度 V_0 的增加，电压增益系数单调递减，但是在小信号条件下（即 $V_0 \ll V_\pi$），有 $J_1(\pi V_0/V_\pi)\approx \pi V_0/2V_\pi$。由式（5-10）可知，此时电压增益系数就是开环小信号增益，即 $G(V_0)=G_S$。

由于光电压 V_{ph} 与微波放大器增益 G_A 以及光电探测器响应度 ρ 成正比，而 G_A 和 ρ 均与工作频率相关，因此电压增益系数 $G(V_0)$ 不仅与信号幅度有关，还与信号频率相关。此外，光电振荡环路中滤波器的频率响应同样可以综合考虑进电压增益系数 $G(V_0)$ 中。基于上述讨论，引入复数形式且无量纲的滤波函数 $\tilde{F}(\omega)$：

$$\tilde{F}(\omega)=F(\omega)e^{i\phi(\omega)} \tag{5-11}$$

式中，$\phi(\omega)$ 表示与频率相关的相位分量，主要是由光电振荡环路中的色散效应导致的；$F(\omega)$ 为归一化传输函数。滤波函数 $\tilde{F}(\omega)$ 综合考虑了光电振荡环路中所有与频率相关的因素的作用，将电压增益系数 $G(V_0)$ 中与频率相关的部分因素综合进 $\tilde{F}(\omega)$，这样就可以认为电压增益系数 $G(V_0)$ 与频率无关，仅仅与射频调制信号的幅度 V_0 相关。因此，式（5-9）可以进一步表述为

$$\tilde{V}_{out}(\omega,t)=\tilde{F}(\omega)G(V_0)\tilde{V}_{in}(\omega,t) \tag{5-12}$$

式中，$\tilde{V}_{in}(\omega,t)$ 和 $\tilde{V}_{out}(\omega,t)$ 分别为 $V_{in}(t)$ 和 $V_{out}(t)$ 的复数形式。

电压增益系数 $G(V_0)$ 是关于射频调制信号幅度 V_0 的非线性函数，因此式（5-12）为准线性形式，这样就可构建光纤式微波光电振荡器的准线性传输函数。

5.1.3　振荡频率与幅度

光纤式微波光电振荡器采用的是典型的反馈型振荡器结构。在起振时，光电振荡环路的增益大于 1，随着信号功率的逐渐增大，由于系统中非线性因素的限制，光电振荡环路的增益会逐渐减小直至趋近于 1，最终形成稳定的平衡振荡状态。与其他类型的振荡器一样，光纤式微波光电振荡器起振于光电振荡环路的瞬态噪声，噪声中满足相位条件的频率分量最终形成稳定振荡，本节将基于式（5-12）构建振荡过程的理论模型。

假设光电振荡环路中的噪声分量可以表示为

$$\tilde{V}_{in}(\omega,t)=\tilde{V}_{in}(\omega)e^{i\omega t} \tag{5-13}$$

式中，$\tilde{V}_{in}(\omega)$ 为频率 ω 处的噪声幅度。噪声源在光电振荡环路中形成循环振荡，在 n 次循环振荡之后的输出信号为

$$\tilde{V}_n(\omega,t)=\tilde{F}(\omega)G(V_0)\tilde{V}_{n-1}(\omega,t-\tau') \tag{5-14}$$

式中，τ' 为信号在光电振荡环路中循环一周的时延；n 为信号在光电振荡环路中的循环传

输圈数，$\tilde{V}_0(\omega,t)=\tilde{V}_{\text{in}}(\omega,t)=\tilde{V}_{\text{in}}(\omega)\mathrm{e}^{\mathrm{i}\omega t}$ 表示初始信号，V_0 是光电振荡环路中所有循环信号的总和。

任一瞬时的总信号表现为光电振荡环路中所有循环信号的叠加，因此最终的稳定振荡信号的表达式 $\tilde{V}(\omega,t)$ 为

$$\tilde{V}(\omega,t)=G_{\text{A}}\tilde{V}_{\text{in}}(\omega)\sum_{n=0}^{\infty}[\tilde{F}(\omega)G(V_0)]^n\mathrm{e}^{\mathrm{i}\omega(t-n\tau')}=\frac{G_{\text{A}}\tilde{V}_{\text{in}}(\omega)\mathrm{e}^{\mathrm{i}\omega t}}{1-\tilde{F}(\omega)G(V_0)\mathrm{e}^{-\mathrm{i}\omega\tau'}} \tag{5-15}$$

相应的射频信号功率为

$$P(\omega)=\frac{|\tilde{V}(\omega,t)|^2}{2R}=\frac{G_{\text{A}}^2|\tilde{V}_{\text{in}}(\omega)|^2/(2R)}{1+|F(\omega)G(V_0)|^2-2F(\omega)|G(V_0)|\cos[\omega\tau'+\phi(\omega)+\phi_0]} \tag{5-16}$$

当增益系数 $G(V_0)>0$ 时，$\phi_0=0$；当增益系数 $G(V_0)<0$ 时，$\phi_0=\pi$。由式（5-16）可知，起振频率需要满足如下关系：

$$\omega\tau'+\phi(\omega)+\phi_0=2k\pi,\qquad k=0,1,2,\cdots \tag{5-17}$$

此时射频信号功率为最大值，这意味着初始噪声中满足该条件的频率分量将在光电振荡环路中不断循环叠加。由于光电振荡环路中器件的非线性限制，当信号幅度增大到一定程度时，光电振荡环路的增益会逐渐减小直至趋近于 1，并最终形成稳定的振荡状态，而其余频率成分则无法起振。

假设 τ 为光电振荡环路的群延迟，即

$$\tau=\tau'+\left.\frac{\mathrm{d}\phi(\omega)}{\mathrm{d}\omega}\right|_{\omega=\omega_{\text{osc}}} \tag{5-18}$$

此时，式（5-17）可以表示为

$$2\pi f_{\text{osc}}\tau+\phi_0=2k\pi,\qquad k=0,1,2,\cdots \tag{5-19}$$

从而可得到光纤式微波光电振荡器的起振频率为

$$\begin{cases}f_{\text{osc}}=(k+1/2)/\tau, & \text{当}G(V_{\text{osc}})<0\text{ 时}\\ f_{\text{osc}}=k/\tau, & \text{当}G(V_{\text{osc}})>0\text{ 时}\end{cases} \tag{5-20}$$

因此，当电光调制器处于正偏置状态时，光纤式微波光电振荡器的起振基频频率为 $1/\tau$；当调制器处于负偏置状态时，振荡器起振基频频率为 $1/(2\tau)$。

在达到振荡阈值条件时，满足上述条件的频率成分将会起振，通过设置光电振荡环路中的带通滤波器的通带特性可以将所需的频率挑选出来，使其他频率分量不满足振荡阈值条件，从而无法起振，最终实现光纤式微波光电振荡器的单模振荡。在稳定振荡时，光电振荡环路达到平衡状态，即 $G(V_{\text{osc}})=1$。根据式（5-10）可以推导出振荡幅度 V_{osc} 满足：

$$\left|J_1\left(\frac{\pi V_{\text{osc}}}{V_\pi}\right)\right|=\frac{1}{2|G_{\text{S}}|}\frac{\pi V_{\text{osc}}}{V_\pi} \tag{5-21}$$

对式（5-21）左边的贝塞尔函数进行级数展开，可以得到振荡模式幅度的近似值，结果如下：

$$V_{\text{osc}} = \frac{2\sqrt{2}V_{\pi}}{\pi}\sqrt{1-\frac{1}{|G_{\text{S}}|}}, \qquad \text{对}J_1\left(\frac{\pi V_{\text{osc}}}{V_{\pi}}\right)\text{进行三阶展开} \tag{5-22}$$

$$V_{\text{osc}} = \frac{2\sqrt{3}V_{\pi}}{\pi}\left(1-\frac{1}{\sqrt{3}}\sqrt{\frac{4}{|G_{\text{S}}|}-1}\right)^{\frac{1}{2}}, \qquad \text{对}J_1\left(\frac{\pi V_{\text{osc}}}{V_{\pi}}\right)\text{进行五阶展开} \tag{5-23}$$

5.1.4　振荡频谱特性

对起振信号频谱特性的研究可以通过分析光纤式微波光电振荡器的光电振荡环路噪声功率谱密度函数进行。光纤式微波光电振荡器中存在着多种噪声源，将噪声源等效到射频放大器的输入端口，可以用噪声功率谱密度来表征光纤式微波光电振荡器中的噪声大小。假设 $\rho_{\text{N}}(\omega)$ 为频率 ω 处的噪声功率谱密度，输入噪声的功率可以表示为

$$\rho_{\text{N}}(\omega)\Delta f = \frac{|\tilde{V}_{\text{in}}(\omega)|^2}{2R} \tag{5-24}$$

式中，Δf 为频谱宽度。将式（5-24）代入式（5-16）中，并假设 $F(\omega_{\text{osc}})=1$，可以得到归一化功率谱密度函数：

$$S(f') = \frac{P(f')}{\Delta f \cdot P_{\text{osc}}} = \frac{\rho_{\text{N}} G_{\text{A}} / P_{\text{osc}}}{1+|F(f')G(V_{\text{osc}})|^2 - 2F(f')|G(V_{\text{osc}})|\cos(2\pi f'\tau)} \tag{5-25}$$

式中，$f' = (\omega - \omega_{\text{osc}})/2\pi$ 为起振信号的频率偏移（频偏）。根据归一化条件可知，归一化功率谱密度的积分应等于 1，即

$$\int_{-\infty}^{\infty} S(f')\text{d}f' = \int_{-1/2\tau}^{1/2\tau} S(f')\text{d}f' = 1 \tag{5-26}$$

在上述推导过程中，假设起振信号的频谱宽度远小于模式频率间隔 $1/\tau$，以及积分区间内的归一化传输函数 $F(f') \approx 1$。

根据式（5-24）可以得到：

$$1-|G(V_{\text{osc}})|^2 \approx 2[1-|G(V_{\text{osc}})|] = \frac{\rho_{\text{N}} G_{\text{A}}^2}{\tau P_{\text{osc}}} \tag{5-27}$$

式中，ρ_{N} 为噪声功率谱密度；$P_{\text{osc}}/G_{\text{A}}^2$ 为未经放大的信号功率。引入参数 δ 来表征光电振荡环路的噪信比特性，定义为

$$\delta = \frac{\rho_{\text{N}} G_{\text{A}}^2}{P_{\text{osc}}} \tag{5-28}$$

将信号频谱表示为噪信比 δ 的相关函数，即

$$S(f')=\frac{\delta}{(2-\delta/\tau)-2\sqrt{1-\delta/\tau}\cos(2\pi f'\tau)} \tag{5-29}$$

当$2\pi f'\tau \ll 1$时，对式（5-29）进行泰勒级数展开，可以得到信号功率谱的近似表达式：

$$S(f')=\frac{\delta}{(\delta/2\tau)^2+(2\pi)^2(\tau f')^2} \tag{5-30}$$

因此，光纤式微波光电振荡器产生的信号频谱在噪声影响下为频率相关的洛伦兹型函数。通过式（5-28）得到的射频信号半高全宽为

$$\Delta f_{\text{FWHM}}=\frac{\delta}{2\pi\tau^2}=\frac{1}{2\pi}\frac{\rho_{\text{N}}G_{\text{A}}^2}{P_{\text{osc}}\tau^2} \tag{5-31}$$

由式（5-31）可知，射频信号的半高全宽与噪信比成正比，即光电振荡环路中的相对噪声越大，产生的射频信号的频谱纯度就越差；射频信号功率的增加可以使半高全宽减小，但是该规律只在热噪声占主导地位时才成立，原因在于通过增加光功率来提高射频信号功率无疑会引入更高的相对强度噪声和散粒噪声，导致信号相位噪声的性能恶化。

结合式（5-28）可以得到：

$$S(f')=\frac{4\tau^2}{\delta},\quad |f'|\ll \Delta f_{\text{FWHM}}/2 \tag{5-32}$$

$$S(f')=\frac{\delta}{(2\pi)^2(\tau f')^2},\quad |f'|\gg \Delta f_{\text{FWHM}}/2 \tag{5-33}$$

光纤式微波光电振荡器的射频信号功率谱密度为单边幅度噪声功率谱密度与相位噪声功率谱密度之和。在大多数情况下，光纤式微波光电振荡器的幅度波动远小于相位波动，因此相位噪声在光纤式微波光电振荡器噪声中占主导地位。在光电振荡环路的滤波器通带外，由于滤波响应函数$F(f')=0$，远端相位噪声便可以直接用噪信比δ进行表征。

相较于传统倍频技术产生微波信号，N次倍频过程会造成信号相位噪声恶化$20\lg N$ dB。由式（5-27）可以看出，光纤式微波光电振荡器的输出信号相位噪声与射频频率无关，该结论具有极其重要的现实意义，表明光纤式微波光电振荡器非常适于产生高频低相位噪声的射频信号。

5.2 光纤式微波光电振荡器的相位噪声优化

光纤式微波光电振荡器的相位噪声受到了由激光器、长光纤、光电探测器和微波放大器构成的环形谐振腔的综合影响。光电振荡环路中的射频器件和光电器件本身存在复杂的噪声，激光幅度噪声会在光电器件非线性效应作用下转换为微波信号的相位噪声，直流/基带噪声会变频到高频载波上，最终影响输出信号的频谱质量，因此噪声源传递机制、低噪声器件选型以及噪声抑制技术对光纤式微波光电振荡器的相位噪声优化至关重要。本书3.1节已经分析了光纤式微波光电振荡器中的开环储能链路噪声源，本节将重点总结光纤式微

波光电振荡器相位噪声的常用优化技术，主要包括光纤长度权衡设计、光电器件和射频器件的选型与参数优化，以及其他噪声抑制方法等。

5.2.1　光纤长度权衡设计

长距离储能光纤为光纤式微波光电振荡器带来了高 Q 值，显著地降低了光纤式微波光电振荡器的相位噪声。目前，10GHz 的微波光电振荡器最佳相位噪声指标能够达到 −163dBc/Hz@6kHz，这是基于 16km 长光纤链路实现的。然而，光纤式微波光电振荡器的相位噪声对光纤长度的依赖性也存在限制，当光纤长度超过一定的距离时，长光纤对降低相位噪声的贡献无法弥补自身引入的其他噪声的影响。

根据 Leeson 相位噪声模型可以预测，在载波频偏 100kHz 范围内，光纤式微波光电振荡器的相位噪声随着光纤长度（时延）的增加呈平方规律降低，然而，光纤式微波光电振荡器的实际相位噪声并不能严格按照上述规律变化。美国海军实验室 Olukayode Okusaga 等人通过实验测试发现，单环光纤式微波光电振荡器仅在光纤长度为 40m 时具有 Leeson 相位噪声模型预测的 $1/f^2$ 噪声谱特征。如图 5-2 所示，当光纤长度从 500m 增加到 6km 时，10kHz 频偏内光纤式微波光电振荡器的相位噪声随着光纤长度的增加而降低，但其相位噪声远高于理论预估值，尤其是在 10Hz 频偏处，相位噪声的改善程度非常有限。

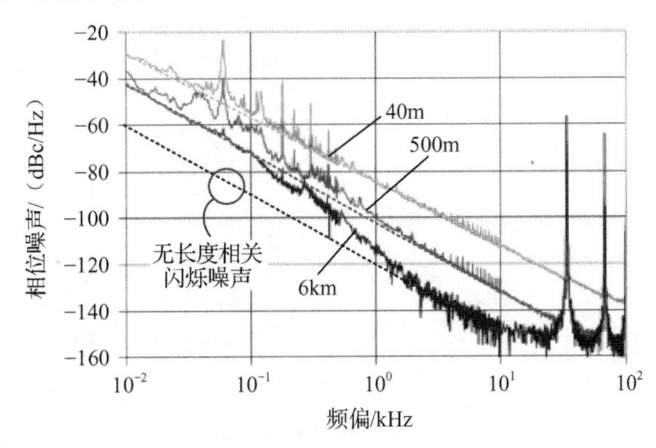

图 5-2　不同光纤长度对应的光纤式微波光电振荡器的相位噪声

近载频处的相位噪声恶化程度与环境扰动和额外噪声有关，长光纤更易受到外部环境干扰，并且会引入其他噪声源（如光放大噪声、激光频率噪声和光纤瑞利散射噪声等），进而成为光纤式微波光电振荡器近载频处的噪声。如果不能有效抑制长光纤链路的环境扰动和附加噪声影响，近载频处的相位噪声就不会随着储能光纤长度的增加得到明显改善，甚至会发生恶化。

虽然长光纤有助于提高光纤式微波光电振荡器的品质因数，但同时也会引入更多的额外链路噪声，两种效应之间必然存在最佳平衡点。另外，当光纤过长时，光纤式微波光电振荡器难以实现单模稳定起振，存在严重的杂散，给光电振荡环路的频率稳定性带来了极大挑战。因此，在设计光纤式微波光电振荡器方案的过程中，为了提升系统的综合性能，通常需要对光纤长度进行折中权衡考虑。

5.2.2 光电探测器参数的优化

光电探测器中不仅存在闪烁噪声和散粒噪声，而且非线性过程会导致光域相对强度噪声转换成微波域幅度噪声和相位噪声。在实际的工程设计中，除了要选用噪声指标优异的光电探测器，还可以通过控制光电探测器的工作状态参量来优化光纤式微波光电振荡器的相位噪声。

正如本书 3.1.4 节中对光电探测器 AM-PM 效应的分析，激光相对强度噪声到射频幅度/相位噪声的转换程度在光电探测器饱和输入功率点附近能够得到优化。OEwaves 公司的 Danny Eliyahu 等人研究了不同输入光功率情况下光电探测器（Discovery DSC30 系列）输出射频信号的功率和相位变化情况：提高光电探测器的输入光功率，射频信号的功率/相位变化斜率逐渐较小，如图 5-3（a）和（b）所示。随着输入光功率接近探测饱和功率，射频信号功率与输入光功率之间的关系曲线的斜率逐渐减小，并在输入光功率为 8mW 时趋近于零，此时光电探测器输出信号的相位曲线能够同时接近零斜率，这对抑制激光相对强度噪声转换到射频功率/相位噪声非常重要。理论上，将入射光功率设置在零斜率点处，激光相对强度噪声到射频相位噪声的转换程度可以降低 30～40dB（甚至更多）。通过设置最佳的光电探测器输入光功率水平，-140dBc/Hz 的激光相对强度噪声转换为射频信号相位噪声小于-170dBc/Hz，该相位噪声通常已经显著低于散粒噪声和闪烁噪声贡献水平，从而不会对输出信号的噪声性能产生显著影响。

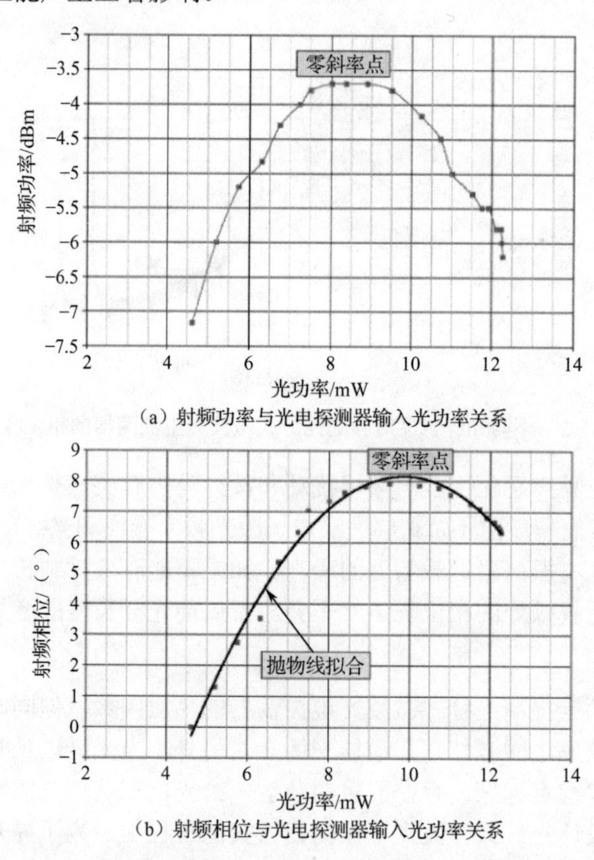

（a）射频功率与光电探测器输入光功率关系

（b）射频相位与光电探测器输入光功率关系

图 5-3　射频信号功率与相位变化斜率与光电探测器输入光功率的关系

不同光电探测器输入光功率水平下光纤式微波光电振荡器的单边带相位噪声测量结果如图 5-4 所示。当光电探测器处于饱和工作状态（约 10mW）时，光纤式微波光电振荡器可获得最佳的相位噪声，在 5kHz 频偏附近的相位噪声接近-160dBc/Hz；当光电探测器工作在低于或高于饱和输入光功率情况下，光纤式微波光电振荡器的相位噪声明显恶化。

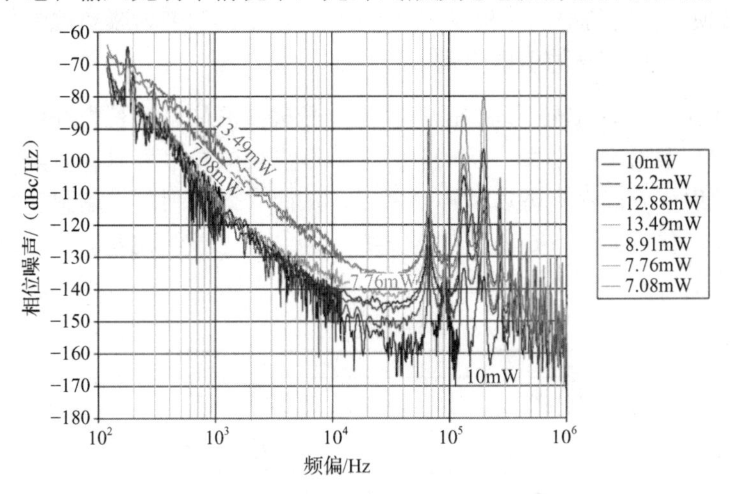

图 5-4　不同光电探测器输入光功率水平下光纤式微波光电振荡器的单边带相位噪声测量结果

此外，为了有效降低光电探测器的闪烁噪声水平，还可以采用光电探测器阵列（多组并联的光电探测器）。OEwaves 公司利用 Discovery 半导体公司的 DSC30 系列光电探测器作为测试元件，探究了单个光电探测器与光电探测器阵列（两个光电探测器并联）的残余相位噪声曲线，如图 5-5 所示。在频偏高于 70Hz 处，相位噪声主要由光电探测器的闪烁噪声决定，而且光电探测器阵列的闪烁噪声相比单个光电探测器改善了约 3dB；在频偏低于 70Hz 处，相位噪声主要受光反射干扰限制，通过减少光反射幅度或提升光隔离度，可以进一步降低光电探测器的近频噪声水平。

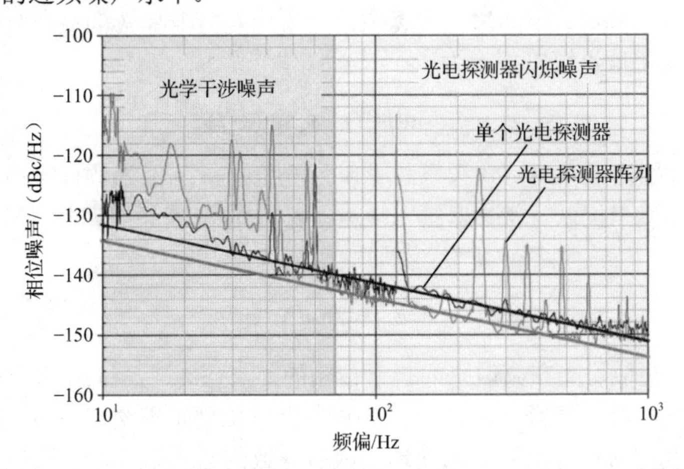

图 5-5　单个光电探测器与光电探测器阵列（两个光电探测器并联）的残余相位噪声曲线

5.2.3 光纤瑞利散射噪声的抑制

正如本书 3.1 节所述，光纤中的瑞利散射现象会导致与光纤长度相关的幅度噪声，并且瑞利散射噪声随着光纤长度增加而显著恶化。由于激光幅度噪声会通过光电探测器 AM-PM 效应转换为微波信号的相位噪声，因此长光纤中瑞利散射噪声成为决定光纤式微波光电振荡器近载频相位噪声的主要因素。

长光纤中存在折射率分布不均匀的离散点，光载微波信号在长光纤中传输时会发生瑞利散射，背向瑞利散射又会引发二次瑞利散射。激光调频技术可以有效降低光纤储能链路中由二次瑞利散射引起的激光幅度噪声谱密度，从而有效抑制二次瑞利散射噪声。二次瑞利散射模型可以简化为如图 5-6 所示的弱 F-P 干涉结构，该结构有助于分析激光频率调制对瑞利散射噪声的抑制机理。

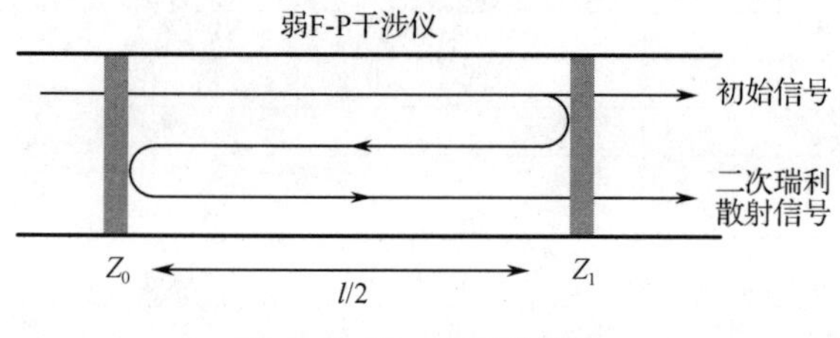

图 5-6　弱 F-P 干涉结构

在弱 F-P 干涉结构中，Z_0 和 Z_1 分别代表光纤中发生瑞利散射的两个相邻离散位置，Z_0 与 Z_1 之间距离为 $l/2$，并且离散点之间功率反射系数 $R \ll 1$。输入光与二次瑞利散射光在离散点 Z_1 处发生干涉，干涉输出光信号的幅度可以表示为

$$I = I_{\text{inc}}[(1-2R) + 2RV_1\cos(\phi_1)] \tag{5-34}$$

式中，I_{inc} 为输入光信号幅度；ϕ_1 为瑞利散射光信号总相位变化；常数 V_1 取决于干涉光束的相对偏振状态。式（5-34）中的第二项表示由二次瑞利散射导致的光信号幅度起伏。激光频率调制后相位变化量 ϕ_1 可以表示为

$$\phi_1 = \phi_{\text{m1}}\sin(\omega_{\text{m}}t) + \phi_{\text{n}}\sin(\omega_{\text{n}}t) \tag{5-35}$$

式中，ω_{m} 和 ω_{n} 分别为频率调制角频率和噪声分量角频率；ϕ_{n} 为额外噪声源导致的相位变化，主要取决于环境干扰以及激光器频率噪声；ϕ_{m1} 为激光器频率调制导致的相位变化，可以表示为

$$\phi_{\text{m1}} = 2\pi nl\Delta v/c \tag{5-36}$$

式中，l 为二次瑞利散射光在离散点间折返传输的距离；n、c 和 Δv 分别为光纤有效折射率、真空中的光速和激光调频范围。当弱 F-P 干涉结构处于正交状态时，噪声导致的激光幅度起伏最大，利用傅里叶级数对二次瑞利散射导致的激光幅度起伏进行展开，忽略高阶项可以得到如下关系：

$$I_{\text{DRS}} \sim 2RV_1J_0(\phi_{\text{m1}})J_1(\phi_{\text{n}})\sin(\alpha_{\text{n}}) \tag{5-37}$$

式中，J_0 和 J_1 分别为贝塞尔函数，当激光调频范围 $\Delta\nu$ 增大时，瑞利散射导致的激光信号幅度起伏项 I_{DRS} 随着系数 $J_0(\phi_{m1})$ 的减小而减小。激光频率调制不是直接抑制瑞利散射光幅度噪声的，而是将噪声能量分散到调制频率 ω_m 及其谐波频点处，可以有效降低基带二次瑞利散射噪声。

2013 年，美国马里兰大学巴尔的摩分校 Weimin Zhou 课题组研究了激光频率调制对光纤二次瑞利散射噪声的抑制效果，通过对激光器驱动电流（300mA）施加频率为 10kHz、峰峰值为 100μA 的外部正弦波信号实现激光频率调制，此时激光器输出频率在 40MHz 的范围内变化，进一步测量 10GHz 微波信号经过 10km 单模光纤传输后的幅度噪声与相位噪声谱，结果如图 5-7 所示。相比于无激光频率调制长光纤传输情况，激光频率调制后射频信号的幅度噪声和相位噪声均得到了显著改善，频偏 10kHz 范围内幅度噪声和相位噪声水平分别优化近 30dB 和 18dB。此外，基于激光频率调制的相位噪声抑制技术会在输出信号噪声谱中调制频率及其谐波频偏处引入较高的杂散峰，通常可以利用凹陷滤波器或者伪随机调制方式进行解决。

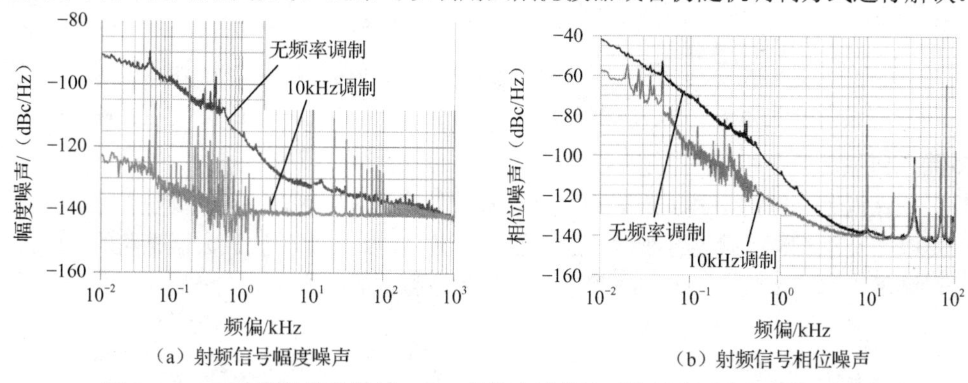

（a）射频信号幅度噪声　　（b）射频信号相位噪声

图 5-7　10GHz 微波信号经过 10km 单模光纤传输后的幅度噪声与相位噪声谱

由于激光频率调制技术可以有效抑制长光纤中二次瑞利散射噪声的影响，Weimin Zhou 课题组将激光频率调制技术引入光纤式微波光电振荡器，对 6km 光纤储能链路中的半导体激光器进行频率调制，使 10GHz 光纤式微波光电振荡器的相位噪声得到了显著的优化，实验测量结果如图 5-8 所示。光纤式微波光电振荡器经过激光频率调制处理，10GHz 微波信号频偏 10kHz 处的相位噪声降低了近 20dB，达到了近−155dBc/Hz@10kHz。

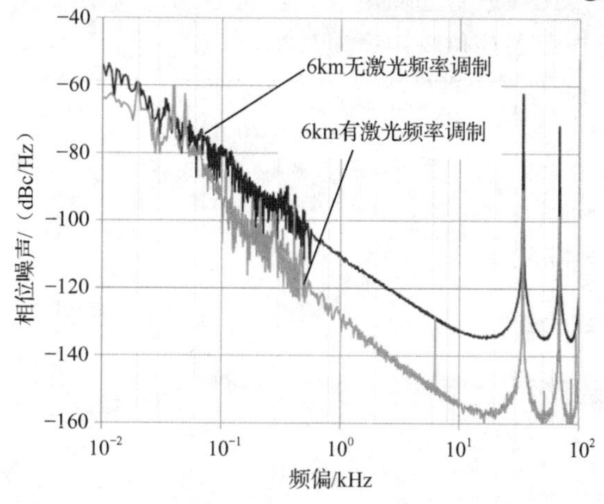

图 5-8　激光频率调制技术对 10GHz 光纤式微波光电振荡器相位噪声的优化结果

5.2.4 微波放大器的选型

微波放大器的噪声主要包括白噪声和闪烁噪声。正如本书第 3 章所述，白噪声主要影响微波光电振荡器输出信号噪底（噪声基底）。为了优化光纤式微波光电振荡器的相位噪声指标，需要尽量选择低噪声系数的微波放大器。对于闪烁噪声而言，由于其与载波信号功率相关，理论上可以通过载波抑制技术来减小闪烁噪声。在实际光纤式微波光电振荡器系统中，通常只能通过选择低相位噪声的微波放大器来减小闪烁噪声的影响。

在光纤式微波光电振荡器中，为了满足起振增益条件，需要利用较高增益的微波放大器来补偿链路损耗。为了优化放大过程中信噪比，通常采用多个级联的低增益微波放大器来实现分级放大。此时，链路的白噪声水平可以表示为

$$(b_0)_{\text{chain}} = \left(F_1 + \frac{F_2 - 1}{A_1^2} + \frac{F_3 - 1}{A_1^2 A_2^2} + \cdots \right) \frac{kT_0}{P_0} \tag{5-38}$$

式中，F_m 和 A_m 分别表示第 m 级微波放大器的噪声因子和功率增益；P_0 为微波放大器的输入功率。通常假设温度为室温，即 T_0=290K 。级联微波放大器的输出白噪声等于各级微波放大器等效输入白噪声的总和，并且第一级微波放大器的白噪声贡献权重最大。当微波放大器工作在线性区或接近饱和区时，其闪烁噪声几乎与载波功率无关，因此 m 级级联微波放大器中各级的闪烁噪声贡献相同。假设各级微波放大器相互独立，则级联微波放大器链路的总闪烁噪声为各级微波放大器闪烁噪声的叠加之和，并且与各级微波放大器在放大链路中的位置无关，即

$$(b_{-1})_{\text{chain}} = \sum_{i=1}^{m} (b_{-1})_i \tag{5-39}$$

为了验证低噪声微波放大器对光纤式微波光电振荡器相位噪声的影响，法国 FEMTO-ST 研究所分别使用两种增益相同的再生微波放大器和级联普通微波放大器构建了光纤式微波光电振荡器，在保证其他参数相同的情况下分别测量了光纤式微波光电振荡器生成信号的相位噪声水平，结果如图 5-9 所示。利用再生微波放大器和级联普通微波放大器来补偿链路损耗并实现闭环正增益，其中基于再生微波放大器的 10GHz 光纤式微波光电振荡器的单边带相位噪声比级联普通微波放大器高 3dB，因此，不同噪声水平的微波放大器会对光纤式微波光电振荡器相位噪声产生影响。

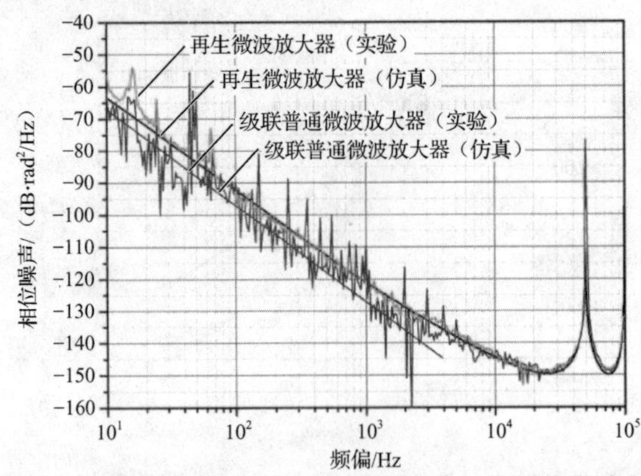

图 5-9 基于再生微波放大器和级联普通微波放大器的 10GHz 光纤式微波光电振荡器的相位噪声

5.2.5　其他优化方法

1．光限幅器

作为非线性光器件，半导体光放大器利用其增益饱和特性可以有效抑制激光信号的幅度噪声，从而降低光域幅度噪声经光电探测器 AM-PM 效应转化为微波信号的噪声水平，最终改善光纤式微波光电振荡器的相位噪声。

光限幅器的特征是输出功率对输入功率的变化不敏感，因此光限幅器输出的激光信号抖动水平变化将显著降低。光限幅器主要分为无源光限幅器和有源光限幅器两类。无源光限幅器通常基于材料非线性作用，有源光限幅器则主要采用饱和工作状态下的光放大器。当光放大器的输入信号和功率增益足够大时，光放大器的饱和输出功率对输入功率波动的灵敏度将得到显著降低。

OEwaves 公司 Danny Eliyahu 等人于 2008 年对激光器级联半导体光放大器前后的相对强度噪声性能进行了测量，如图 5-10（a）所示，级联半导体光放大器可以有效限制激光器相对强度噪声，输出信号相对强度噪声水平优化了约 10dB。此外，虽然半导体光放大器能够放大光信号功率，进而提高射频信号输出功率或促使光电探测器饱和，然而半导体光放大器属于有源器件，理论上会导致链路噪声系数的恶化，因此 OEwaves 公司的研究人员将半导体光放大器放置在光纤链路末端（即光电探测器的输入端），实验结果表明半导体光放大器并没有导致光纤式微波光电振荡器相位噪声的恶化，测量结果如图 5-10（b）所示。

2．激光器级联相位调制

2019 年，南京航空航天大学刘世锋等人提出了一种基于级联相位调制器的注入锁定光纤式微波光电振荡器。利用相位调制输出宽光谱且功率恒定的激光信号，可以极大地降低由光纤中非线性效应引入的幅度噪声水平，从而产生极低相位噪声的微波信号。

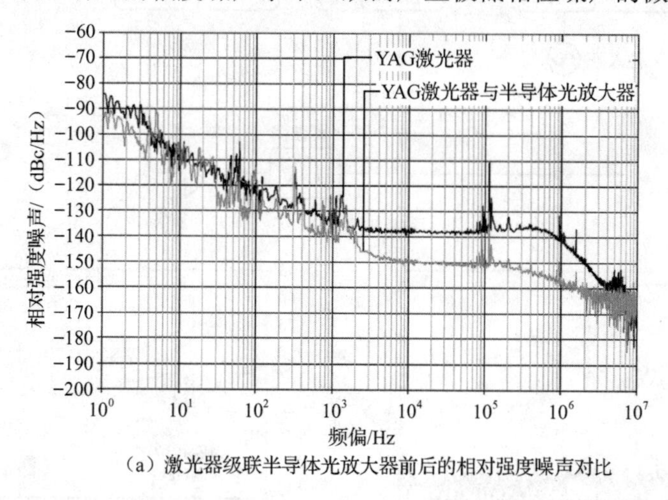

（a）激光器级联半导体光放大器前后的相对强度噪声对比

图 5-10　半导体光放大器对激光器相对强度噪声以及光纤式微波光电振荡器相位噪声的影响

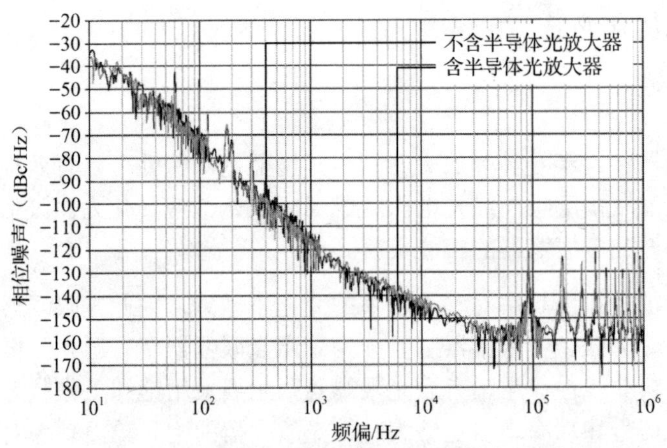

（b）有无半导体光放大器的光纤式微波光电振荡器相位噪声曲线

图 5-10　半导体光放大器对激光器相对强度噪声以及光纤式微波光电振荡器相位噪声的影响（续）

如图 5-11（a）所示，相位调制器 1 将注入源调制到光载波相位上，调制光信号通过相位调制器 2 被光电振荡信号进一步调制。在传统幅度调制光纤式微波光电振荡器中，高功率幅度调制光信号在长光纤中容易激发各种非线性噪声效应。该方案利用相位调制方式将光载波能量分散到各阶调制光边带上，极大地降低了长光纤中的各种噪声影响。此外，相位调制器不会影响输出光信号的幅度时域分布，使得光波能量在光纤中传输时不随时间变化，有效地降低了光纤克尔非线性引入的噪声影响。最终，10GHz 注入锁定光纤式微波光电振荡器的输出信号边模抑制比大于 85dB，并且 10kHz 频偏处的相位噪声达到 −153.1dBc/Hz，如图 5-11（b）和（c）所示[图 5-11（c）中的两条曲线分别表示 Keysight 8257D 信号源产品输出信号相位噪声，以及级联相位调制 OEO 输出的信号相位噪声]。

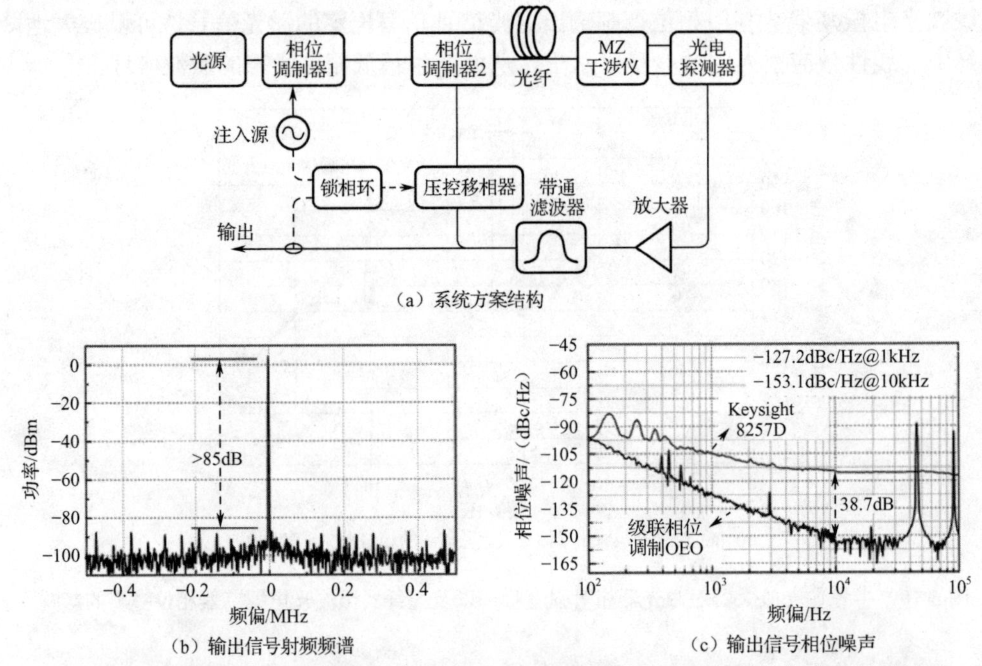

图 5-11　基于级联相位调制器的注入锁定光纤式微波光电振荡器的结构与实验测量结果

3．零色散光纤

2010 年，法国 FEMTO-ST 研究所的 Yanne K. Chembo 和 Enrico Rubiola 等人构建了光纤式微波光电振荡器的相位噪声分析模型，系统地分析了激光器频率噪声对振荡输出信号相位噪声的影响。该模型预测，激光幅度噪声对微波信号相位噪声的贡献较小，而激光器频率抖动则会通过几千米光纤延迟线的色散效应作用对微波信号的相位噪声产生较大的影响。通过该模型可知，激光频率噪声与光纤色散效应对光纤式微波光电振荡器相位噪声的贡献比其他因素高了近 15dB。

为了验证激光频率噪声对光纤式微波光电振荡器相位噪声的影响，该研究所采用商用 InGaAsP/InP 多量子阱分布式反馈（DFB）激光器作为系统光源，并通过不平衡无源光纤马赫-曾德尔干涉仪测量了该激光器的频率噪声，测量结果如图 5-12（a）所示，由测量结果可知，激光频率噪声随着输出功率的增大稳步增加，由于激光功率增加会造成不同类型噪声的恶化，进而导致激光频率不稳定。激光频率噪声在光纤色散作用下会进一步影响光纤式微波光电振荡器的相位噪声，可以通过稳定激光频率或者降低光纤色散来改善相位噪声，其中零色散光纤最为简单有效。基于普通单模光纤（如 SMF-28）和零色散光纤的光纤式微波光电振荡器的相位噪声测量结果如图 5-12（b）所示，其中激光器输出功率为 78mW 且两种类型光纤长度均为 4km，由图可知，微波信号相位噪声谱与激光频率噪声谱曲线形状相同，两者之间满足近似 $1/f^2$ 乘积关系，并且零色散光纤可以使光纤式微波光电振荡器相位噪声降低近 10dB，因此，激光频率噪声通过色散转换机制对振荡器相位噪声产生严重影响。

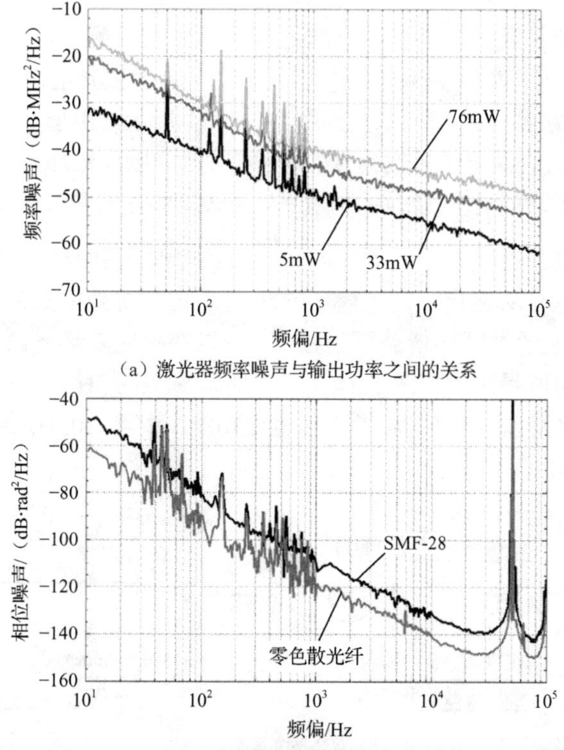

（a）激光器频率噪声与输出功率之间的关系

（b）基于不同类型光纤储能链路的光纤式微波光电振荡器相位噪声

图 5-12　激光器频率噪声与光纤式微波光电振荡器相位噪声

5.3 光纤式微波光电振荡器的杂散抑制

正如本书 3.3.1 节所述，光纤式微波光电振荡器中光纤储能链路越长，谐振模式的频率间隔就越小，容易导致分布细密且难以有效抑制的杂散。例如，在 10GHz 的光纤式微波光电振荡器系统中，长度为 4km 的光纤对应的振荡模式频率间隔约为 50kHz。为了获得单模起振频率，光电振荡环路中带通滤波器的 Q 值需要高达 10^6。目前，商用的射频带通滤波器难以满足如此苛刻的要求。为了有效抑制光纤式微波光电振荡器中的杂散，国内外研究人员提出了多种杂散抑制技术，主要包括多环游标卡尺效应、高 Q 值微波光子滤波、注入锁定技术和宇称-时间对称技术等。本节将对这四种常用的杂散抑制技术进行详细介绍。

5.3.1 多环游标卡尺效应

由于单环光纤式微波光电振荡器存在边模抑制比与相位噪声难以权衡的问题，美国喷气推进实验室（Jet Propulsion Laboratory，JPL）的 Steve Yao 提出了双环光纤式微波光电振荡器结构，利用两组谐振模式增益竞争产生的游标卡尺效应，极大抑制了主模附近的边模幅度，实现了光纤式微波光电振荡器的单模起振。

典型的双环光纤式微波光电振荡器由两段长度不同的并行光纤环路构成，如图 5-13（a）所示，这两段光纤环路使用了同一个或者各自使用单独的射频反馈环路，构成了两路并行光电振荡环路，并且均满足开环增益大于 1 的起振条件，此外还满足各自的相位匹配条件。由于两组模式之间存在增益竞争，只有同时满足双环路相位匹配条件的频率分量才能稳定振荡，上述现象称为游标卡尺效应。双环结构扩展了光纤式微波光电振荡器的模式频率间隔，能够缓解对微波带通滤波器的 Q 值要求，如图 5-13（b）所示。由于环路中长光纤决定了微波信号的相位噪声，而短光纤决定了微波信号的边模抑制比，因此双环光纤式微波光电振荡器不仅能够有效提升信号边模抑制比（杂散抑制水平用边模抑制比衡量），还能兼顾系统相位噪声。

与单环光纤式微波光电振荡器相比，双环光纤式微波光电振荡器的 Q 值存在一定程度降低，因此相位噪声也有所恶化。为了解决双环光纤式微波光电振荡器的相位噪声恶化问题，Jun-Hyung Cho 等人通过开环增益精确控制，可以在抑制双环光纤式微波光电振荡器杂散的同时保持较低的相位噪声，如图 5-14（a）所示。最终 8GHz 输出信号的边模抑制比约为 70dB，相比无环路增益控制时提升了超过 21dB，并且 10kHz 频偏处的相位噪声达 -103dBc/Hz，如图 5-14（b）所示。

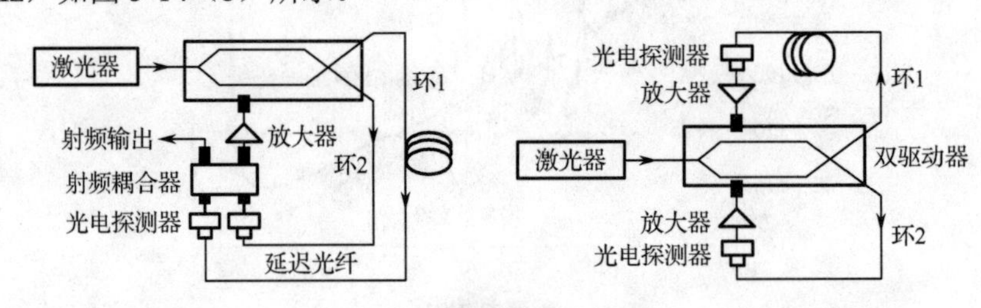

（a）双环振荡器基本结构

图 5-13 双环光纤式微波光电振荡器

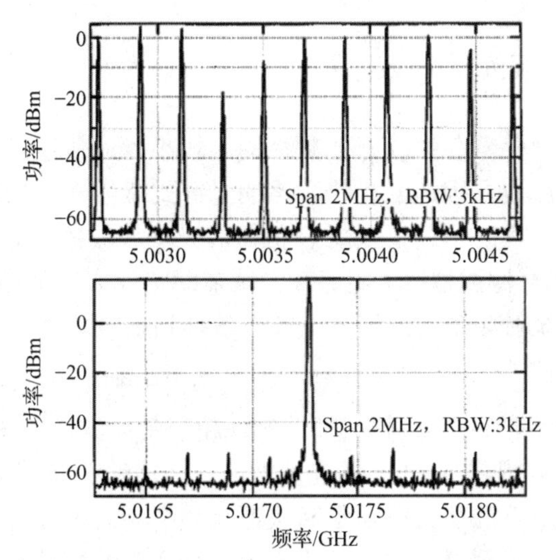

（b）单环/双环微波光电振荡器输出信号射频频谱

图 5-13　双环光纤式微波光电振荡器（续）

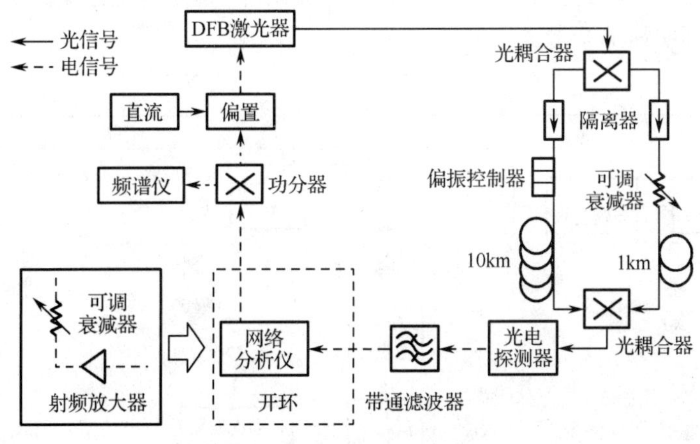

（a）增益可控双环路光纤式微波光电振荡器系统结构

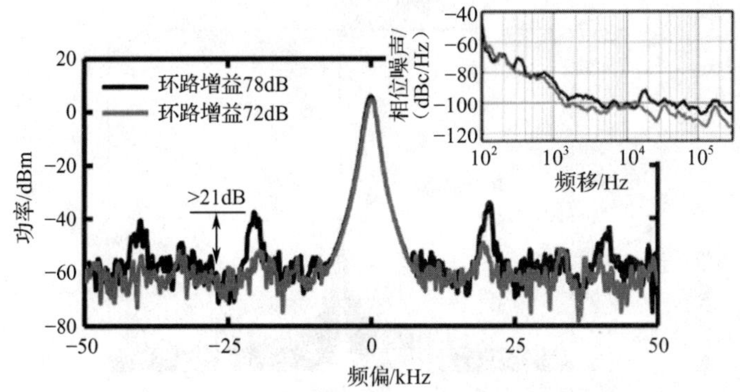

（b）有环路增益控制（灰色曲线）与无环路增益控制（黑色曲线）的振荡信号射频频谱和相位噪声

图 5-14　增益可调的双环光纤式微波光电振荡器

5.3.2 高 Q 值微波光子滤波

长光纤式微波光电振荡器起振模式的频率间隔较小，而传统射频滤波技术在较高中心频率处无法实现超窄带滤波，因此低相位噪声的光纤式微波光电振荡器通常难以实现单模起振，具有严重的杂散干扰问题。新型高 Q 值微波光子滤波器（如回音壁模式光学微腔、法布里-珀罗腔和光电混合滤波器等）能够在光域辅助实现窄带带通滤波，从而取代光纤式微波光电振荡器中的传统射频带通滤波器，并有效抑制杂散。

M. Bagnell 等人在传统单环光纤式微波光电振荡器中利用 1.5GHz 的自由光谱范围和精细度为 100000 的 F-P 标准具（F-P 腔）辅助实现超窄带滤波，如图 5-15（a）所示。超高精细度的 F-P 标准具可以提供 15kHz 的光滤波通带，能够在光域极精细地过滤杂散。F-P 标准具的周期性传输响应特性使其适用于高次谐波频率，而不会降低其超窄带滤波性能，因此，在光纤式微波光电振荡器中嵌入几千米的光纤，F-P 标准具的超窄带滤波特性仍能有效抑制杂散。如图 5-15（b）所示，基于 4.5km 光纤和超高精细度的 F-P 标准具的光纤式微波光电振荡器可以产生纯净的 33GHz 信号，10kHz 频偏处的相位噪声约为-92dBc/Hz，并且噪底以上没有明显的杂散。

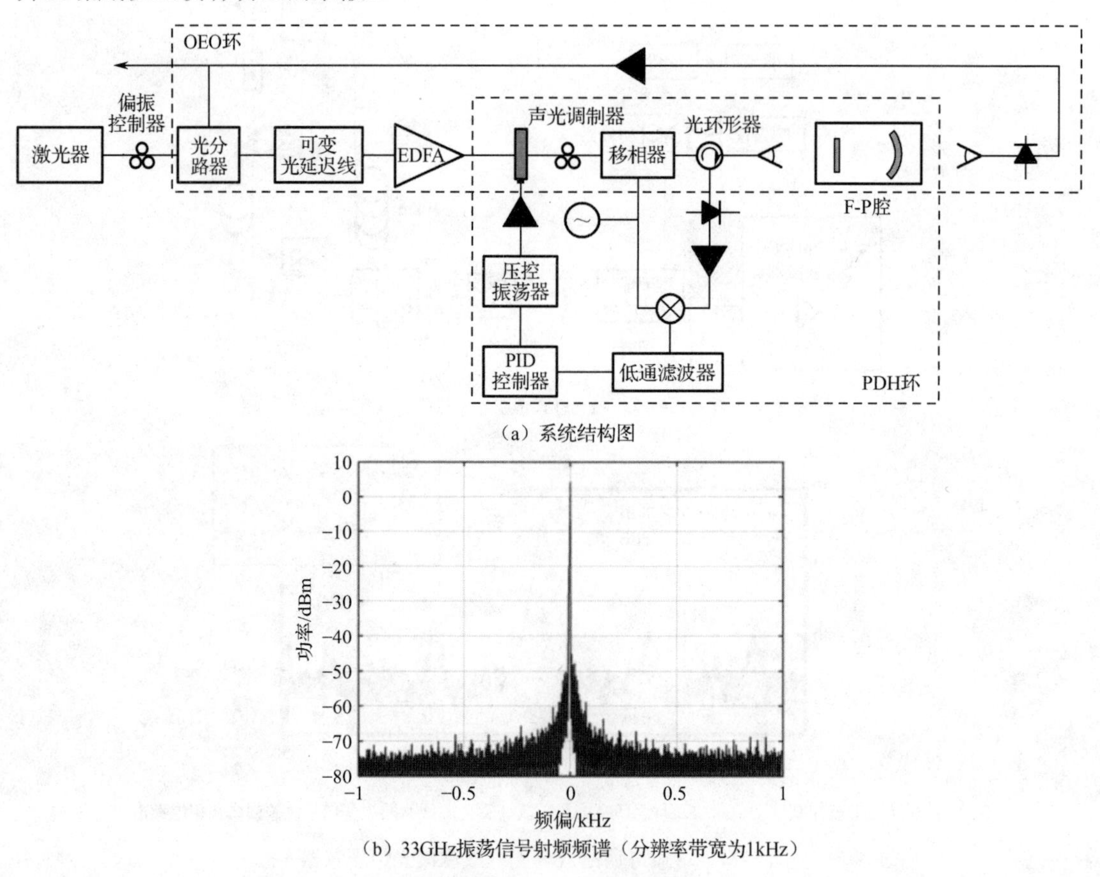

（a）系统结构图

（b）33GHz振荡信号射频频谱（分辨率带宽为1kHz）

图 5-15　基于超高精细度 F-P 腔滤波的微波光电振荡器

北京邮电大学射频光子学研究组提出了一种基于超高 Q 值光电混合窄带带通滤波器的新型光纤式微波光电振荡器方案，可以产生低相位噪声、高边模抑制比的毫米波信号。如图 5-16（a）所示，系统主要由光电混合带通滤波环路和光电主振荡环路两部分组成，光电主振荡环路的工作原理与传统光纤式微波光电振荡器相同，光电混合带通滤波环路（图中阴影部分）方案简单易于实现，并且具有超窄带模式选择能力。光载射频信号依次通过光电混合带通滤波环路和光电主振荡环路，因此起振模式的增益受到了光电混合带通滤波环路的影响，特定振荡模式可以存在于光电混合带通滤波环路中并获得多周期增强，其他模式则随着能量的衰减被淹没在噪声中。该方案构建了 Q 值高达 30000 的窄带毫米波光电混合带通滤波器（3dB 带宽为 1MHz），用于选择所需的毫米波起振信号并有效抑制其他杂散，最终生成了 29.99GHz 的低相位噪声毫米波信号，边模抑制比达 83dB 以上且单边带相位噪声约为−113dBc/Hz@10kHz，如图 5-16（b）所示。

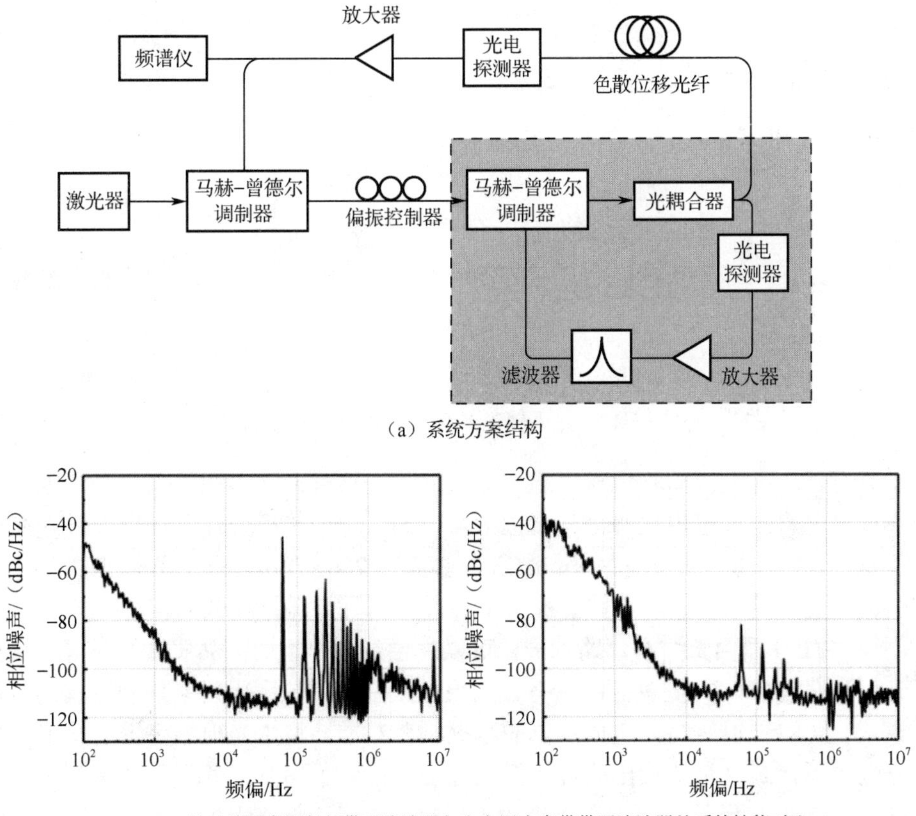

（a）系统方案结构

（b）基于普通商用射频带通滤波器与光电混合窄带带通滤波器的系统性能对比

图 5-16　基于超高 Q 值光电混合窄带带通滤波器的新型光纤式微波光电振荡器

5.3.3　注入锁定技术

注入锁定技术最早由 Van der Pol 提出，主要用于研究高品质电子振荡器，因其出色的杂散抑制能力，近年来被引入光纤式微波光电振荡器研究领域：将超稳定的外部微波源注入光纤式微波光电振荡器，通过辅助主模竞争以抑制其他杂散，并且能够减少外界环境变化对振荡信号的影响，进而改善振荡器近载频处的相位噪声，获得高频谱纯度且高稳定的单模振荡信号。

如图 5-17（a）所示，典型的注入锁定光纤式微波光电振荡器由自由运行的光纤式微波光电振荡器与外部注入微波源组成。由于光电反馈环路的长时延特性，自由运行的光纤式微波光电振荡器具有一组等频率间隔的密集振荡模式。当外部注入信号频率接近某个光电振荡模式时，该振荡模式将被锁定到外部注入微波信号上，并且获得比其他模式更高的初始能量，从而提高该模式的增益竞争能力，最终使该模式稳定起振并且极大地抑制其他杂散干扰。基于上述原理，Michael Fleyer 等人对比了 9.2GHz 注入锁定与自由运行的光纤式微波光电振荡器的杂散水平，如图 5-17（b）所示，注入锁定技术可以显著抑制光纤式微波振荡器输出信号的杂散分量。

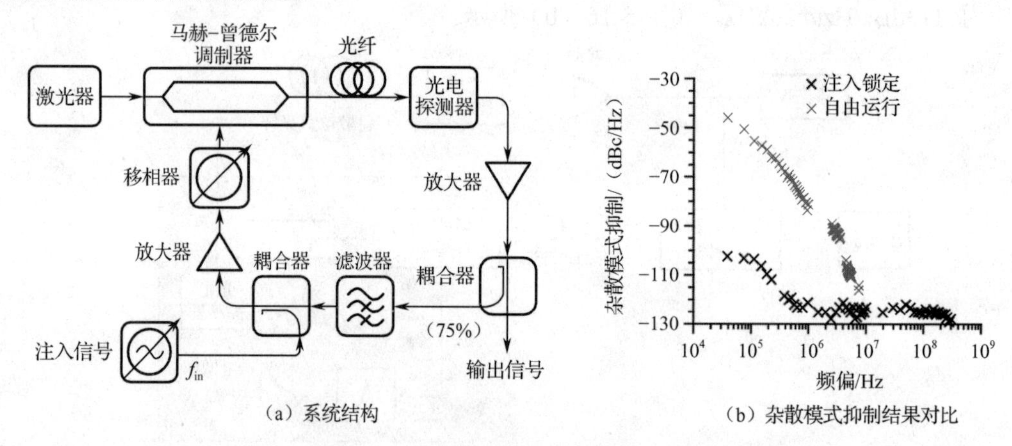

（a）系统结构　　（b）杂散模式抑制结果对比

图 5-17　注入锁定光纤式微波光电振荡器

由于外部注入微波源的相位噪声通常比较差，在将外部注入微波源信号注入光纤式微波光电振荡器时会不可避免地恶化其相位噪声。为了进一步提升注入锁定光纤式光电振荡器的相位噪声，美国海军实验室 Weimin Zhou 等人于 2005 年提出了一种新型主从注入锁定光纤式微波光电振荡器方案，不仅能够抑制杂散，而且能保持较低的相位噪声。如图 5-18（a）所示，主振荡器由长光纤环路构成，可以产生杂散严重的高品质微波信号；从振荡器则由短光纤环路构成，Q 值较低但具有较大模式频率间隔。利用射频移相器调谐从振荡器的起振模式，可以使得两路光电振荡器的起振频率对准。将主光电振荡器的输出信号注入从光电振荡器后，最终系统输出信号的低相位噪声得到了保持，并且杂散得到了极大的抑制。如图 5-18（b）所示，10GHz 主从注入锁定光纤式微波光电振荡器的近载频相位噪声优于-110dBc/Hz@（10～100Hz），杂散被抑制到低于-140dBc/Hz 水平。

除了单向注入锁定，主从两路光纤式微波光电振荡器之间还可以实现互注入锁定。如图 5-19（a）所示，Olukayode Okusaga 等人提出了互注入锁定光纤式微波光电振荡器方案，不仅能够进一步优化低相位噪声，而且同样可以有效抑制杂散分量。两路光纤式微波光电振荡器成功实现了相互注入锁定的效果，任意一个环路的功率波动都会影响系统相位噪声和杂散水平。值得注意的是，与主从注入锁定方案相同，互注入锁定光纤式微波光电振荡器同样需要主振荡环路与从振荡环路的精确匹配，以确保相互注入锁定的效果。互注入锁

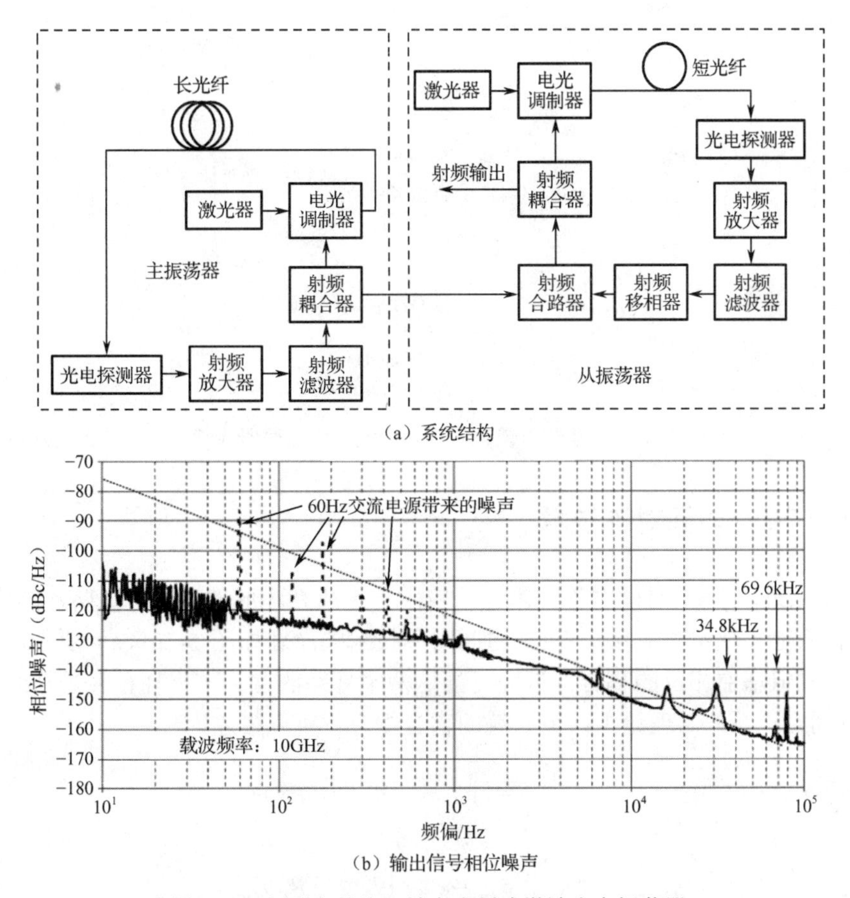

（a）系统结构

（b）输出信号相位噪声

图 5-18 新型主从注入锁定光纤式微波光电振荡器

定光纤式微波光电振荡器经过优化后产生了 10GHz 低相位噪声的微波信号，如图 5-19（b）所示，锁定后主振荡器在 10kHz 频偏处的相位噪声达-140dBc/Hz，并且杂散得到了显著的抑制。

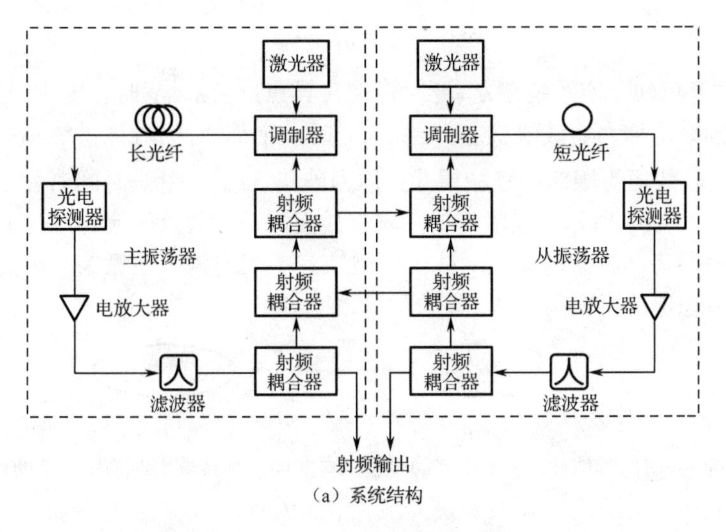

（a）系统结构

图 5-19 互注入锁定光纤式微波光电振荡器

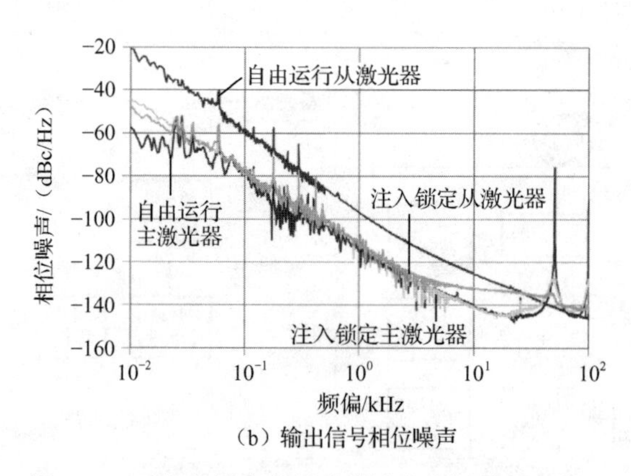

（b）输出信号相位噪声

图 5-19　互注入锁定光纤式微波光电振荡器（续）

5.3.4　宇称-时间对称技术

2014 年以来，宇称-时间对称技术已经应用于集成光环形激光器等振荡器的模式选择，可以简单有效地实现单模振荡。宇称-时间对称技术的原理如图 5-20（a）所示，主要包含两个尺寸相同但增益相反的耦合谐振腔，当这两个环路的增益与损耗相互平衡时，能够形成宇称-时间对称系统。理论上，该系统的耦合模方程可以描述为

$$\frac{\mathrm{d}p_n}{\mathrm{d}t}=[\mathrm{j}\omega_n+g]p_n-\mathrm{j}\kappa q_n \tag{5-40}$$

$$\frac{\mathrm{d}q_n}{\mathrm{d}t}=[\mathrm{j}\omega_n+\gamma]q_n-\mathrm{j}\kappa p_n \tag{5-41}$$

式中，p_n 和 q_n 分别为两个环路中第 n 个振荡模式的电压；t 为时间；ω_n 为第 n 个振荡模式的角频率；g、γ 和 κ 分别为两个环路的增益、损耗和耦合系数。当两个环路的增益和损耗平衡时（$g=-\gamma$），由式（5-40）和式（5-41）可得，宇称-时间对称系统的本振频率为

$$\omega_{n\pm}=\omega_n\pm\sqrt{\kappa^2-g^2} \tag{5-42}$$

由式（5-42）可知，该系统在 $\kappa=g$ 时存在奇异点；当 $\kappa>g$ 时，宇称-时间对称系统存在 2 个实本振频率，称为非破缺状态；当 $\kappa<g$ 时，宇称-时间对称系统只存在 1 个实本振频率，即具有 1 对共轭的振荡和衰减模式，称为破缺状态。宇称-时间对称系统实现单模振荡的原理如图 5-20（b）所示，振荡系统中只有最大增益模式处于宇称-时间对称破缺状态，模式简并为单模振荡，而其他模式均处于非破缺状态表现为中性振荡，因此，最大增益处的模式能够实现稳定单模振荡。

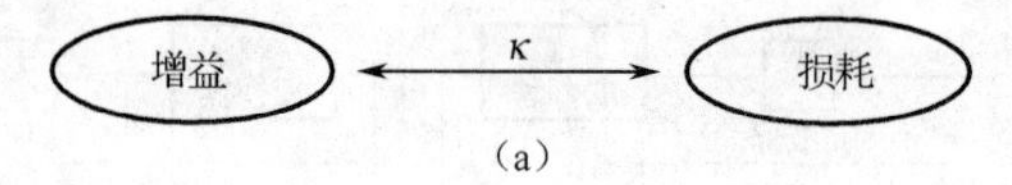

（a）

图 5-20　宇称-时间对称技术的原理（a）及宇称-时间对称系统实现单模振荡的原理（b）

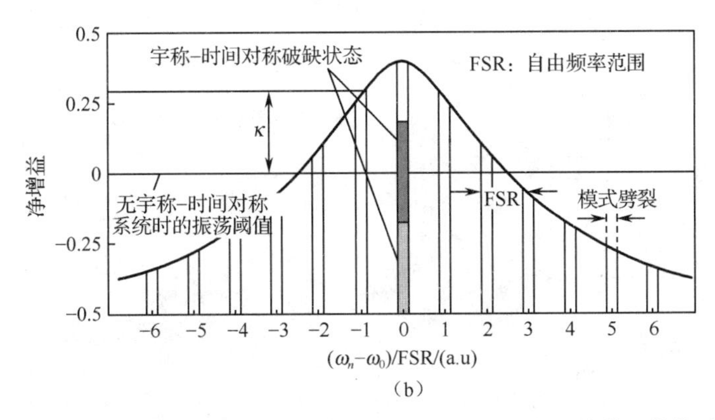

（b）

图 5-20　宇称-时间对称技术的原理（a）及宇称-时间对称系统实现单模振荡的原理（b）（续）

鉴于强大的模式选择能力，国内外研究人员将宇称-时间对称技术用于光纤式微波光电振荡器的杂散抑制。2018 年，加拿大渥太华大学姚建平教授的团队首次提出宇称-时间对称光电振荡器的概念，有效解决了光纤式微波光电振荡器的低相位噪声与单模振荡输出之间的矛盾。宇称-时间对称光电振荡器的基本原理是通过构建两个增益相反的光电振荡反馈环路来实现宇称-时间对称性，控制反馈环路的增益、损耗和耦合比打破振荡模式的宇称-时间对称性，在环路总增益尽可能小的条件下实现单模振荡信号输出。系统方案如图 5-21（a）所示，利用可调谐偏振分束模块构建两个结构相同、增益相反且相互耦合的反馈环路，并且通过调整偏振控制器 2 破坏环路的宇称-时间对称性，进而实现宇称-时间对称光纤式微波光电振荡器的单模振荡输出。最终，基于长为 20.31m、433.1m 和 9.166km 光纤的宇称-时间对称光纤式微波光电振荡器均实现了 9.876GHz 单模振荡信号稳定输出，并且 10kHz 频偏处相位噪声水平分别为−92.94dBc/Hz、−103.4dBc/Hz 和−142.5dBc/Hz，如图 5-21（b）所示；其中长为 9.166km 光纤的宇称-时间对称光纤式微波光电振荡器的输出信号频谱如图 5-21（c）所示，在 10min 的测量时长内信号频率漂移小于 100Hz。

同年，中国科学院半导体研究所李明教授的团队提出了基于偏振复用的宇称-时间对称光纤式微波光电振荡器结构，如图 5-22（a）所示。为了实现光纤式微波光电振荡器的宇称-

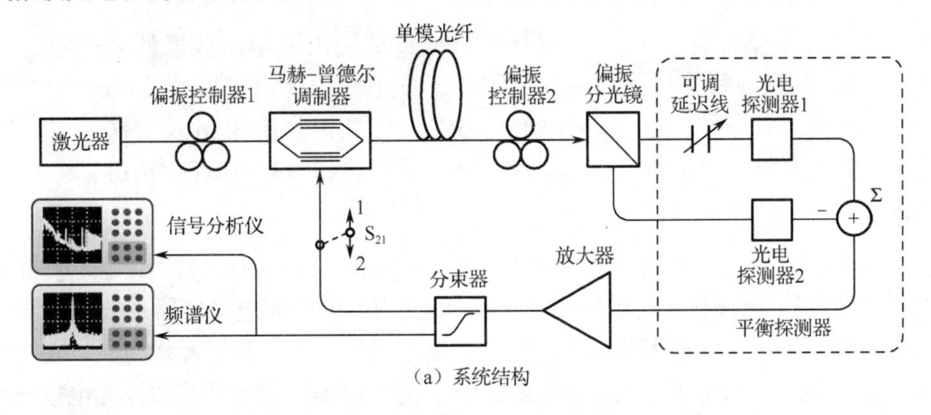

（a）系统结构

图 5-21　宇称-时间对称光纤式微波光电振荡器

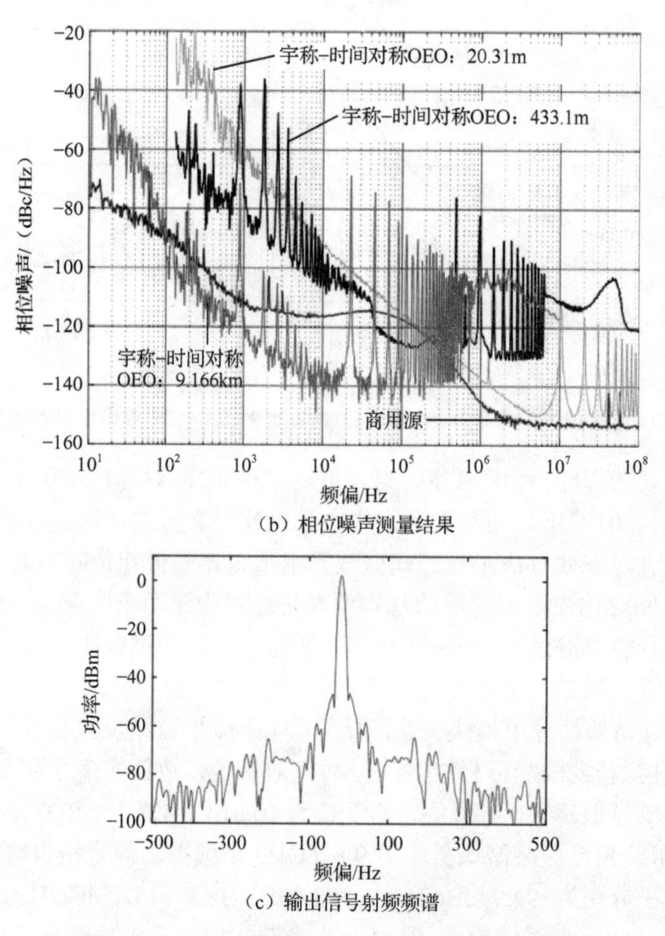

（b）相位噪声测量结果

（c）输出信号射频频谱

图 5-21　宇称-时间对称光纤式微波光电振荡器（续）

时间对称性，通过偏振分束器将两个偏振态的调制光信号合束并输入储能光纤中，利用光分束器构建了两个相互耦合的反馈环路，并且两个反馈环路的增益和损耗由掺铒光纤放大器与可调光衰减器共同调节控制，进而在无窄带带通滤波器的情况下实现光纤式微波光电振荡器的单模振荡。非宇称-时间对称光纤式微波光电振荡器的多模振荡输出信号频谱与宇称-时间对称光纤式微波光电振荡器的单模振荡输出信号频谱分别如图 5-22（b）和（c）所示，最终，该宇称-时间对称光电振荡器利用 3km 长的储能光纤生成了杂散低于-120dBc 的 4GHz 微波信号，并且相位噪声达到-139dBc/Hz@10kHz，如图 5-22（d）所示。

为了实现宇称-时间对称光纤式微波光电振荡器的频率可调谐功能，姚建平教授的团队于 2020 年将可调谐微波光子滤波器引入宇称-时间对称微波光电振荡器系统，系统结构如图 5-23（a）所示。该系统利用微盘谐振腔的传输互易性构建了两个形状相同、增益相反且相互耦合的光电振荡环路，形成支持单模振荡的宇称-时间对称光纤式微波光电振荡器，如图 5-23（b）所示。此外，系统还通过热调谐微盘谐振腔的谐振模式和相位-幅度调制转换机制实现了宇称-时间对称光纤式微波光电振荡器的频率可调谐，在 2～12GHz 频率调谐范围内的杂散抑制效果明显，如图 5-23（c）所示。

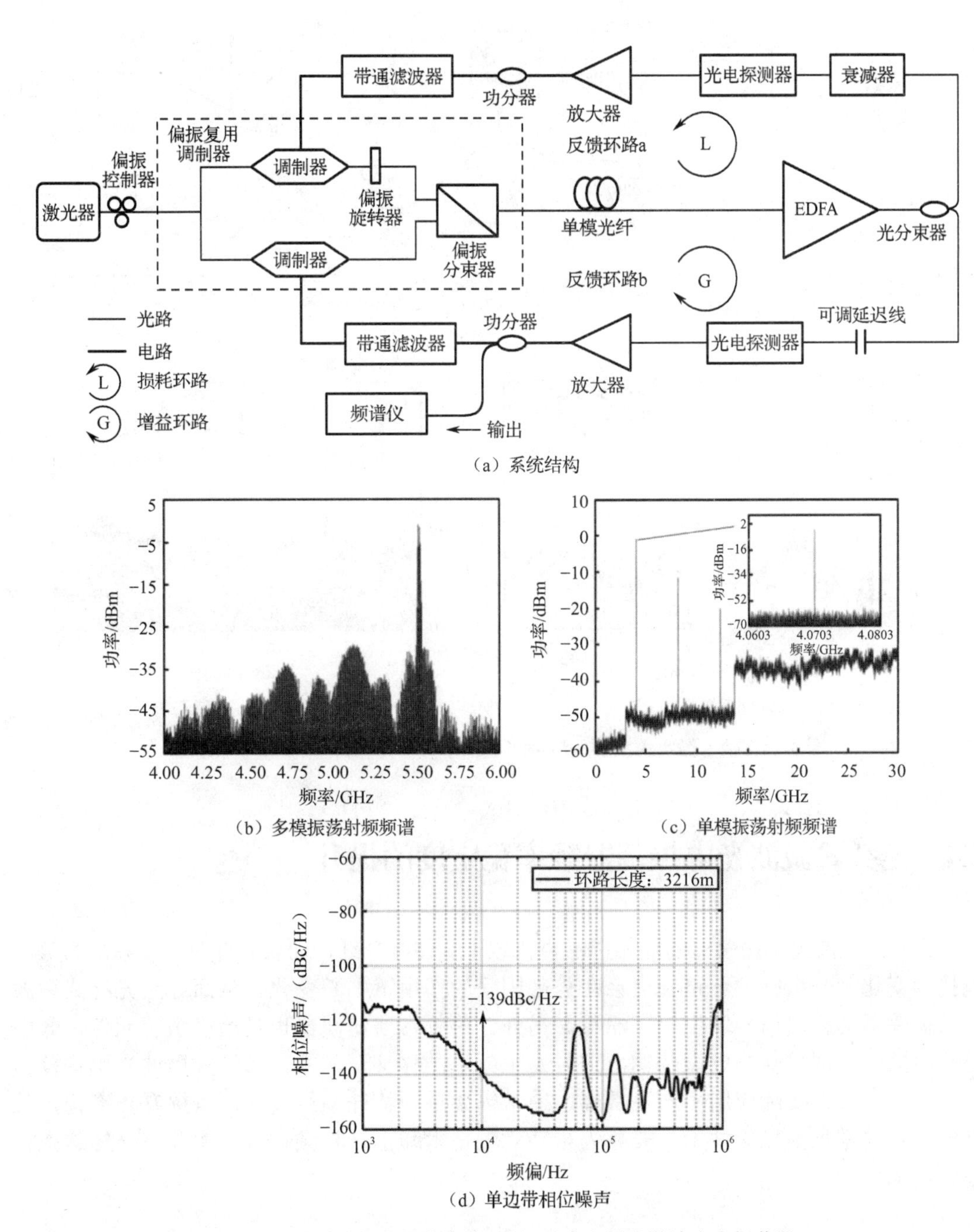

图 5-22 基于偏振复用的宇称-时间对称光纤式微波光电振荡器

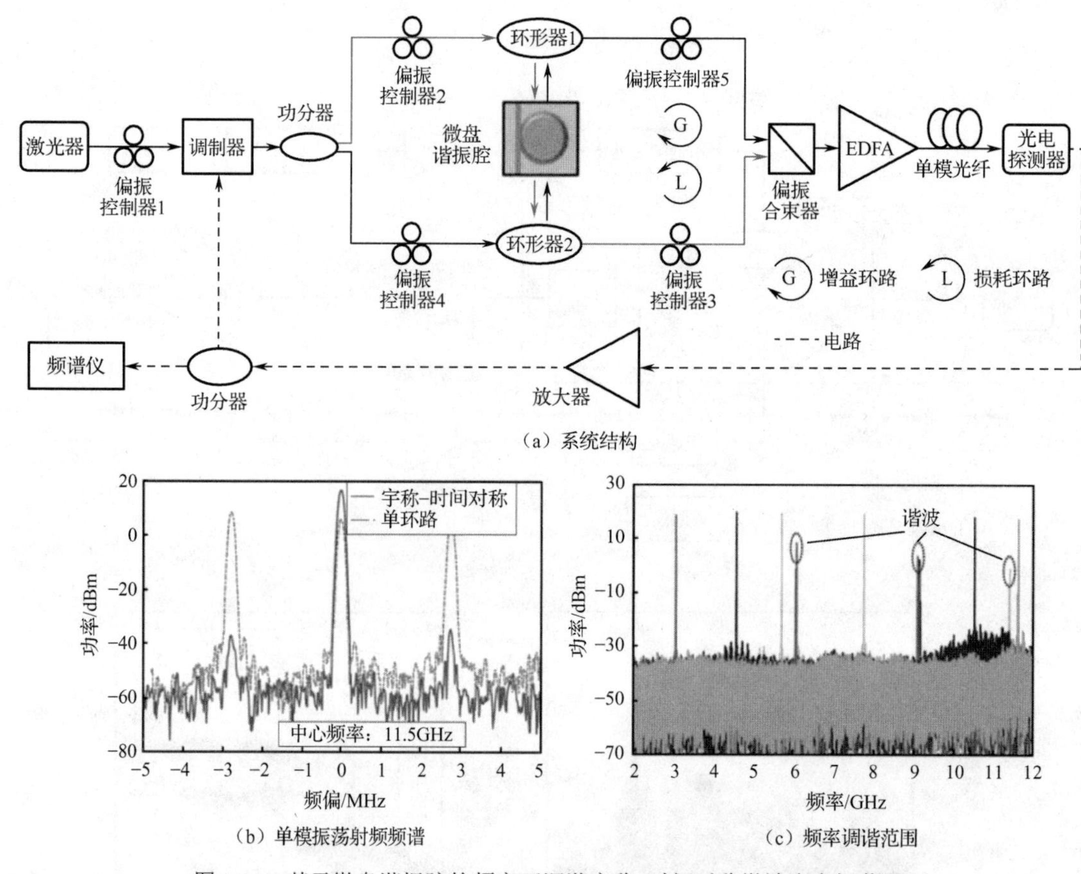

图 5-23 基于微盘谐振腔的频率可调谐宇称-时间对称微波光电振荡器

5.4 光纤式微波光电振荡器频率稳定度的提升

光纤式微波光电振荡器的低相位噪声依赖于长储能光纤，而长光纤对温度和应力等环境扰动变化十分敏感，环路长度会在外部因素的作用下不断变化，从而导致光纤式微波光电振荡器的输出信号发生频率漂移。另外，射频带通滤波器也是温度敏感元件，其中心频率的温度漂移会导致振荡输出信号发生频率漂移甚至跳模。光纤式微波光电振荡器的频率稳定性在实际应用中至关重要，通常需要进行特殊系统设计，以提升频率稳定性指标。目前常见的稳频技术主要分为被动稳频技术和主动稳频技术，本节将介绍这两种稳频技术。

5.4.1 被动稳频技术

光纤式微波光电振荡器中长光纤和滤波器等元件，在受环境温度的影响时会导致输出信号产生频率漂移（详见 3.3.2 节）。为了提高光纤式微波光电振荡器的频率稳定度，通常会考虑使用被动稳频技术来减小环境温度变化对频率的影响。在光纤式微波光电振荡器中，常用的被动稳频技术包括采用温度不敏感光纤和敏感元件温控隔离等。

1．温度不敏感光纤

2006 年，M. Kaba 等人使用实心光子晶体光纤替代普通单模光纤作为光纤式微波光电振荡器的储能元件。相比于普通单模光纤（如 SMF-28），实心光子晶体光纤在外界环境温度变化时表现出了良好的稳定性。将上述两种光纤置于温度可控的恒温箱中，通过改变箱内温度测试光纤式微波光电振荡器输出频率的温度敏感性，具体实验装置如图 5-24（a）所示。测量结果如图 5-24（b）显示，12.5m 长的普通单模光纤的折射率随温度变化量为 11.37ppm/℃，构成的光电振荡器输出频率随温度变化量为−2.58ppm/℃；56.5m 长的实心光子晶体光纤的折射率随温度变化量为 4.73ppm/℃，构成的光电振荡器输出频率随温度变化量为−2.7ppm/℃。尽管具有更长的腔长，但基于实心光子晶体光纤的光电振荡器整体的温度频率稳定性得到了显著改善，能够有效提升光纤式微波光电振荡器长期的频率稳定性。

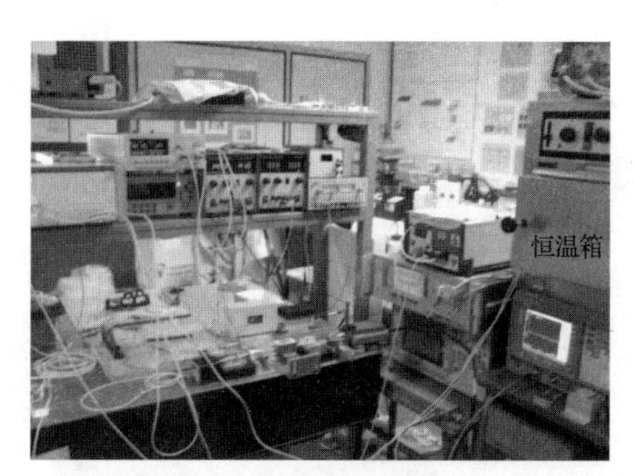

（a）带有光纤恒温控制的光电振荡器装置图

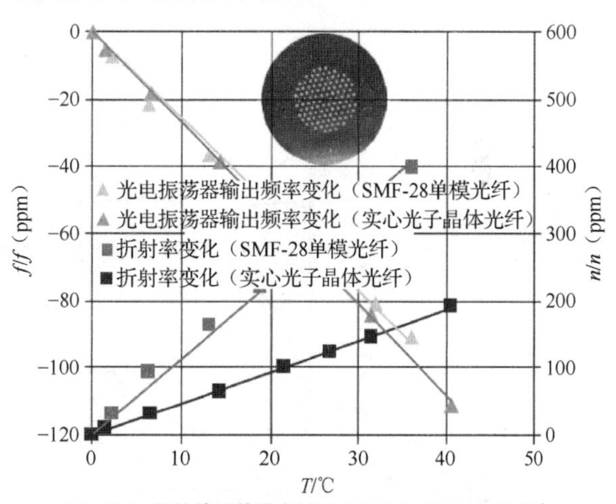

（b）12.5m长的普通单模光纤（SMF-28）和56.5m长的实心光子晶体光纤的频率热漂移和折射率变化测试结果对比

图 5-24　实验装置（a）和测试结果（b）

利用实心光子晶体光纤构成光纤式微波光电振荡器也会带来一些新问题。首先，实心光子晶体光纤的制造工艺还不成熟，相比于普通单模光纤传输损耗极高，严重限制了光纤式微波光电振荡器中可用光纤长度，使得整个振荡系统的 Q 值偏小，进而影响光纤式微波光电振荡器系统输出信号的相位噪声。另外，目前商用光器件主要通过普通单模光纤进行低损耗连接，而实心光子晶体光纤的连接会引入较大的额外损耗。因此，利用实心光子晶体光纤来替代普通单模光纤作为储能元件，虽然可以有效提升整体系统的频率稳定性，但也会影响光纤式微波光电振荡器的相位噪声。

2．敏感元件温控隔离

对于长光纤和射频带通滤波器对环境温度变化敏感性，可以采用恒温控制或系统隔离方法来降低外界环境变化带来的影响。如图 5-25（a）所示，OEwaves 公司 Danny Eliyahu 等人将单环光纤式微波光电振荡器系统放置于恒温箱中，将长光纤和射频滤波器与外界环境隔绝，从而消除了环境温度变化对于光纤式微波光电振荡器频率稳定性的影响。通过实验验证，光纤式微波光电振荡器系统的短期频率稳定度达到 0.02ppm，对于 20℃至 30℃的环境温度，输出频率漂移从−8.3ppm/℃降低至−0.1ppm/℃，极大提高了光纤式微波光电振荡器的输出频率稳定性，如图 5-25（b）所示。

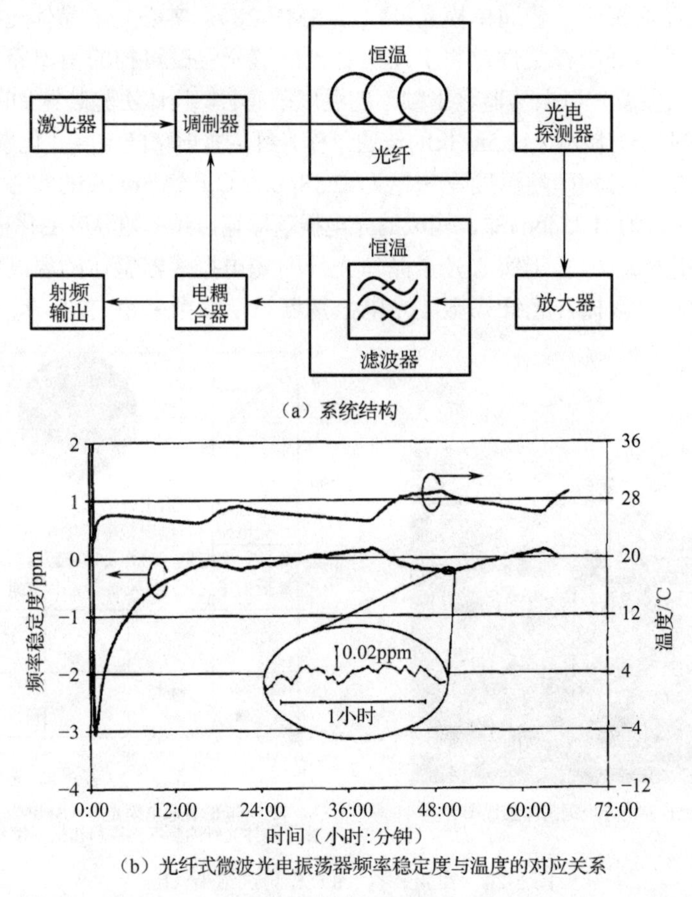

图 5-25　采用温控隔离的光纤式微波光电振荡器

温度控制方法主要包括电阻加热和珀耳帖效应。电阻加热法通常将长光纤和射频滤波器加热到特定温度，并且始终保持温度高于周围环境，该方法适用于设定温度高于外界环境温度的情况。半导体制冷片利用珀耳帖效应进行加热或制冷，具有结构简单、寿命长和灵敏度高等优点。由于半导体制冷片温控区域小并且制冷功耗高，光纤式微波光电振荡器常采用电阻加热方法进行温度控制。相对于电阻加热法，半导体制冷片不受外界环境温度影响，并且温度控制精度极高，是光纤环形谐振腔和回音壁光学微腔的常用温控手段，适用于耦合式微波光电振荡器和小型集成化微波光电振荡器。

从工程应用角度来看，被动稳频技术通过选用温度不敏感光纤或者温控隔离提升振荡器频率稳定性，通常适用于对稳频精度要求不高的场合。为了进一步提升光纤式微波光电振荡器输出信号的频率稳定性，必须采用伺服控制系统对振荡器进行自动稳频控制，即主动稳频技术。

5.4.2　主动稳频技术

射频锁相环技术是一种典型的主动稳频技术，通过反馈控制电路将自由运行的振荡器与超稳定的外部参考源锁定，从而实现振荡器起振频率对参考源频率的自动跟踪。射频锁相环对参考信号与输出信号的相位进行比较，使得输出信号与参考信号的相位差保持恒定。锁相系统通常由压控振荡器、外部参考源、鉴相器和环路滤波器等构成，如图 5-26 所示。鉴相器对外部参考源信号 $u_i(t)$ 与压控振荡器输出信号 $u_o(t)$ 的相位进行比较，相位误差信号 $u_d(t)$ 经过环路滤波器后得到控制信号 $u_c(t)$，进而驱动调节压控振荡器的频偏来跟踪外部参考源信号频率 $\omega_i(t)$。如果外部参考源信号的频率 ω_i 固定不变，则控制信号 $u_c(t)$ 将驱使压控振荡器的频率 $\omega_v(t)$ 向参考频率 ω_i 靠拢，当两者频率相同且相差恒定时，系统环路达到锁定状态。

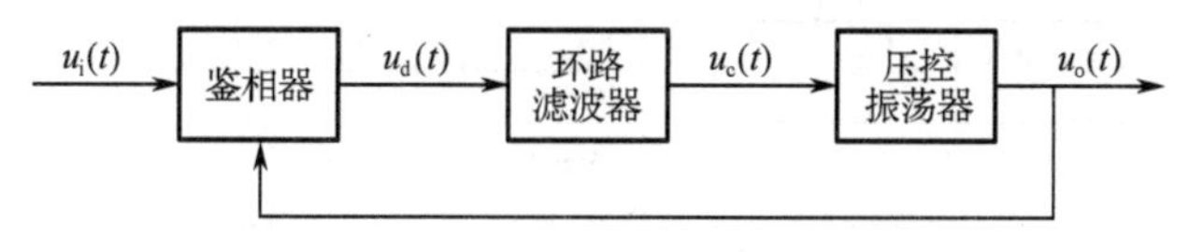

图 5-26　锁相系统的结构

在基于射频锁相环的光纤式微波光电振荡器稳频系统中，光电振荡器整体可被视为压控振荡元件，通过电压控制振荡环路中受控元件（如可调光纤延迟线和微波移相器等），可以锁定输出信号的频率，进而将光纤式微波光电振荡器的长期频率稳定性提升到与参考频率源相同的水平。

环境温度变化会影响光纤物理长度和有效折射率，环路光程的变化会导致光纤式微波光电振荡器的输出信号发生频率漂移。如 5.4.1 节所述，OEwaves 公司通过对光纤式微波光电振荡器中高 Q 值元件（光纤和射频滤波器）进行温度控制，可将振荡器的短期频率稳定性提升至 0.02ppm，并且可以消除滤波通带漂移引起的模式跳变问题。在此基础上，Danny Eliyahu 等人还通过射频锁相环电路将热稳定微波光电振荡器锁定到 100MHz 的外部基准上，锁相环路主要包括分频器、鉴相器、低通滤波器以及频率控制器（通常为压控射频移相器），如图 5-27（a）所示。锁定后光纤式微波光电振荡器的相位噪声与自由运行状态对比结果如图 5-27（b）所示，1.5kHz 频偏内的相位噪声由锁相环路噪声传输函数和外部参考相位噪声共同决定，而 1.5kHz 频偏外相位噪声由自由运行微波光电振荡器决定。因此，基于低相位噪声晶振的锁相环路可以进一步改善光纤式微波光电振荡器的长期频率稳定性，并且在高频偏处仍然保持信号的高频谱纯度。

由于光电振荡环路中频率控制器调谐腔长的范围有限，上述锁相环技术必须建立在较高的短期频率稳定性的基础上，需要精确控制环路中高 Q 值元件的温度，以避免环路腔长产生较大的漂移。为了提高常用频率控制器（即商用压控射频移相器）的腔长调控范围，有效提升光纤式微波光电振荡器在宽温环境下的长期频率稳定性，北京邮电大学射频光子学实验室提出了一种基于变频等效移相范围扩展的光纤式微波光电振荡器。通过分频/倍频变换，在相对较低频段内调控信号相位，能够极大地扩展商用压控移相器的等效移相范围，从而实现光纤式微波光电振荡器腔长的大范围调节，如图 5-28（a）所示。与基于传统锁相环的光纤式微波光电振荡器频率稳定技术相比，该方案的相位补偿范围扩大 3 倍以上，有效扩展了振荡器稳频工作温度范围，最终生成了 10GHz 的高稳定低相位噪声微波信号，在 10kHz 频偏处的相位噪声约为-123dBc/Hz，在平均时间为 1000s 内的频率稳定度由 4.1×10^{-7} 提高至 1.1×10^{-10}，如图 5-28（b）到（d）所示。

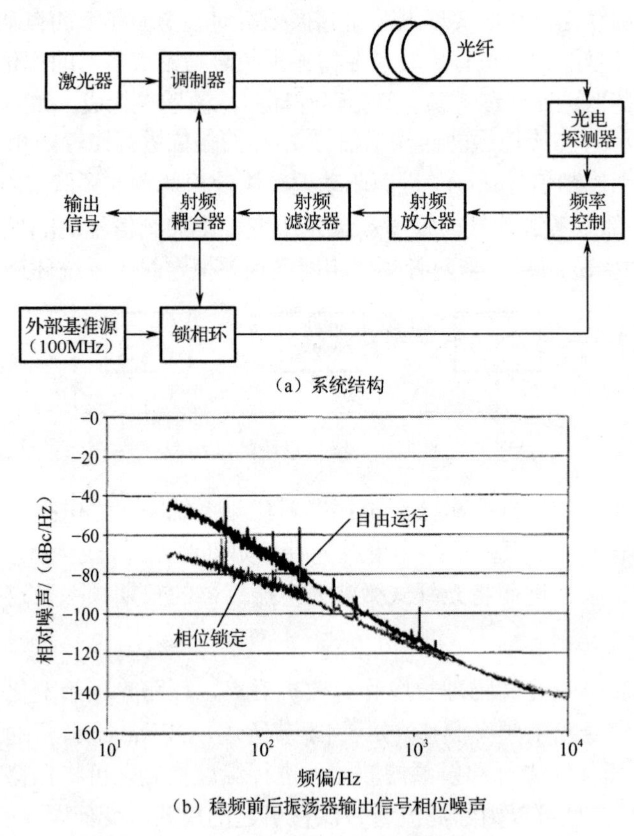

图 5-27　基于射频锁相环的光纤式微波光电振荡器

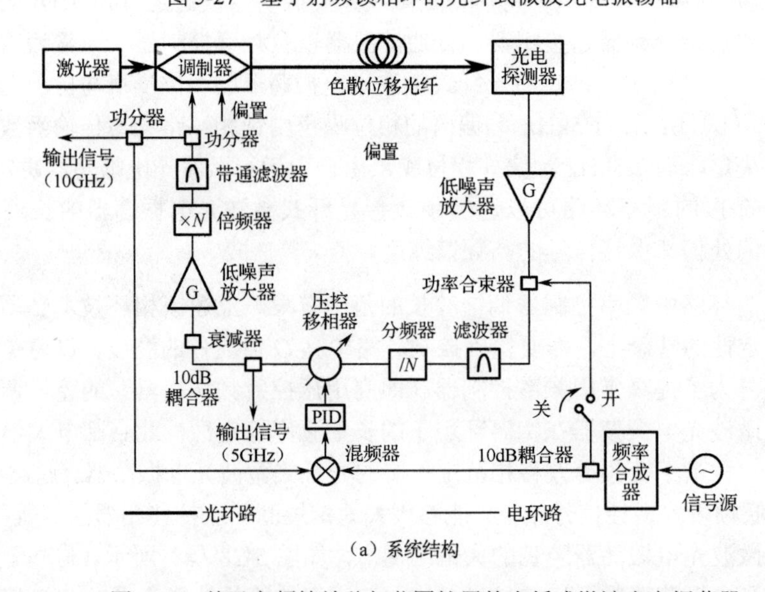

图 5-28　基于变频等效移相范围扩展的光纤式微波光电振荡器

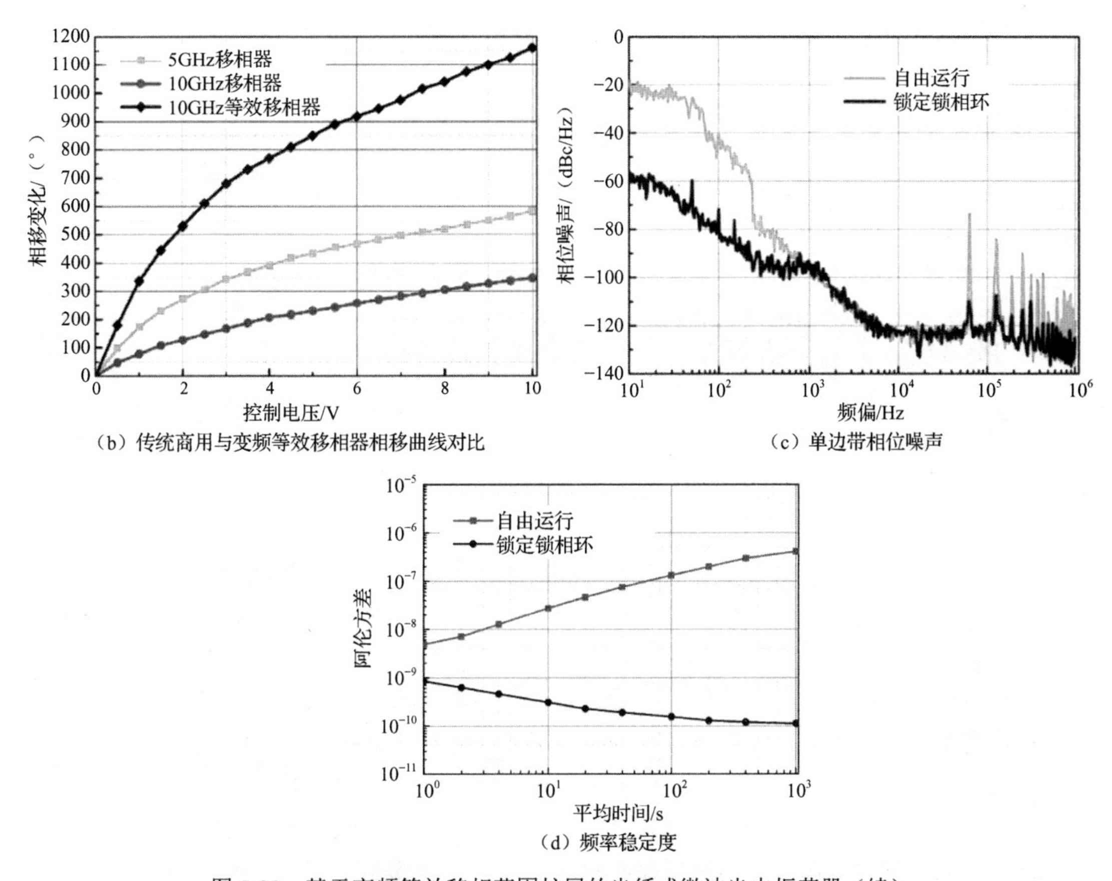

（b）传统商用与变频等效移相器相移曲线对比

（c）单边带相位噪声

（d）频率稳定度

图 5-28　基于变频等效移相范围扩展的光纤式微波光电振荡器（续）

第6章

耦合式微波光电振荡器

正如本书第5章所述，光纤式微波光电振荡器利用光纤储能链路构建的高Q值光电谐振腔，可以产生超低相位噪声的微波信号。然而，长光纤会导致光纤式微波光电振荡器存在模式杂散严重、频率稳定性差和难以小型化封装等问题，而基于光纤环形谐振腔的耦合式微波光电振荡器能够利用较短的光纤实现低相位噪声。本书第2章介绍了光纤环形谐振腔的传输模型和特征参数，并在第4章分析了影响光纤环形谐振腔Q值的因素。在紧凑型耦合式微波光电振荡器中，有源光纤环形谐振腔是实现高Q值光电振荡的关键。本章将从光频梳分频产生微波信号的角度，对耦合式微波光电振荡器的工作原理进行详细阐述，并介绍国内外关于耦合式微波光电振荡器相位噪声优化、超模杂散抑制和振荡频率稳定等方面的相关研究工作。

6.1 光频梳与光分频

20世纪70年代，德国科学家特奥多尔·亨施等人首次提出光学频率梳（简称光频梳）概念。光频梳在频域表现为等间距离散频率点构成的宽带光谱，当各梳齿之间相位互相锁定（即相干）时，光频梳在时域上表现为超短激光脉冲序列，激光脉冲序列与光频梳谱线之间满足傅里叶变换关系。光频梳中各梳齿的频率可以表示为

$$f_N = nf_{\text{rep}} + f_{\text{ceo}} \tag{6-1}$$

式中，f_{rep}为光频梳的重复频率，与激光脉冲周期T的关系是$f_{\text{rep}}=1/T$；f_{ceo}为载波包络频偏，由激光脉冲的相速度与包络群速度不匹配造成；n为正整数，通常在10^4～10^6量级，表示某一梳齿相对于重复频率f_{rep}的阶数。重复频率f_{rep}和载波包络频偏f_{ceo}是光频梳最重要的两个参数，如果精确锁定这两个频率参量，那么光频梳便可成为一把具有极高精度的光频率标尺。

近年来，相干光频梳在微波光子学领域的应用研究受到了越来越多的关注，其中最典

型的应用是低相位噪声的微波信号产生技术。光频梳分频产生的微波信号能够直接继承超稳激光器的高稳定性，并且基于相位噪声分频优化原理实现极低的相位噪声（甚至优于低温蓝宝石振荡器的噪声水平），本书 8.2 节将对此进行详细介绍。

利用光频梳分频技术产生低相位噪声微波信号的过程主要包括相干光频梳的高品质产生、探测拍频与滤波选模，如图 6-1 所示，通过高线性光电探测器直接探测解调相干光频梳，可得到频率等于 f_{rep} 及其谐波频率的拍频信号，利用中心频率为目标频率的微波带通滤波器滤出所需的谐波信号，即可得到低相位噪声的微波信号。在数学模型上，光频梳信号通常可以表示为

$$E(t)=\sum_{n=0}^{N}E_n\cos[2\pi(f_{\text{ceo}}+nf_{\text{rep}})t+\phi_n] \tag{6-2}$$

式中，E_n 和 ϕ_n 分别表示不同梳齿的振幅和初始相位。当光频梳具有高度相干性时，各梳齿初始相位 ϕ_n 互相锁定。此时，将相干光频梳馈入光电探测器，各梳齿间相干拍频产生的光电流可以表示为

$$\begin{aligned}I&=RE^2(t)\\&=R\left\{\sum_{n=0}^{N}E_n\cos[2\pi(f_{\text{ceo}}+nf_{\text{rep}})t]\right\}^2\\&=R\sum_{n=0}^{N}{E_n}^2\cos^2[2\pi(f_{\text{ceo}}+nf_{\text{rep}})t]+\\&\quad R\sum_{m<n}E_mE_n\{\cos[2\pi(2f_{\text{ceo}}+(n+m)f_{\text{rep}})t]+\cos[2\pi(n-m)f_{\text{rep}}t]\}\end{aligned} \tag{6-3}$$

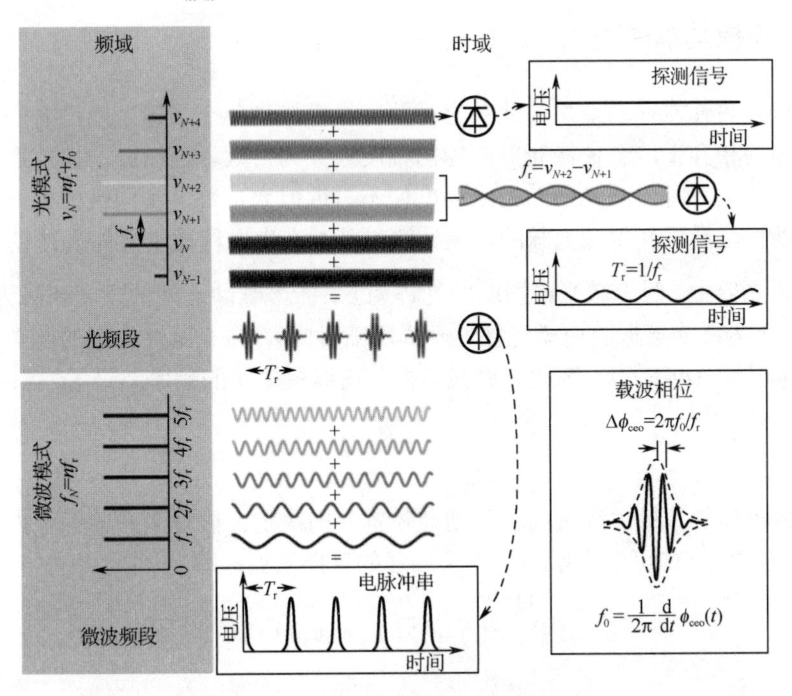

图 6-1　利用光频梳分频技术产生低相位噪声微波信号的过程

式中，R 为光电探测器的响应度，m、n 为整数，且 $m<n$。由式（6-3）可知，经过多梳齿相干拍频后，光电流中包含频率分量为 $(n-m)f_{\text{rep}}$ 的微波信号，通过带通滤波器可以选择输出目标频率信号。

在利用光频梳分频技术产生微波信号时，微波信号的相位噪声相对于光频梳梳齿的频率噪声会大幅降低，优化程度取决于激光频率与微波频率之间的比值。例如，将 200THz 激光频率分频至 10GHz 微波频率，分频因子为 2.0×10^4，根据相位噪声分频优化理论值计算，相位噪声能够降低约 86dB（$20\lg N$，N 为分频因子）。

由上述分析可知，利用光频梳分频技术产生的微波信号的相位噪声主要取决于光频梳梳齿的频率噪声，因此，具有高频谱纯度和高频率稳定度的相干光频梳是产生高品质微波信号的关键。

6.2 相干光频梳的产生

光频梳可以通过级联电光调制、微腔克尔效应、高非线性光纤和锁模激光器等方式产生。目前，锁模激光器是研究与应用最为广泛的光频梳产生方式，该技术能够直接产生超窄激光脉冲和相干光频梳，并且具有较宽的频谱范围。因此，本节将首先介绍锁模的基本原理，然后介绍被动锁模和主动锁模的实现方式，并总结各自的优缺点，最后由主动锁模技术中的自再生锁模方式引出本书所关注的紧凑型耦合式微波光电振荡器。

6.2.1 锁模基本原理

激光谐振腔内通常存在众多彼此独立振荡的纵模，当各个纵模之间没有固定的相位关系时，多纵模的相互干涉会使激光器的输出幅度近似为常数。当激光谐振腔内各个纵模之间具有特定相位关系时，激光器的输出幅度便不再近似为常数，不同纵模之间的干涉效应会呈现出周期性，最终产生激光脉冲。上述激光脉冲产生过程通常被称为锁模。

在锁模激光器中，假设激光谐振腔的光程为 L，激光脉冲之间的时间间隔为 $\tau=L/c$（其中 c 为光速，τ 为激光谐振腔内激光往返一周所需时间），激光脉冲周期的倒数为各纵模之间的频率间隔（即 $\Delta\upsilon=1/\tau$）。因此，激光谐振腔内纵模之间的频率间隔 $\Delta\upsilon$ 可以表示为

$$\Delta\upsilon=\frac{c}{L} \tag{6-4}$$

激光谐振腔内纵模的数量由纵模间隔和增益带宽共同决定。假设激光谐振腔内纵模的数量为 $2N+1$，激光光强 $E(t)$可以表示为各纵模场强的直接累加，即

$$E(t)=\sum_{k=-N}^{N}E_k\cos(\omega_k t+\phi_k) \tag{6-5}$$

式中，$k=0,\pm1,\cdots,\pm N$，表示腔内纵模序数；E_k、ω_k 和 ϕ_k 分别表示第 k 个纵模的光强、角

频率和初始相位。当相邻纵模间相位差保持恒定时（即 $\phi_{k+1}-\phi_k=K$，其中 K 为常数），此时各纵模处于锁模状态，激光器可输出具有窄脉宽和高峰值功率的激光脉冲序列。假设激光谐振腔内各纵模幅度均为 E_0，纵模数量为 $2N+1$，相邻纵模角频率间隔和初始相位差分别为 $\Delta\omega$ 和 $\Delta\phi$，中心纵模的角频率和初始相位分别为 ω_0 和 ϕ_0，则此时第 k 个纵模的场强可以表示为

$$E_k(t)=E_0\cos(\omega_k t+\phi_k)=E_0\cos[(\omega_0+k\Delta\omega)t+\phi_0+k\Delta\phi] \tag{6-6}$$

当相邻纵模间的相位差 $\Delta\phi$ 固定时，各纵模可处于锁模状态，输出总场强为 $2N+1$ 个纵模相干叠加的结果，即

$$\begin{aligned}E(t)&=\sum_{k=-N}^{N}E_0\exp\{\mathrm{i}[(\omega_0+k\Delta\omega)t+\phi_0+k\Delta\phi]\}\\&=E_0\exp[\mathrm{i}(\omega_0 t+\phi_0)]\sum_{k=-N}^{N}\exp[\mathrm{i}k(\Delta\omega t+\Delta\phi)]\\&=E_0\frac{\sin\left[(2N+1)(\Delta\omega t+\Delta\phi)/2\right]}{\sin\left[\mathrm{i}(\Delta\omega t+\Delta\phi)/2\right]}\exp[\mathrm{i}(\omega_0 t+\phi_0)]\\&=A(t)\exp[\mathrm{i}(\omega_0 t+\phi_0)]\end{aligned} \tag{6-7}$$

由式（6-7）可以看出，锁模激光器输出总场强为 $E(t)$ 的周期性调幅波，幅度调制函数为 $A(t)$。由于输出光强 $I(t)$ 与 $A^2(t)$ 呈正相关，所以输出光强 $I(t)$ 包含 $2N+1$ 个不同离散频率分量，即锁模激光器的输出是具有 $2N+1$ 个梳齿的相干光频梳。

通常，锁模激光器主要由谐振腔、泵浦激光器、增益光纤以及锁模元件等组成，其中锁模元件使不同纵模之间实现相位锁定。根据是否需要外部注入信号，锁模技术可以分为被动锁模技术和主动锁模技术，这两种技术分别通过在激光谐振腔内插入可饱和吸收元件和主动调制器件来实现锁模。下面将分别对被动锁模技术和主动锁模技术进行详细介绍。

6.2.2 被动锁模技术

被动锁模技术主要是通过腔内可饱和吸收元件实现锁模的，可饱和吸收元件可以分为自然可饱和吸收体（如石墨烯和碳纳米管等）和等效可饱和吸收体（如非线性环形镜和非线性偏振旋转等）。本节将重点介绍三种常见的被动锁模方法，即可饱和吸收元件、非线性环形镜和非线性偏振旋转技术。

可饱和吸收元件的锁模原理特点如图 6-2 所示，其透射率随着入射光功率增强而增大。当激光脉冲通过可饱和吸收元件时，幅度较大的脉冲中心部分透射率高，而靠近脉冲边沿的、幅度较弱部分的透射率较低。因此，脉冲边沿损耗大于中心部分，通过可饱和吸收元件后，脉冲宽度被窄化，在激光谐振腔内多次循环后即可实现锁模输出。

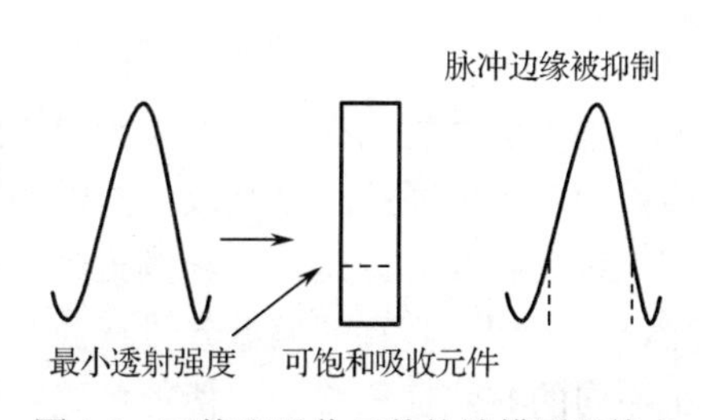

图 6-2　可饱和吸收元件的锁模原理特点

自然可饱和吸收体是结构最简单的一种被动锁模元件，图 6-3 为典型的基于半导体可饱和吸收镜（Semiconductor Saturable Absorption Mirror，SESAM）的被动锁模光纤激光器结构。SESAM 在可饱和吸收材料中嵌入布拉格光栅反射镜，可以有效克服半导体可饱和吸收材料损伤阈值低、相对饱和幅度低和光损耗大等缺点。SESAM 既可以充当可饱和吸收材料对脉冲进行调制，还可以作为光谐振腔的端面反射镜，极大降低了系统结构的复杂性，具有广泛的商业应用前景。但 SESAM 也存在工艺复杂、成本高和工作带宽窄等缺陷。

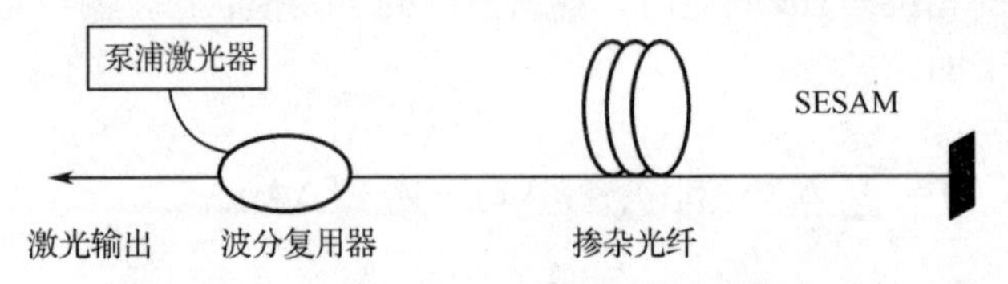

图 6-3　基于 SESAM 的被动锁模光纤激光器结构

基于非线性环形镜的被动锁模激光器主要包括非线性光纤环形镜和非线性放大环形镜两种。其中，基于非线性放大环形镜的被动锁模激光器结构如图 6-4 所示，由 50%分光器分隔成左右两个环形谐振腔，俗称“8”字腔激光器。左侧环形谐振腔为次环路，主要包含光隔离器和 2 : 8 的分光器，20%单向传输光输出腔外。右侧环形谐振腔为主环路，在光纤自相位调制作用下，两束相向传输光由于增益光纤位置不对称获得了不同非线性相移量，最终两束光在中间 5 : 5 耦合器处相遇干涉，不同非线性相移量导致不同的透射率。当光强足够大且累积相移差等于 π 时，脉冲中心处透射率为 1，其他相移量处透射率小于 1。该锁模原理等效于自然可饱和吸收体，脉冲中心处的透射率高，能量不断积累，脉冲两翼部分的透射率低，能量不断被抑制，经过若干次循环之后可得到稳定的锁模输出。基于非线性环形镜的被动锁模光纤激光器具有成本低、稳定性高和全光纤结构等优点，但也存在难以自启动和重复频率较低等不足。

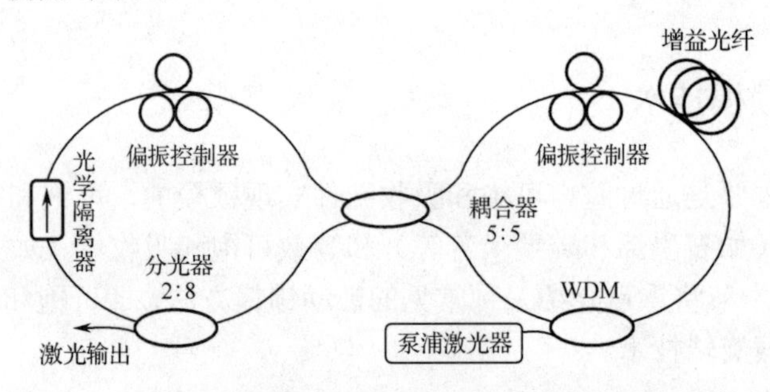

图 6-4　基于非线性放大环形镜的被动锁模激光器结构

基于非线性偏振旋转的被动锁模激光器结构如图 6-5 所示，主要由一个偏振相关光隔离器和两个偏振控制器组成，其中偏振控制器 1 和偏振控制器 2 分别将激光脉冲转变为椭圆偏振光和线偏振光。椭圆偏振光可以等效为两束不同幅度的左旋圆偏振光和右旋圆偏振光，由于相互垂直的偏振分量在激光谐振腔内受到自相位调制和交叉相位调制作用，获得了不同的非线性相移量，使得激光脉冲的偏振态发生旋转。当两束光再次相遇后，合成光偏振光相较于初始偏振光发生了改变。由于非线性相移的大小与光强有关，通过调节偏振控制器 2 可使得脉冲中心处的高幅度部分顺利透过偏振相关隔离器，同时阻挡脉冲两翼处的低幅度部分，形成了等效可饱和吸收体。激光谐振腔内的激光脉冲经过多次循环后被不断被窄化，最终形成稳定的锁模输出。基于非线性偏振旋转的被动锁模技术具有结构简单、便于调节和易于自启动等优点，但也存在偏振敏感、易受环境因素影响等缺点。

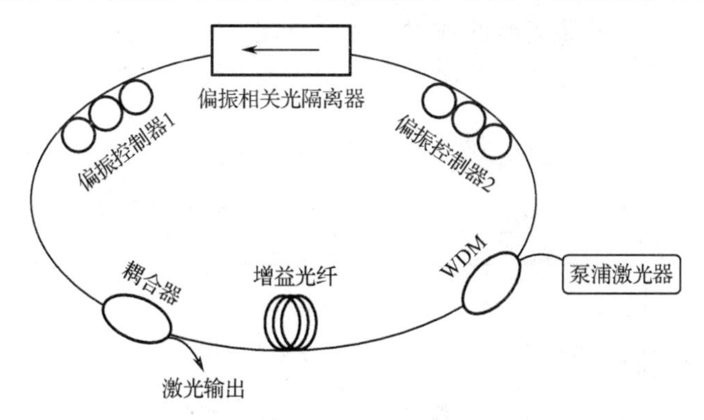

图 6-5　基于非线性偏振旋转的被动锁模激光器结构

总之，被动锁模过程无须外加调制信号，具有体积小、结构简单、输出的激光脉冲窄与能量高等特点，可以广泛应用于医学、工业制造、光谱学和激光雷达等领域。然而，被动锁模技术的锁模成功率仅为 60%～70%，稳定性较差，脉冲周期取决于光纤环形谐振腔的长度，因此，被动锁模激光器的重频通常较低（通过在 1GHz 以下）且不易调整控制，严重限制了被动锁模激光器直接产生高频、低相位噪声的微波信号的能力。

6.2.3　主动锁模技术

主动锁模是指在激光谐振腔内插入主动调制器件（如有源调制锁模器件），对激光谐振腔内的光场进行周期性的幅度调制或相位调制。当调制频率与激光器纵模间隔相等或者是纵模间隔的整数倍时，即可获得锁模输出。最常用的是基于电光调制器的主动锁模光纤激光器，其结构如图 6-6 所示，主要包括偏振控制器、微波信号源、电光调制器、光放大器和光滤波器等。激光谐振腔内的主动锁模方式可以分为幅度调制和相位调制，电光调制器作为锁模元件在外部微波信号源的驱动下产生周期性的幅度变化或者相位变化，并与腔内循环脉冲相互作用产生锁模激光脉冲序列，脉冲重复频率取决于激光谐振腔长并与外部调制频率相等。若没有外部微波信号注入，光纤激光器将自由运行，并且输出纵模的幅度和相位随机变化。

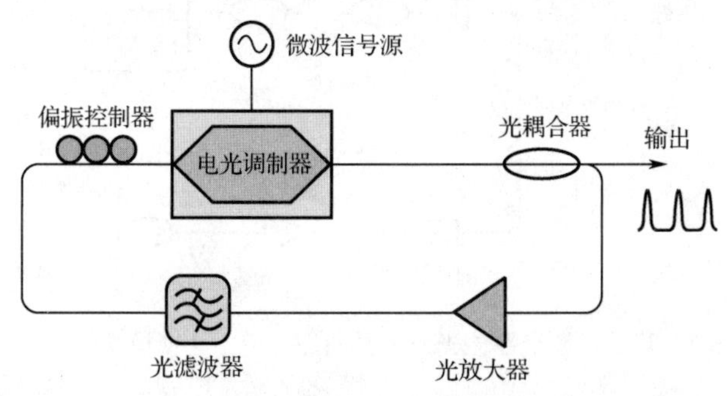

图 6-6　基于电光调制器的主动锁模光纤激光器结构

针对有源调制锁模器件，研究人员还研制出基于半导体激光器（F-P 激光器）的主动锁模光纤激光器，其结构如图 6-7 所示，它利用工作在阈值以下的 F-P 激光器替代电光调制器作为锁模激光器的主动调制锁模元件，并通过光环形器嵌入光纤环形谐振腔内。在外部射频信号的驱动下，F-P 激光器的载流子密度将发生周期性的变化，进而通过调制 F-P 激光器折射率对光纤环形谐振腔内的振荡光场起到幅度调制作用，最终实现各个纵模间相互锁定。

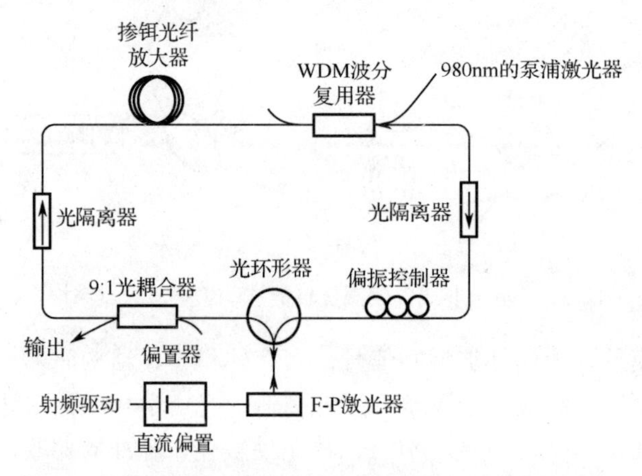

图 6-7 基于半导体激光器的主动锁模光纤激光器结构

除了有源调制锁模方式，主动锁模还可以通过外部脉冲注入方式实现，称为注入型主动锁模光纤激光器，主要包含以下两种类型：一种是利用行波半导体光放大器作为光纤环形谐振腔的增益介质和调制器件，结构如图 6-8 所示，由腔外增益开关半导体激光器向腔内注入锁模激光脉冲，使半导体光放大器的增益被调制，通过交叉增益饱和效应锁定腔内的各个纵模，从而产生锁模激光脉冲序列；另一种是利用腔内一段单模光纤作为相位调制器，利用光纤交叉相位调制效应实现主动锁模，其结构如图 6-9 所示，外部注入激光脉冲序列与光纤环形谐振腔内激光脉冲相互作用，通过交叉相位调制效应对腔内的激光脉冲产生周期性相位调制，进而实现光纤激光器主动锁模效果。

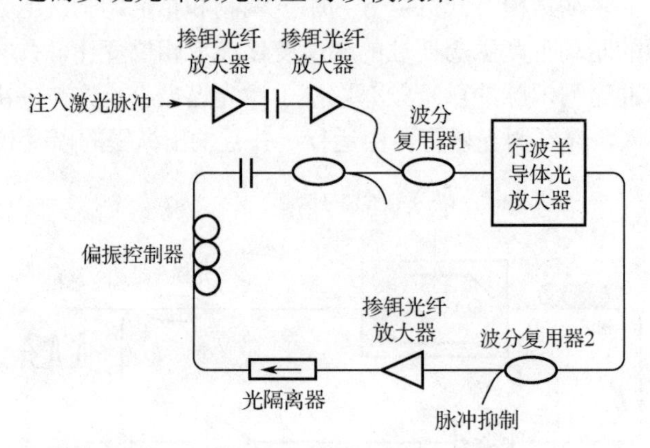

图 6-8 基于行波半导体光放大器的注入型主动锁模光纤激光器

主动锁模光纤激光器具有波长可调谐、重复频率高和脉冲啁啾小等优点。然而，光纤环形谐振腔的腔长与外部调制频率同步是保证主动锁模光纤激光器长时间稳定工作的前提，主动锁模光纤激光器的腔长通常较长，容易受到外界环境变化和腔内偏振起伏等因素影响。当主动锁模光纤激光器长时间工作时，腔长的长度漂移将导致输出的锁模激光脉冲序列的幅度不稳定，严重时会造成光纤激光器噪声恶化甚至模式失锁。

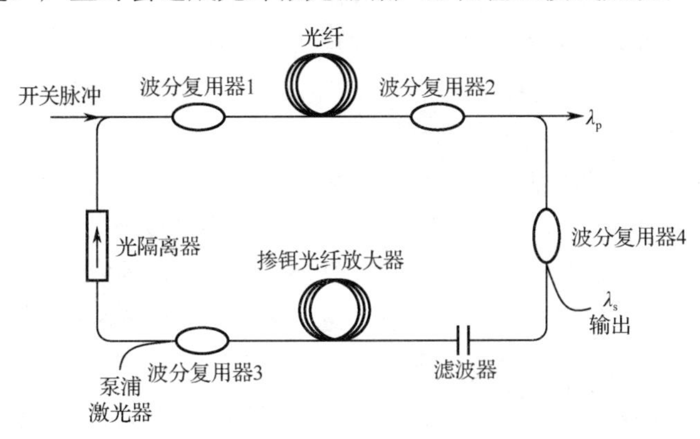

图 6-9　基于光纤交叉相位调制效应的注入型主动锁模光纤激光器

自再生主动锁模以主动锁模为基础，电光调制器上加载的射频信号不再由外部微波源注入，而是由激光脉冲拍频信号经过放大滤波处理后提供，光纤环形谐振腔与射频反馈环路相互耦合，实现注入牵引和互相锁定。由于自再生锁模技术通过射频反馈环路直接从输出的激光脉冲中提取出合适的频率分量作为电光调制器的调制锁模信号，即使激光器初始无法输出锁模激光脉冲，但是仍然包含对应纵模间隔或其整数倍的频谱分量，最终通过谐波锁模产生高重频激光脉冲序列。自再生调制锁模信号的频率和相位可以始终与光纤环形谐振腔纵模精确匹配，因此无须外部驱动射频信号与光纤环形谐振腔的腔长精确对准，两个环路会自动相互锁定，最终生成稳定的激光脉冲序列。自再生主动锁模光纤激光器不仅可以产生高品质的激光脉冲，通过提高光纤环形谐振腔的 Q 值还能输出低相位噪声的微波信号，这也是紧凑型耦合式微波光电振荡器的核心思想。

6.3　耦合式微波光电振荡器的发展历程

紧凑型耦合式微波光电振荡器在本质上是一种自再生主动谐波锁模光纤激光器，需要构建百米级锁模光纤环形谐振腔作为谐振储能元件。本节首先介绍耦合式微波光电振荡器的早期架构及其发展优化历程，随后基于环路的系统响应模型阐述耦合式微波光电振荡器中主动锁模光纤环形谐振腔的 Q 值增强理论。

6.3.1　早期雏形与结构优化

1997 年，美国喷气推进实验室的 Steve Yao 最早提出了耦合式微波光电振荡器的概念，主要包括基于半导体光放大器的光纤环形谐振腔和射频反馈环路，结构如图 6-10（a）所示。

半导体光放大器同时作为电光调制器和光放大器，通过增益调制锁定激光谐振腔内各纵模间的相位差，光耦合器用于输出激光脉冲，光纤环形谐振腔输出的激光脉冲经过一段光纤延迟线后馈入光电探测器，拍频信号通过射频放大、移相和带通滤波后功分为两路，其中一路射频信号直接输出，另一路反馈至半导体光放大器的射频调制端口形成闭环。

在耦合式微波光电振荡器的研究初期，其核心思想是模式对准理论，即光纤环形谐振腔与射频反馈环路模式对准。光纤环形激光器内自由运行着许多纵模，并且模式频率间隔 $\Delta\nu$ 由环形谐振腔的腔长决定。由于射频反馈环路包含一段长度大于光纤环形谐振腔腔长的光纤，由射频反馈环路与光纤环形谐振腔共同构成的光电混合环路具有远小于光纤环形谐振腔的模式频率间隔，如图 6-10（b）和（d）所示。假设射频带通滤波器的中心频率等于光纤环形谐振腔谐振频率的整数倍（如 $3\Delta\nu$），并且射频带通滤波器的通带带宽小于光纤环形激光器拍频信号的频率间隔，如图 6-10（c）所示。射频带通滤波器通带内的多组光电混合环路支持的模式处于竞争状态，其中最接近光纤环形激光器拍频频率的模式可以得到更多的能量，从而获得竞争优势并实现稳定起振，如图 6-10（d）所示。该模式馈入半导体光放大器中进行增益调制和模式锁定，此时光纤环形谐振腔内的锁定模式频率间隔等于自由运行纵模间隔的整数倍（即谐波锁模），如图 6-10（e）所示。光纤环形谐振腔的振荡模式经光电探测器拍频并通过射频反馈环路放大滤波后，最终输出所需的射频信号，如图 6-10（f）所示。

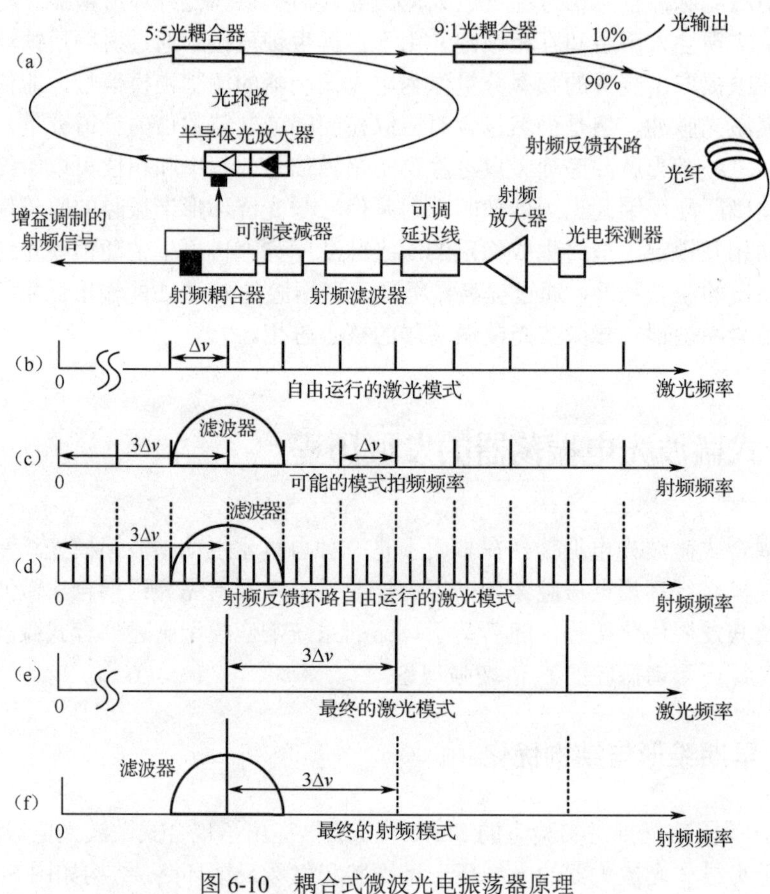

图 6-10 耦合式微波光电振荡器原理

为了提升耦合式微波光电振荡器的相位噪声并减小振荡器尺寸，Steve Yao 对上述耦合式微波光电振荡器初始架构进行了后续优化探索。半导体光放大器作为早期光纤环形谐振腔的锁模元件，能够产生频率为 800MHz 的高频谱纯度射频信号和脉宽为 50ps 的激光脉冲。由于半导体光放大器的响应速率较慢，射频振荡频率被限制在 1GHz 以下。1998 年，Steve Yao 在光纤环形谐振腔内采用铌酸锂马赫-曾德尔调制器作为调制锁模元件，而半导体光放大器仅作为光放大元件，成功产生了 10GHz 的低相位噪声的微波信号和脉宽为 17ps 的激光脉冲序列，系统结构如图 6-11 所示。同年，Steve Yao 还提出了基于 F-P 激光器和电吸收调制器的小型耦合式微波光电振荡器方案，如图 6-12 所示。电吸收调制器与 F-P 激光器集成在 3mm 的芯片上，极大缩小了系统尺寸。由于电吸收调制器的调制速率高，并且可以降低激光脉冲啁啾，最终产生了 13.6GHz 的微波信号。

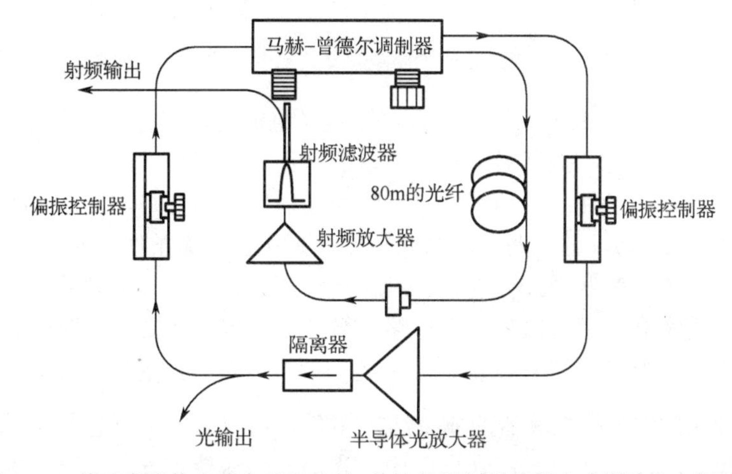

图 6-11　基于半导体光放大器和马赫-曾德尔调制器的耦合式微波光电振荡器

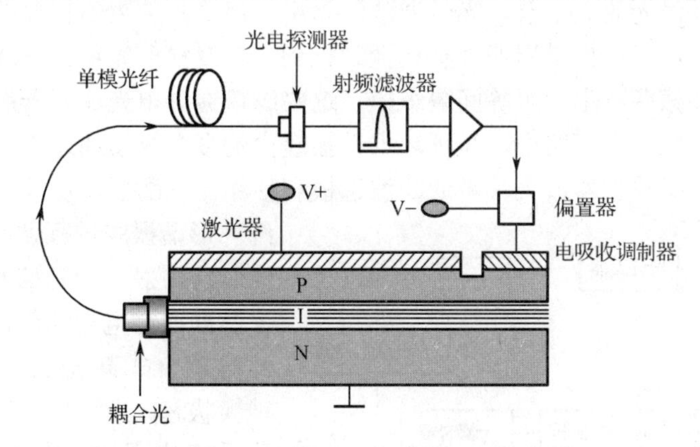

图 6-12　基于 F-P 激光器和电吸收调制器的耦合式微波光电振荡器

此外，Steve Yao 还探索性地提出了基于碰撞脉冲锁模激光器的耦合式微波光电振荡器方案，如图 6-13 所示。碰撞脉冲锁模是无源锁模染料激光器中最有效的超短激光脉冲产生技术，碰撞脉冲锁模激光器可以极大降低激光脉冲的相位噪声和频率抖动。该方案中激光环路芯片的尺寸仅为 4.6mm，最终产生了 6ps 的激光脉冲和 18GHz 的微波信号，并且单边带相位噪声为−86dBc/Hz@10kHz 和−104dBc/Hz@100kHz。

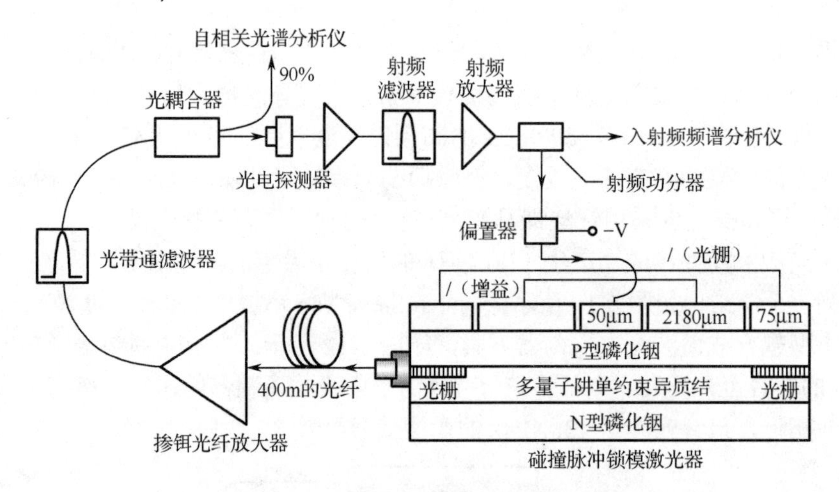

图 6-13 基于碰撞脉冲锁模激光器的耦合式微波光电振荡器

Steve Yao 基于模式对准理论提出耦合式微波光电振荡器概念和方案之后，各国研究人员和机构对耦合式微波光电振荡器进行了大量的理论研究和技术改进，完善了耦合式微波光电振荡器的稳定振荡条件：主动锁模光纤环路与射频反馈环路均需满足振荡器起振增益条件（即环路增益 G>1），并且两个环路间需要满足相位匹配条件（即环路长度匹配）。早期的耦合式微波光电振荡器通过分别独立设计光纤环形谐振腔与射频反馈环路的长度实现相位匹配，现在通常利用调节射频反馈环路中微波移相器来实现相位匹配。此外，为了进一步提高锁模光纤环形谐振腔的 Q 值，腔内还需要嵌入百米级的储能光纤。

目前，耦合式微波光电振荡器的典型结构如图 6-14 所示，同样包括主动锁模光纤环形谐振腔和射频反馈环路。在光纤激光环路中，光隔离器保持光纤环形谐振腔内信号的单向传输，光放大器提供光放大增益，光带通滤波器用于滤除光放大器自发的辐射噪声，电光调制器作为主动锁模元件提供周期性损耗调制机制。自发辐射光在光纤环形谐振腔内经过储能光纤多次循环振荡产生多组等间隔纵模，这些纵模通过电光调制器后相干叠加形成锁模激光脉冲。在射频反馈环路中，光纤环形谐振腔内的多个纵模通过光电探测器产生拍频信号，并经射频低噪放大器放大、带通滤波选模和移相器匹配后，反馈至电光调制器对光纤环形谐振腔进行调制锁模。当腔内激光脉冲与射频调制信号相位匹配时，激光脉冲通过电光调制器时透射率最大，此时耦合式微波光电振荡器处于最佳锁模状态。光纤环形谐振腔内激光脉冲重频变化同样会使射频反馈环路中拍频信号发生频偏，光纤环路模式频率间隔与射频环路驱动频率具有自动匹配锁模效果，最终两路相互锁定后直接生成低相位噪声的微波信号。

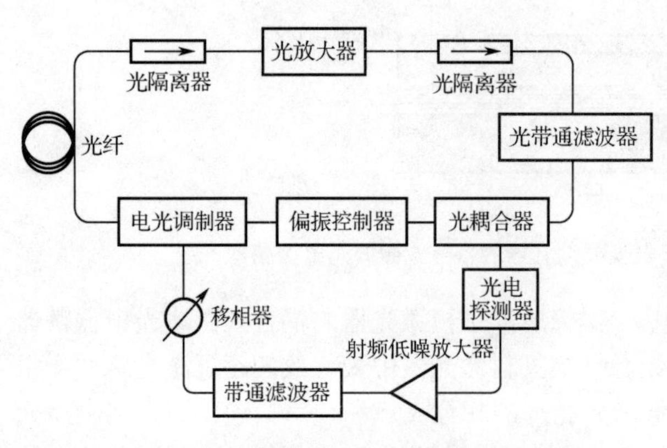

图 6-14 耦合式微波光电振荡器的典型结构

6.3.2 光纤环形谐振腔的 Q 值增强

在耦合式微波光电振荡器中，主动锁模光纤环形谐振腔内的光放大器提供腔内再生增益，长光纤提高腔内光子储能时间，最终实现光电谐振腔的高 Q 值特性。主动锁模光纤环形谐振腔可以看作有源高 Q 值光电混合滤波器，为了进一步了解耦合式微波光电振荡器的系统性能，可以通过小信号线性化的环路系统响应模型来描述主动锁模光纤环形谐振腔，该模型可以表征电光调制器输入端口与光电探测器输出端口之间的小信号射频传输响应。

耦合式微波光电振荡器的射频开环简化模型如图 6-15 所示，该模型可以等效为射频开环的光电环路滤波器，关键参数包括：光纤环形谐振腔内信号的时延 τ_L（$\tau_L=nL/c$，n 和 L 分别为光纤环形谐振腔有效折射率与物理长度，c 为真空中光速）；开放射频环路输入/输出之间的物理总时延 τ_{lo}。光纤环形谐振腔可以看作洛仑兹型周期性带通滤波器，其等效滤波函数可以表示为

$$S_{21}(\omega)=\frac{\mathrm{e}^{-\mathrm{i}\omega\tau_{lo}}}{1-Q_{\mathrm{e}}(\mathrm{e}^{-\mathrm{i}\omega\tau_{lo}}-1)} \tag{6-8}$$

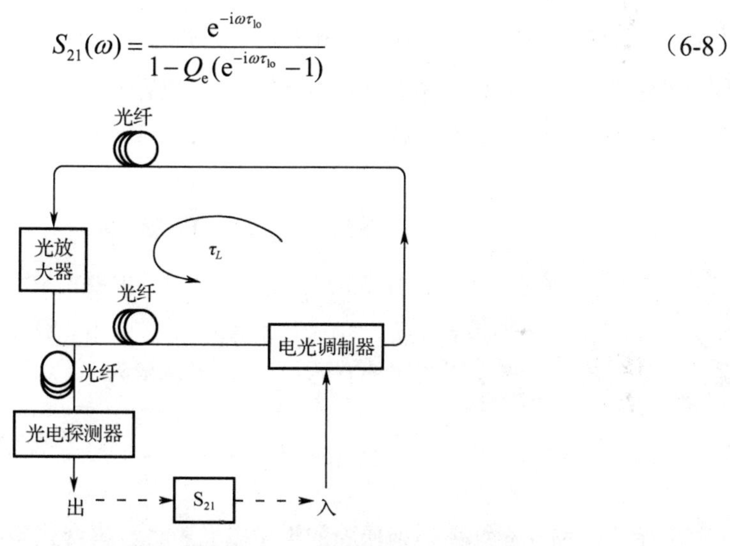

图 6-15 耦合式微波光电振荡器的射频开环简化模型

式中，$\omega=2\pi f$ 为射频信号角频率；Q_{e} 为锁模光纤环形谐振腔的 Q 值增强因子，由腔内光功率、环路增益损耗、调制深度、色散、非线性和偏振等因素共同决定。光纤环形谐振腔的系统响应可以借助矢量网络分析仪进行测量，图 6-16 为基于 100m 光纤的耦合式微波光电振荡器开放射频环路的 S_{21} 幅度调制响应和相位调制响应测量结果。由测量结果可知，该耦合式微波光电振荡器的环形谐振腔的纵模频率间隔（即自由光谱范围 FSR）为 $1/\tau_L$=2MHz，与主动锁模光纤环形谐振腔内 100m 光纤长度相吻合。当仿真模型中 Q 值增强因子 Q_{e} 值设置为 20 时，仿真数据与实验结果拟合一致，表明该系统 Q 值增强因子为 20。

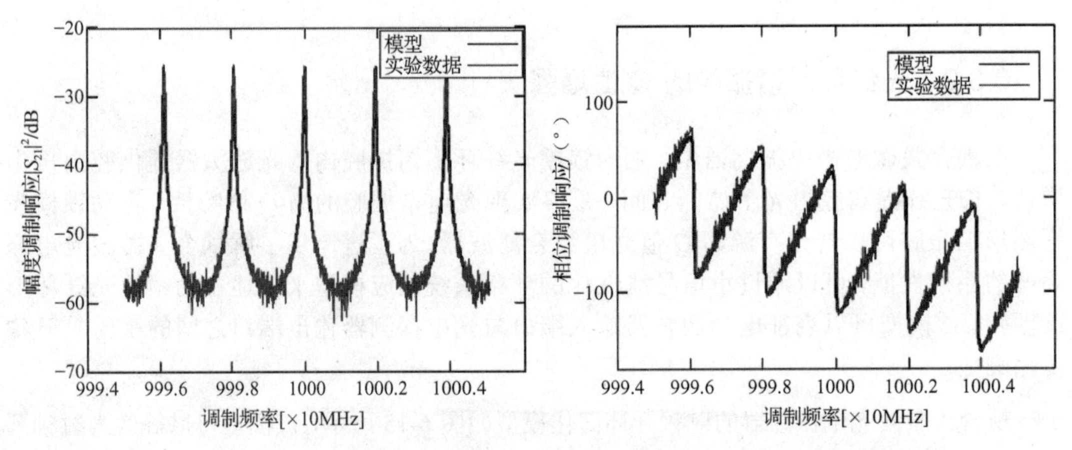

图 6-16 基于 100m 光纤的耦合式微波光电振荡器开放射频环路的 S_{21} 幅度调制响应和相位调制响应测量结果

耦合式微波光电振荡器的 Q 值增强因子可以定义为有源 Q_a 值（即光纤环形谐振腔内光放大器工作时产生再生增益）与无源 Q_p 值（即光纤环形谐振腔内光放大器不工作）之间的比值。无源 Q_p 值主要由光纤环形谐振腔的时延决定，当光纤环形谐振腔内光放大器工作时，有源再生增益补偿了光纤环形谐振腔损耗，有效提高了光信号在光纤环形谐振腔内的光子寿命。Q 值增强因子通常可以表示为

$$Q_e = \frac{\Omega_f^2 \tau^2}{1+q^2} \tag{6-9}$$

式中，Ω_f 为有源光纤环形谐振腔的有效增益带宽，主要由放大器增益和光域滤波带宽共同决定；τ 和 q 分别为激光脉冲时域宽度和啁啾系数，由光纤环路色散和非线性共同决定。最终，耦合式微波光电振荡器的有源 Q_a 值可以表示为

$$Q_a = \omega\tau_{lo} Q_e = \omega\tau_{lo} \frac{\Omega_f^2 \tau^2}{1+q^2} \tag{6-10}$$

由于主动锁模光纤环形谐振腔的再生增益特性，耦合式微波光电振荡器的 Q 值得到极大提高，仅用百米储能光纤就可以实现极高的 Q 值（可达 10^6），可与采用数千米光纤的光纤式微波光电振荡器的相位噪声相媲美。

2005 年，OEwaves 公司基于上述理论构建了商用耦合式微波光电振荡器结构，如图 6-17（a）所示。光纤环形谐振腔内采用 330m 光纤，产生了 10GHz 的低相位噪声微波信号，在 10kHz 和 10MHz 频偏处相位噪声分别低至−140dBc/Hz 和−178dBc/Hz。光纤式微波光电振荡器也可以实现类似的低相位噪声，但需要采用长度约为 5km 的光纤，因此该耦合式微波光电振荡器的 Q 值增强因子约为 15。此外，得益于较短光纤长度，耦合式微波光电振荡器的纵模频率间隔较大，在较高的频偏（约 650kHz 及其谐波）处才会出现低峰值杂散分量。

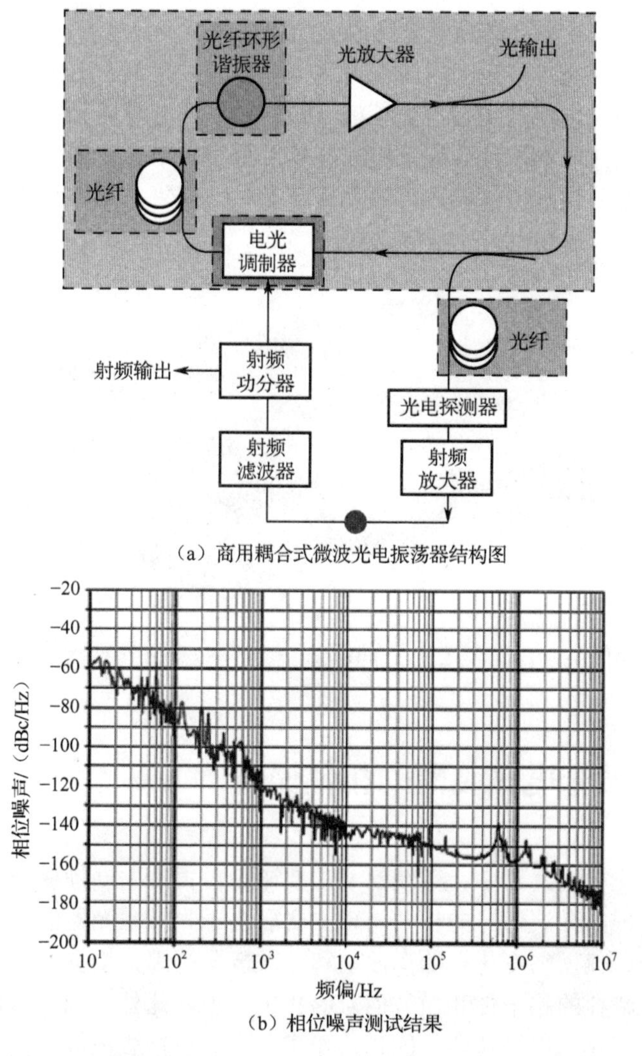

图 6-17 商用耦合式微波光电振荡器结构和相位噪声测试结果

2008 年，OEwaves 公司与雷神公司签订合同，开发出了一款尺寸、质量、功耗和成本方面均具优势的高性能微波光电振荡器，能够提供低相位噪声的微波信号输出，并且对加速度以及振动敏感度较低，适用于部署在各种地面、舰船和空中移动平台上，如图 6-18 所示。OEwaves 公司提供的高频谱纯度微波光电振荡器能够提升当前及未来雷达收发系统的性能，适用于雷神公司的航空航天系统、综合防御系统和导弹系统业务需求，并且能够应用于精密气象雷达、卫星通信、科学仪器及测试设备等领域。

耦合式微波光电振荡器作为一种新型信号发生器，可以同时产生高频、低相位噪声的微波信号，高重频低抖动激光脉冲，以及作为相干多波长光源，在电子信息系统中具有广阔的应用前景。首先，耦合式微波光电振荡器的输出信号具有高频谱纯度和低相位噪声，可以广泛应用于航空航天、军用雷达、卫星通信、情报侦察和精密测量等领域。其次，耦合式微波光电振荡器能够生成高重频、低抖动的激光脉冲，为高速信号处理提供非常精确的同步时钟信号，可进一步提高高速光纤通信的通信带宽和超快模/数转换的采样速率，在片上高速互联时钟、同步数字光网络和高速采样脉冲等领域具有重要应用价值。最后，耦合式微波光电振荡器还可以产生相干光频梳，为超密集波分复用光通信系统提供多波长本振光源，能够以更低的成本取代传统密集波分复用系统中半导体激光器阵列和相关稳频电路；此外，耦合式微波光电振荡器还可以实现全光时钟恢复、数字和模拟数据恢复、超高频谱纯度光时钟同步和射频时钟生成等功能。

图 6-18　OEwaves 公司开发出的耦合式微波光电振荡器产品

6.4　耦合式微波光电振荡器的相位噪声

在耦合式微波光电振荡器中，微波信号主要源于自再生主动锁模光纤激光器产生的相干光频梳，因此生成的微波信号的相位噪声主要取决于光纤激光器的锁模状态。光纤环形谐振腔的腔长抖动、偏振态变化、功率波动和色散情况等因素均会影响光纤激光器的锁模状态，进而影响光频梳的相干性和微波信号的相位噪声。此外，耦合式微波光电振荡器中各器件噪声源也会恶化输出微波信号的相位噪声，主要包括微波放大器的热噪声和闪烁噪声、光电探测器的散粒噪声和闪烁噪声，以及光放大器的自发辐射噪声等。本节将对耦合式微波光电振荡器的相位噪声来源进行分析，并总结目前国内外研究人员针对耦合式微波光电振荡器相位噪声优化技术的研究现状。

6.4.1　相位噪声来源

与光纤式微波光电振荡器系统相同，光电探测器和微波放大器是耦合式微波光电振荡器系统中的核心关键部件，因此散粒噪声、热噪声与闪烁噪声都是耦合式微波光电振荡器的重要噪声来源。区别于光纤式微波光电振荡器，耦合式微波光电振荡器的光纤环形谐振腔内包含光放大器，光放大器的自发辐射噪声在大于 Leeson 频率的频偏处表现为白噪声，并且随着再生增益的增大而增加，而在小于 Leeson 频率的频偏处则表现为 $1/f^2$ 噪声。上述噪声可以通过器件选型与参数设计得到有效抑制，并不是耦合式微波光电振荡器中的主导噪声来源。由于耦合式微波光电振荡器的光分频原理，相位噪声的关键影响因素是主动锁模激光器中光频梳的相干性，主要由光纤环形谐振腔的腔长抖动、偏振态变化、功率波动和色散情况等共同决定。

耦合式微波光电振荡器同样符合 Leeson 相位噪声模型，光纤环形谐振腔的 Q 值越高，输出信号的相位噪声就越低。光纤环形谐振腔的 Q 值与腔内光子储能时间有关，因此环形谐振腔需要采用较长的光纤。然而，锁模光纤环形谐振腔内过长的储能光纤会加剧环路的不稳定性，导致振荡频率漂移和超模竞争等现象，因此在耦合式微波光电振荡器设计中，同样需要对光纤长度进行权衡考虑，以实现最佳的系统综合性能。

由于光纤的环境敏感性，外部环境的变化将引起光纤环形谐振腔的腔长变化。对于主动锁模激光器而言，腔长的变化将导致频率失谐。虽然在频率失谐量较小时，光纤环形谐振腔仍然可以形成锁模激光脉冲，但会影响光电探测器的拍频效果，导致输出微波信号的相位噪声恶化。当频率失谐量超过一定范围时，锁模光纤激光器的输出激光脉冲将发生严重幅度抖动甚至模式失锁现象。对于耦合式微波光电振荡器而言，当光纤环形谐振腔的腔长变化较小时，射频反馈环路提取的微波信号频率也将随之同步变化，在一定程度上可以维持振荡器锁模状态。然而，射频反馈环路中的传输信号存在一定时延，微波信号的频偏相对于光纤环路模式频率间隔变化存在滞后性，因此由腔长抖动导致的相位噪声恶化对于耦合式微波光电振荡器依然不可忽略。

耦合式微波光电振荡器通常采用电光调制器作为锁模元件。由于电光效应具有偏振敏感性，电光调制效果对输入光偏振态极其敏感。当光纤环形谐振腔内存在非保偏光器件或光纤波导时，外界环境扰动将引起腔内光信号偏振态随之发生变化，影响电光调制器的调制效率和锁模效果，导致光纤环形谐振腔内脉冲功率发生波动，进而产生偏振噪声。另外，普通单模光纤存在偏振模色散，光纤物理形状的随机变化将导致传输光信号的两个偏振分量发生模式耦合，从而在传输过程中产生不同的群速度，最终导致输出激光脉冲的展宽，影响拍频信号的相位噪声。目前，研究人员已经提出了多种光纤环形谐振腔偏振噪声的抑制方案，如采用全保偏环形谐振腔、偏振控制器和 σ 形环形谐振腔等。

腔内损耗和泵浦激光器功率的扰动会导致输出激光脉冲幅度的起伏。对于耦合式微波光电振荡器而言，光电探测器输入光功率的扰动会使调制锁模微波信号的幅度发生变化，进而影响调制深度和锁模效果。为了克服由功率扰动引起的弛豫振荡现象，应该选用稳定的高功率泵浦激光器和掺杂浓度合适且均匀的掺铒光纤，或者在光纤环形谐振腔内嵌入光域限幅器件或结构。限幅器件需要具有幅度依赖的损耗特性，光强增加时损耗也随之增加，进而消除掉功率瞬间波动的影响。在实际的耦合式微波光电振荡器系统中，随着诸多光器件（尤其是光放大器）性能的不断提高，功率波动对振荡器弛豫振荡的贡献将越来越小，通常可以忽略不计。

色散情况也是耦合式微波光电振荡器相位噪声的重要影响因素。主动锁模光纤环形谐振腔内的激光脉冲会受到较强的非线性和色散共同作用，腔内色散和自相位调制效应使得激光脉冲产生脉冲啁啾，并且脉冲宽度会随着二者的相对强弱发生变化。因此，光纤环形谐振腔内循环激光脉冲的脉宽通常会经历复杂的演化过程，极大地增加了振荡系统的不稳定性。为了克服该因素对信号相位噪声的影响，需要在光纤环形谐振腔的腔内和腔外进行色散管理，降低腔内的平均色散水平，消除脉冲啁啾并压窄激光脉冲脉宽，得到变换极限的拍频激光脉冲，从而优化耦合式微波光电振荡器的相位噪声。

6.4.2 相位噪声优化

在耦合式微波光电振荡器系统中，光纤环形谐振腔内光频梳的相干性是影响输出微波信号相位噪声的决定性因素，因此对主动锁模光纤激光器进行优化是获得低相位噪声微波信号的关键前提。针对光纤环形谐振腔锁模状态的各种影响因素，各国研究机构提出了多种解决方案，主要包括环形谐振腔的腔长设计、偏振扰动抑制、色散管理、耦合比优化及光放大器选型等。

针对锁模光纤环形谐振腔内光纤长度对耦合式微波光电振荡器相位噪声的影响，OEwaves 公司的 Salik 等人于 2007 年搭建了采用环境隔离装置（如隔热罩）和窄带带通滤波器（带宽为 2MHz）的耦合式微波光电振荡器，如图 6-19（a）所示。当主动锁模光纤环形谐振腔的腔长为 160m 和 750m 时，最终生成的 10GHz 微波信号的相位噪声分别为-140dBc/Hz@10kHz 和-150dBc/Hz@10kHz。实验结果表明，锁模光纤环形谐振腔的腔长从 160m 提高至 750m 时，耦合式微波光电振荡器在 10kHz 频偏处的相位噪声能够降低 10dB，如图 6-19（b）所示。

针对耦合式微波光电振荡器的偏振扰动敏感问题，可以采用全保偏或σ形主动锁模光纤环形谐振腔结构来实现抗偏振扰动，从而抑制偏振扰动对相位噪声的影响。2014 年，浙江大学的徐伟等人利用铌酸锂强度调制器、可调光纤延迟线和布拉格光栅搭建了 50m 光纤环形谐振腔，构成了全保偏耦合式微波光电振荡器，其结构如图 6-20（a）所示，最终成功生成了 5GHz 的低相位噪声微波信号，在 10kHz 频偏处的相位噪声低至-136dBc/Hz，如图 6-20（b）所示。

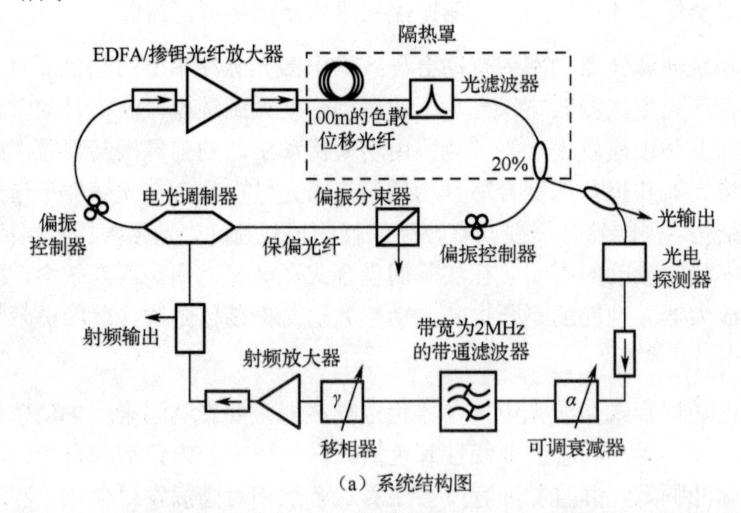

（a）系统结构图

图 6-19 基于环境隔离装置和窄带带通滤波器的耦合式微波光电振荡器

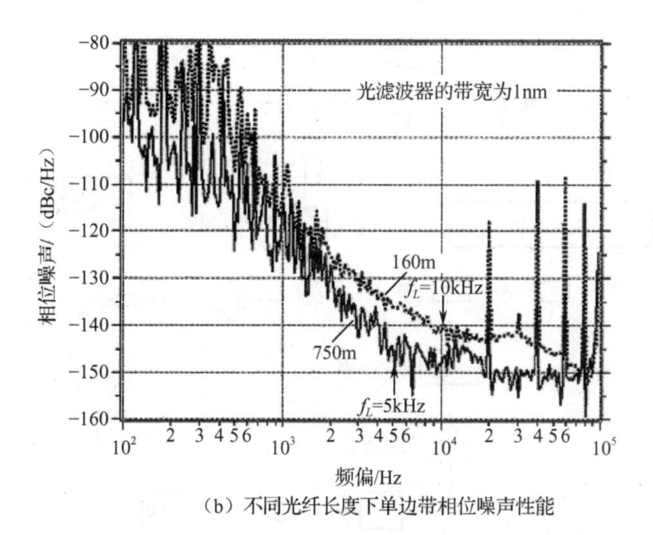

（b）不同光纤长度下单边带相位噪声性能

图 6-19　基于环境隔离装置和窄带带通滤波器的耦合式微波光电振荡器（续）

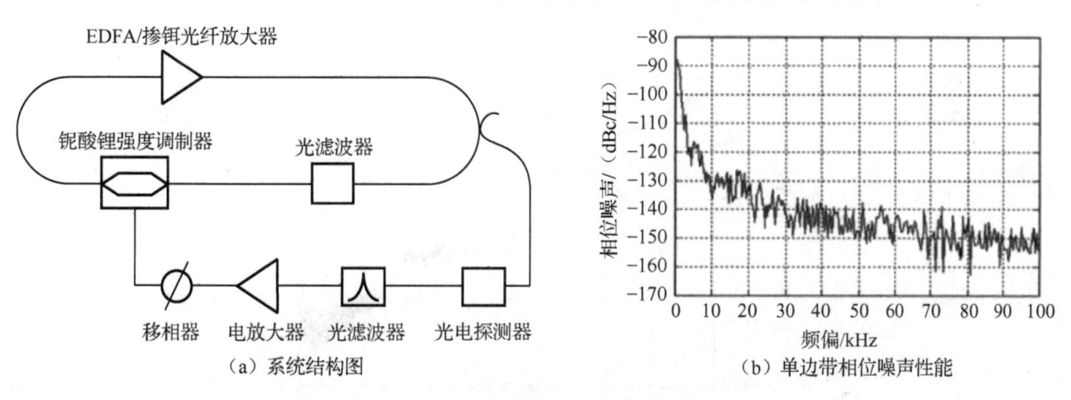

（a）系统结构图

（b）单边带相位噪声性能

图 6-20　全保偏耦合式微波光电振荡器

2012 年，天津大学的苗旺等人利用“单模光纤+法拉第旋转镜”结构替代全保偏光纤构建了耦合式微波光电振荡器，其结构如图 6-21（a）所示，利用法拉第效应消除了光纤双折射对光信号偏振态的影响，实现了抗偏振扰动振荡环路，保证了系统稳定运行并降低了系统成本，获得了相位噪声为-98dBc/Hz@10kHz 的 20GHz 微波信号，如图 6-21（b）所示。

针对主动锁模光纤环形谐振腔内的色散问题，通常可以通过腔内色散管理来实现脉冲压缩，结合腔外色散补偿脉冲啁啾来降低微波信号相位噪声。2005 年，美国喷气推进实验室的 Nan Yu 等人在光纤环形谐振腔内利用色散补偿光纤进行腔内色散管理，使得腔内平均色散水平约为 1.3ps/nm/km，并且结合脉冲限幅效应，在腔长为 150m 的情况下生成了 9.2GHz 的微波信号，在 10kHz 频偏处的相位噪声为-140dBc/Hz，基于色散补偿光纤的耦合式微波光电振荡器的结构和单边带相位噪声测量结果分别如图 6-22（a）和（b）所示。

2013 年，OEwaves 公司的 Andrey B. Matsko 等人对基于腔内色散管理的耦合式微波光电振荡器［其结构见图 6-23（a）］进行了建模仿真和实验验证，腔内平均色散水平和非线性系数分别设置为-8ps/nm/km 和 $5W^{-1}km^{-1}$，最终得到的信号相位噪声达到-145dBc/Hz@10kHz，如图 6-23（b）所示。

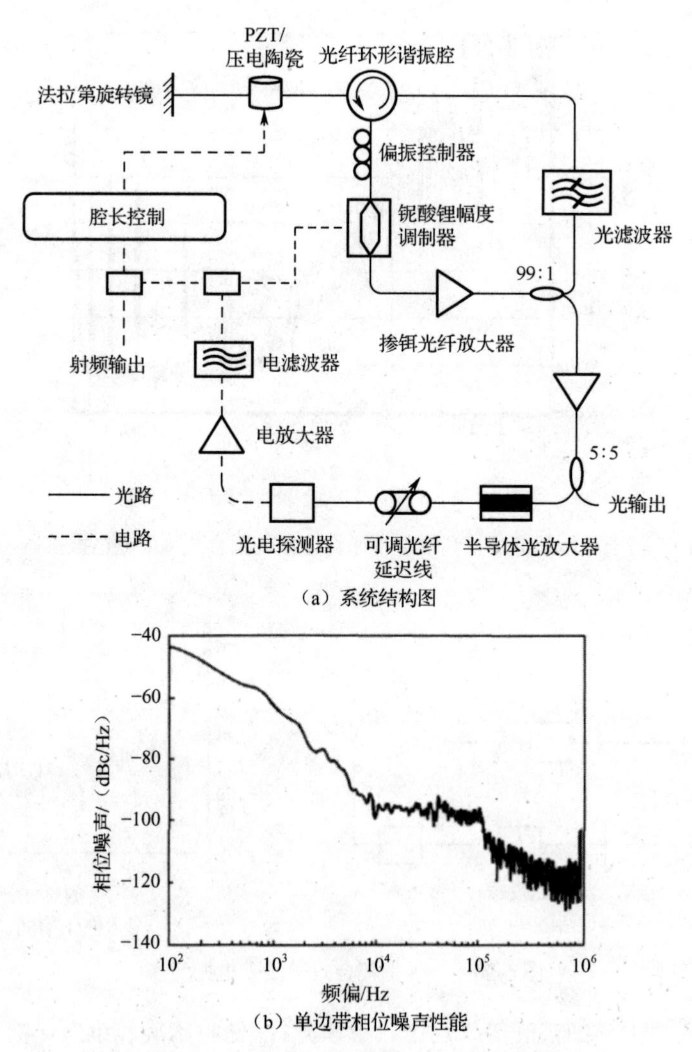

（a）系统结构图

（b）单边带相位噪声性能

图 6-21　基于“单模光纤＋法拉第旋转镜”的耦合式微波光电振荡器

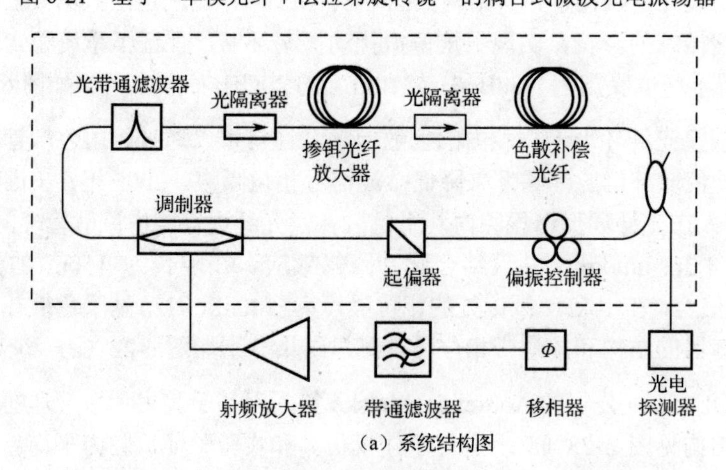

（a）系统结构图

图 6-22　基于色散补偿光纤的耦合式微波光电振荡器

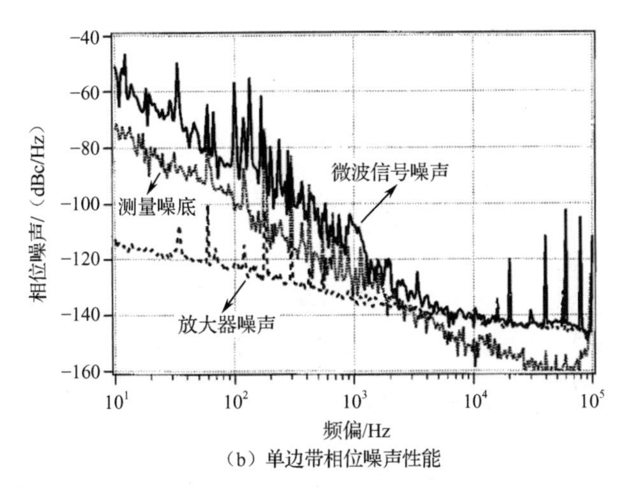

（b）单边带相位噪声性能

图 6-22　基于色散补偿光纤的耦合式微波光电振荡器（续）

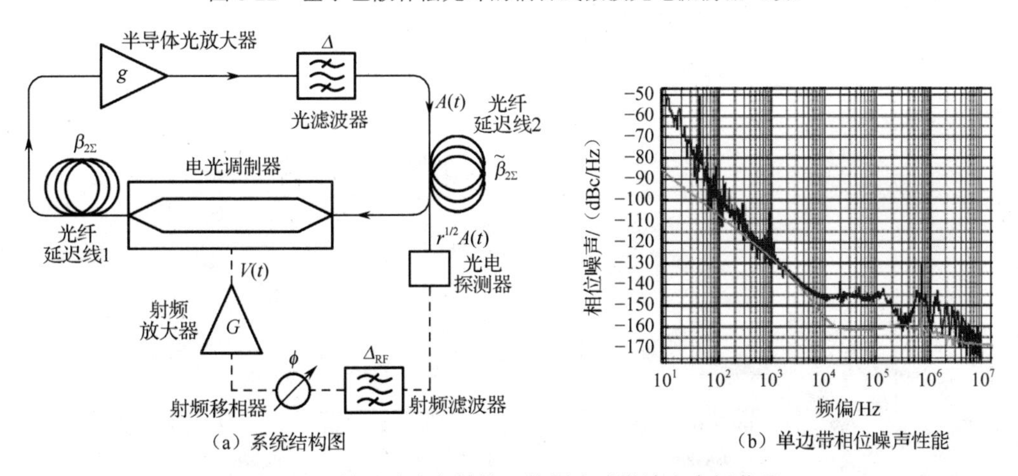

（a）系统结构图　（b）单边带相位噪声性能

图 6-23　基于腔内色散管理的耦合式微波光电振荡器

2018 年，法国 Thales 公司研究了腔外色散管理对耦合式微波光电振荡器相位噪声的影响。基于腔外色散管理的耦合式微波光电振荡器的结构如图 6-24（a）所示，光纤环形谐振腔内光纤长度为 120m，对应腔内色散水平为 7.8ps/nm/km；光纤环形谐振腔外光纤长度为 80m，色散水平分别设计为-38ps/nm/km 和-160ps/nm/km。经过实验对比，在腔外色散为-160ps/nm/km 的情况下，10GHz 的输出微波信号相位噪声比前者优化了近 6dB，如图 6-24（b）所示。此外，该公司还设计了一款 X 波段耦合式微波光电振荡器，光纤环形谐振腔的腔内和腔外分别采用 500m 零色散光纤和 90m 色散补偿光纤，最终生成了低相位噪声的微波信号，相位噪声水平为-125dBc/Hz@1kHz 和-140dBc/Hz@10kHz，如图 6-24（c）所示。

不同的光放大器具有不同的噪声特性，采用不同种类光放大器也会影响耦合式微波光电振荡器的相位噪声。2016 年，法国图卢兹大学的 Auroux 等人利用 3.5GHz 的低噪声介质振荡器和互相关相位测量技术，对两种通用光放大器（半导体光放大器和掺铒光纤放大器）进行了残余相位噪声测量，结果如图 6-25（a）所示。掺铒光纤放大器（EDFA）的远端噪底比半导体光放大器（SOA）低 12dB，但在近载频处掺铒光纤放大器的 $1/f$ 噪声更大。为了实现近载频处的低相位噪声，该团队选用半导体光放大器作为耦合式微波光电振荡器的光放大器，成功生成了 10.2GHz 和 30GHz 的微波信号，如图 6-25（b）所示，对应相位噪声分别为-132dBc/Hz@10kHz 和-126dBc/Hz@10kHz。

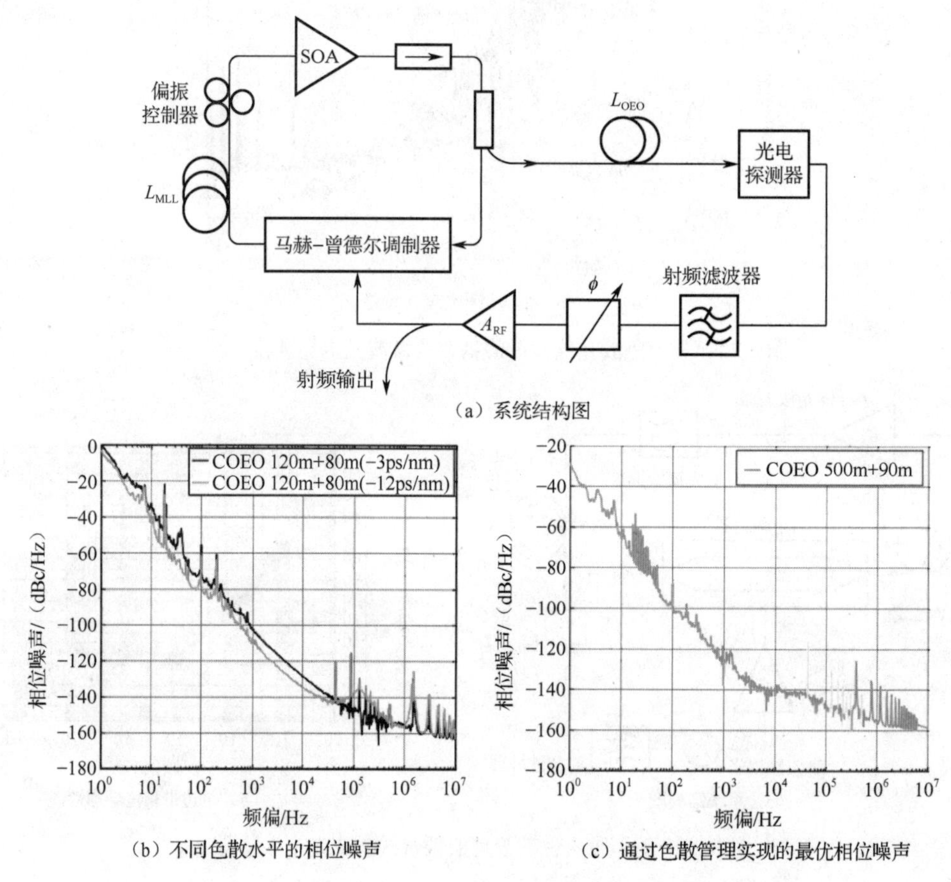

（a）系统结构图

（b）不同色散水平的相位噪声

（c）通过色散管理实现的最优相位噪声

图 6-24 基于腔外色散管理的耦合式微波光电振荡器

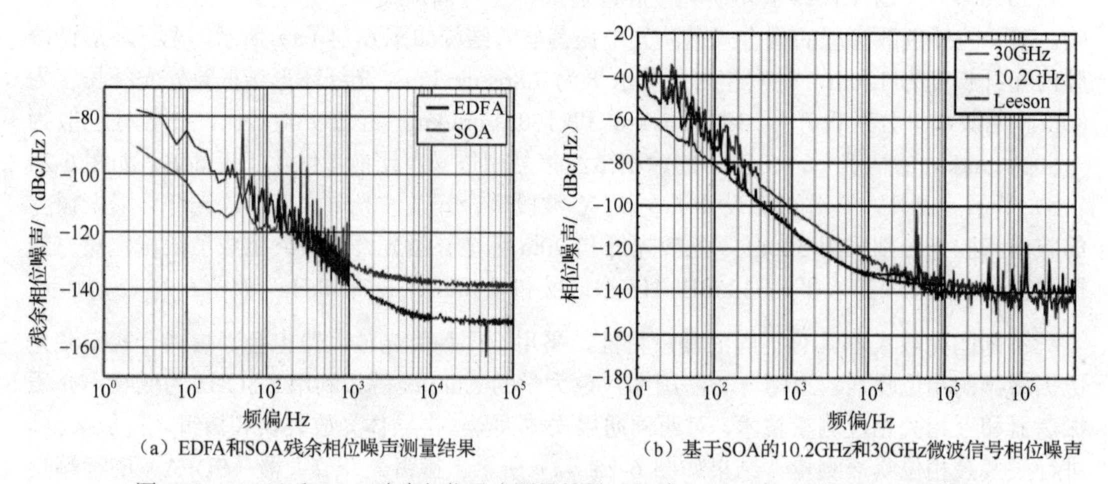

（a）EDFA和SOA残余相位噪声测量结果

（b）基于SOA的10.2GHz和30GHz微波信号相位噪声

图 6-25 EDFA 和 SOA 残余相位噪声测量结果以及基于 SOA 的 10.2GHz 和 30GHz 的微波信号相位噪声

2018 年，法国 Thales 公司 Lelièvre 等人还研究了光纤环形谐振腔的输出光耦合比对 10GHz 耦合式微波光电振荡器相位噪声的影响。光纤环形谐振腔的腔内和腔外分别采用 500m 零色散光纤和 80m 色散补偿光纤，在不同输出光耦合比情况下，该耦合式微波光电振荡器相位噪声如图 6-26 所示。当输出光耦合比在 8%到 23%区间时，输出信号的相位噪声水平随着耦合比的增加而降低，如图 6-26（a）所示；当输出光耦合比在 23%到 60%区间时，信号相位噪声水平没有明显的变化，如图 6-26（b）所示；当输出光耦合比在 60%到 90%区间时，光耦合比的增加会导致耦合式微波光电振荡器相位噪声恶化，如图 6-26（c）所示，当光耦合比超过 90%时，耦合式微波光电振荡器将无法正常起振。因此，设计选择合适的耦合比能够在一定程度上优化耦合式微波光电振荡器的相位噪声。

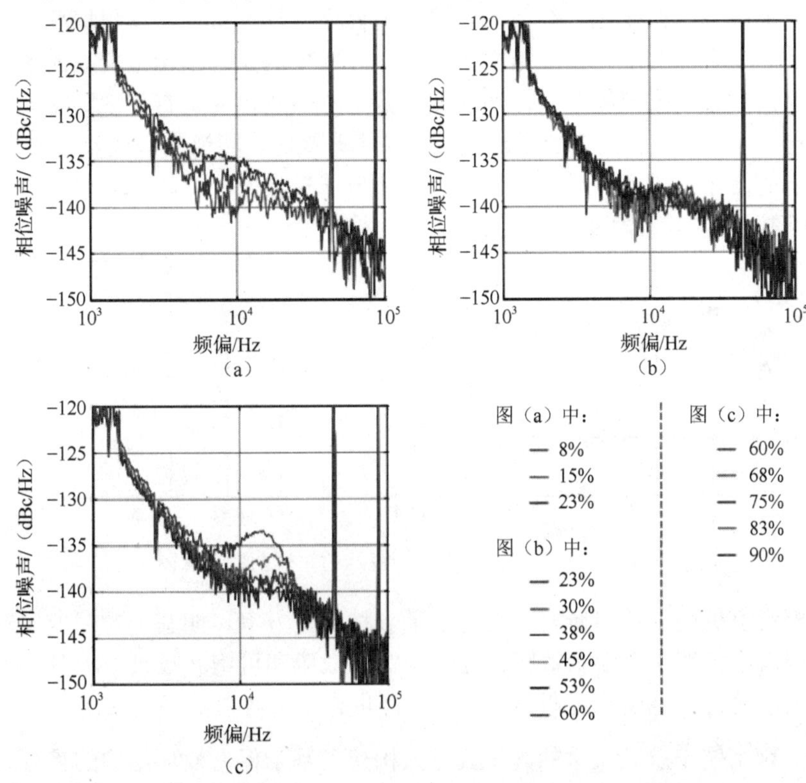

图 6-26　不同输出光耦合比情况下耦合式微波光电振荡器相位噪声

6.5　耦合式微波光电振荡器的杂散抑制与频率稳定

通过主动锁模光纤激光器的谐波锁模状态，耦合式微波光电振荡器能够生成高频微波信号。然而，高次谐波锁模状态会导致超模竞争，因此会产生严重的超模噪声。目前，商用射频带通滤波器难以满足耦合式微波光电振荡器的单模起振要求，此外机械振动和环境温度等外界因素的变化也会导致主动锁模光纤环形谐振腔的腔长抖动，引起耦合式微波光电振荡器起振信号的频率漂移或模式跳变，影响耦合式微波光电振荡器的稳定运行。本节将对耦合式微波光电振荡器的超模杂散抑制与频率稳定方面的国内外研究工作进行介绍。

6.5.1 超模杂散抑制

在耦合式微波光电振荡器的主动谐波锁模光纤环形谐振腔内，可以将x、$x+N$、$x+2N\cdots$这样一组纵模称为超模，而x'、$x'+N$、$x'+2N\cdots$（$x'\neq x$，x'和x均为整数，N为谐波阶数）构成另一组超模，耦合式微波光电振荡器的超模杂散如图 6-27 所示。因此，光纤环形谐振模式可以分为N组超模，同一组超模中模式的相位互相锁定，不同组超模的模式之间相互独立且没有固定的相位关系。在主动锁模光纤激光器形成稳定振荡的过程中，各组超模相互竞争，最终一组超模在光纤环形谐振腔内占据主导位置，在理想情况下其他组超模将被有效抑制。在实际的主动谐波锁模状态下，腔内多组无确定相位关系的超模同时振荡并且相互竞争，导致了强烈的幅度抖动，使得输出的激光脉冲具有不规则超模噪声和不稳定特性。当光纤环形谐振腔的腔长增加或调制频率升高时，超模竞争现象更加明显。因此，为了产生稳定的低相位噪声的微波信号，光纤环形谐振腔内一组超模需要获得较大的增益优势，进而抑制其他组超模增益。

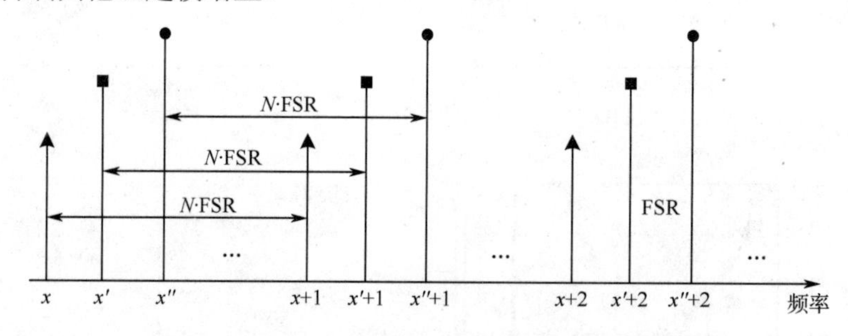

图 6-27　耦合式微波光电振荡器的超模杂散示意图

基于超模竞争机制，各国研究人员提出了多种解决方案，如基于游标卡尺效应的复合腔结构、脉冲前馈快速功率限制效应、互注入锁定效应和可饱和吸收效应等。尽管上述方法能够缓解由超模竞争引起的短期不稳定性，但也存在着各自的局限性。

2015 年，南京航空航天大学的魏正武等人构建了基于保偏双环结构的耦合式微波光电振荡器，如图 6-28（a）所示。通过引入保偏双环结构，实现了单环功率损失补偿和超模竞争抑制，最终生成了 10.66GHz 的微波信号。当双环臂差为 44m 时，生成的微波信号的超模杂散抑制比可达 62.2dB，在 10kHz 频偏处的相位噪声为-107.59dBc/Hz，如图 6-28（b）和（c）所示。基于保偏双环结构的耦合式微波光电振荡器与光纤式微波光电振荡器的杂散抑制方法类似，双环结构同样会不可避免地恶化耦合式微波光电振荡器的相位噪声。

2015 年，北京邮电大学射频光子学实验室提出了一种基于激光脉冲功率前馈的耦合式微波光电振荡器，结构如图 6-29（a）所示。在耦合式微波光电振荡器中引入一路射频前馈环路，锁模激光脉冲自身被反向幅度调制，从而产生快速功率钳制效应，最终生成 10GHz 的微波信号，相位噪声低于-125dBc/Hz@10kHz，并且超模杂散得到了有效抑制，如图 6-29（b）所示。

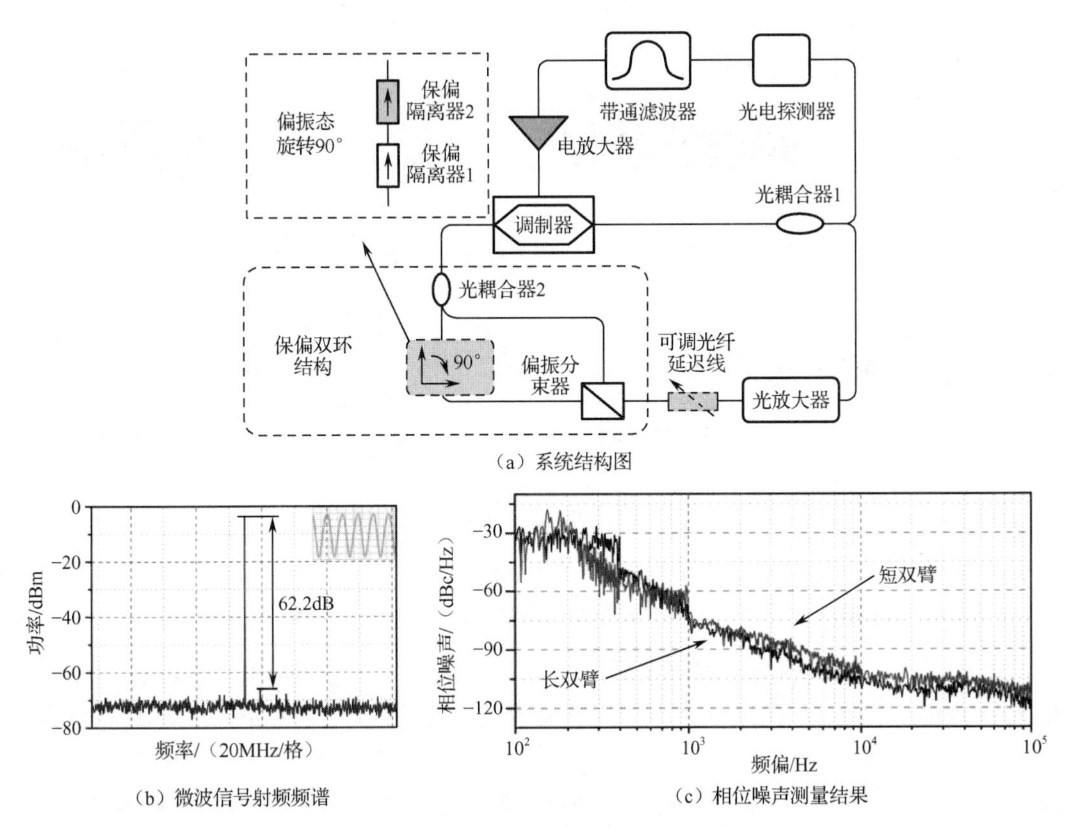

（a）系统结构图

（b）微波信号射频频谱

（c）相位噪声测量结果

图 6-28　基于保偏双环结构的耦合式微波光电振荡器

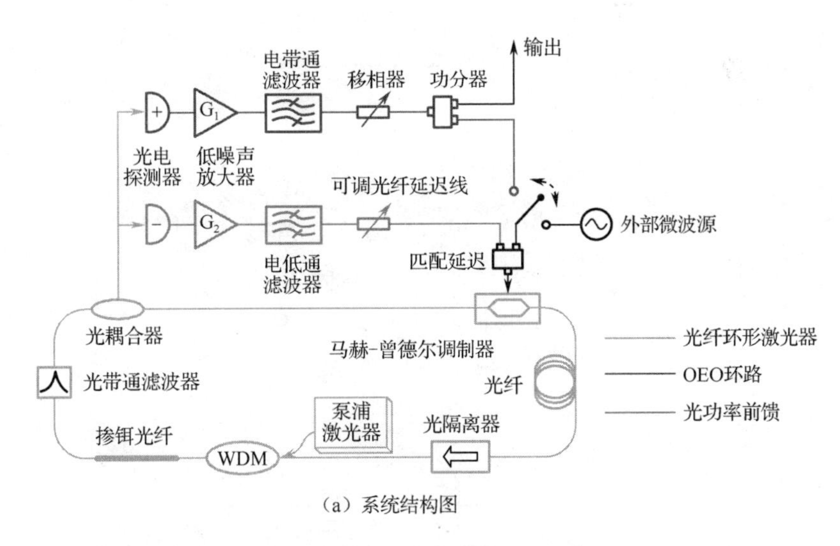

（a）系统结构图

图 6-29　基于激光脉冲功率前馈的耦合式微波光电振荡器

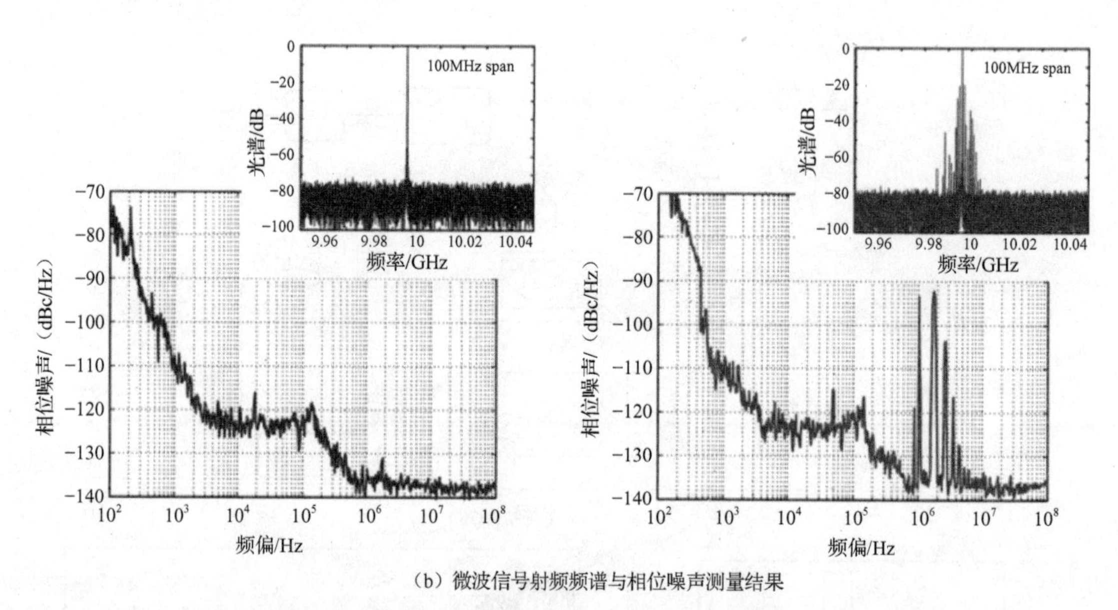

（b）微波信号射频频谱与相位噪声测量结果

图 6-29　基于激光脉冲功率前馈的耦合式微波光电振荡器（续）（b：图注：脉冲功率前馈（左）和无脉冲功率前馈（右）的耦合式微波光电振荡器输出信号频谱和相位噪声）

2017 年，北京邮电大学射频光子学实验室还提出了一种互注入锁定耦合式微波光电振荡器，结构如图 6-30（a）所示。射频环路闭环后能够实现微波信号自起振，主从振荡器共用射频反馈环路，射频反馈振荡器与耦合式光电振荡器互相注入锁定，最终生成 9.999GHz 的微波信号，并且相位噪声为-117dBc/Hz@10kHz，相比于传统耦合式微波光电振荡器，基于互注入锁定耦合式微波光电振荡器的超模噪声抑制比优化了近 50dB，其输出信号的射频频谱和相位噪声测量结果如图 6-30（b）和（c）所示。

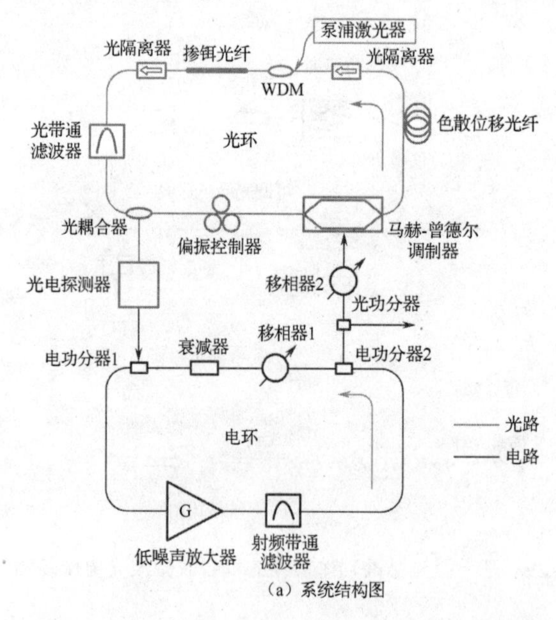

（a）系统结构图

图 6-30　互注入锁定耦合式微波光电振荡器

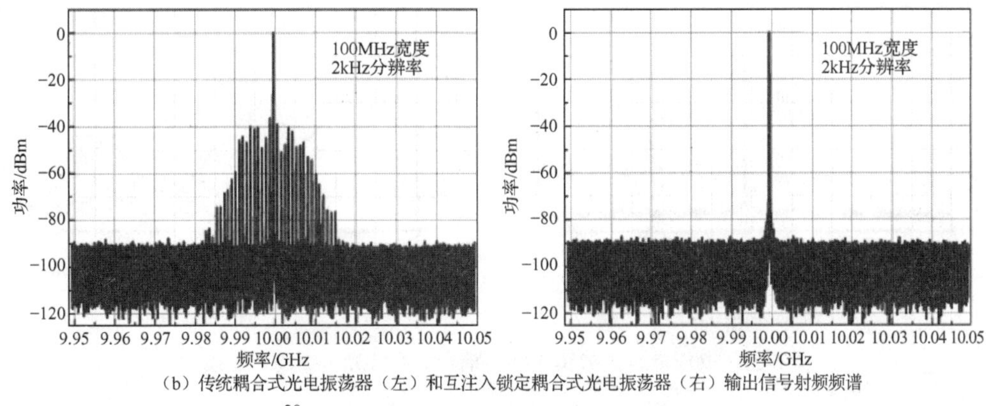

（b）传统耦合式光电振荡器（左）和互注入锁定耦合式光电振荡器（右）输出信号射频频谱

（c）输出信号相位噪声

图 6-30 互注入锁定耦合式微波光电振荡器（续）

2018 年，南京航空航天大学提出了基于非泵浦掺铒光纤的耦合式微波光电振荡器，结构如图 6-31（a）所示。掺铒光纤的空间烧孔效应对功率较高的激光脉冲吸收作用减弱，使其保持增益竞争优势，对不良竞争脉冲吸收增强，使其获得环路增益更小，从而实现超模杂散抑制效果。基于非泵浦掺铒光纤的耦合式微波光电振荡器最终生成了 10GHz 低相位噪声的微波信号，超模杂散抑制比达 90.7dB，在 10kHz 频偏处的相位噪声达-130.5dBc/Hz，如图 6-31（b）和（c）所示。

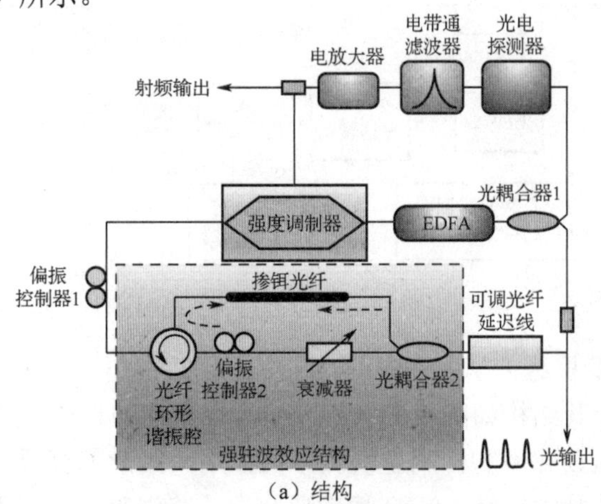

（a）结构

图 6-31 基于非泵浦掺铒光纤的耦合式微波光电振荡器

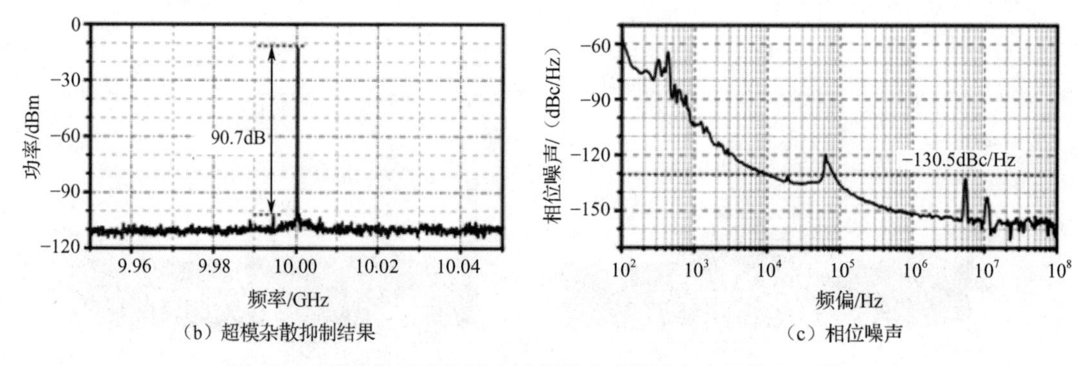

（b）超模杂散抑制结果　　（c）相位噪声

图 6-31　基于非泵浦掺铒光纤的耦合式微波光电振荡器（续）

6.5.2　振荡频率稳定

在耦合式微波光电振荡器中，环路中的任何微小变化都会破坏起振条件。正如本书6.4.1节所述，光纤环形谐振腔的腔长较长（通常为几十米到几百米），极易受到机械振动和环境温度等外界因素影响，进而引起锁模光纤环形谐振腔的腔长漂移，导致耦合式微波光电振荡器的频偏或模式跳变，恶化振荡器的频率稳定度。为了提高耦合式微波光电振荡器的频率稳定性，国内外研究人员进行了针对性的稳频研究。

2005 年，美国喷气推进实验室的 Nan Yu 等人提出基于原子跃迁的耦合式微波光电振荡器稳频系统，如图 6-32 所示。耦合式微波光电振荡器输出 1560nm 波段的光频梳，通过周期性极化铌酸锂晶体倍频至 780nm 波段；外部的 780nm 参考连续激光器与铷原子跃迁频率锁定，再通过光锁相环将耦合式微波光电振荡器光频率与参考连续激光器锁定，最终将铷原子跃迁频率稳定性传递至耦合式微波光电振荡器，能够获得长期频率稳定度达 10^{-13} 量级的 10GHz 微波信号。

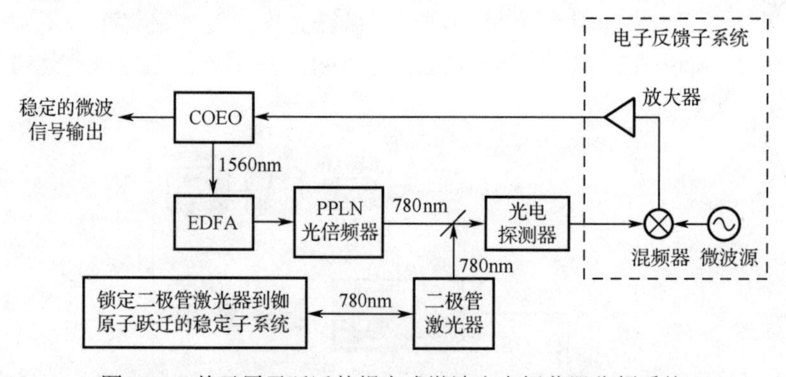

图 6-32　基于原子跃迁的耦合式微波光电振荡器稳频系统

2008 年，美国佛罗里达大学的 Peter J. Delfyett 团队提出了基于高精细 F-P 标准具的耦合式微波光电振荡器，其结构如图 6-33（a）所示。F-P 标准具在光纤环形谐振腔内可以同时起到光滤波、选择振荡频率和抑制超模噪声的作用，因此耦合式微波光电振荡器系统性能主要取决于 F-P 标准具的指标。PDH 稳频环路中一路误差信号用于反馈控制光纤环形谐振腔的腔长，补偿腔长漂移以实现光纤环形谐振腔的自稳频。由于光纤环形谐振腔的腔长改变、F-P 标准具温度敏感性以及光纤群时延都将导致激光脉冲重复频率波动，因此另一路误差信号反馈控制射频反馈环路中的压控移相器以稳定激光脉冲重频，进而实现振荡器中光频率与脉冲重复频率的同步稳定。该方案最终产生了 10.24GHz 微波信号，在 10min 内的频率漂移仅为 350Hz，如图 6-33（b）所示。

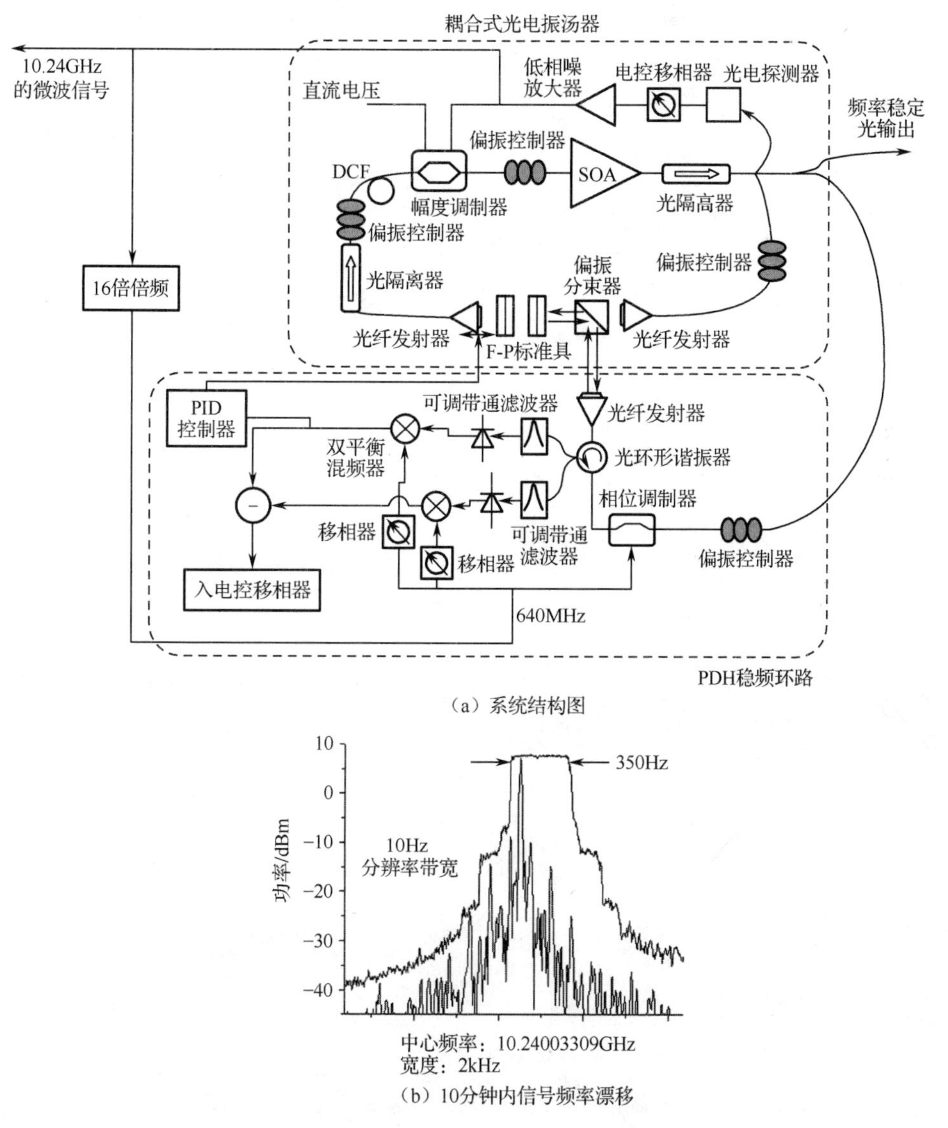

（a）系统结构图

（b）10分钟内信号频率漂移

图 6-33　基于高精细 F-P 标准具的耦合式微波光电振荡器

2011 年，美国佛罗里达大学的 Williams 等人提出了基于超稳窄线宽种子源注入耦合式微波光电振荡器，其结构如图 6-34（a）所示，注入臂由 1550nm 连续激光器和相位调制器组成，激光器既作为注入锁定主激光器，又作为产生反馈误差信号的探测光源。结合 PDH 稳频技术反馈控制腔内的光纤移相器，使振荡光频率与注入种子源频率对准。基于超稳窄线宽种子源注入耦合式微波光电振荡器最终生成了重复频率为 10.24GHz、10dB 谱宽为

2.3nm 的激光脉冲序列，相比自由运行状态下超模杂散抑制了 15dB 以上，并且能够在 15min 内稳定运行，如图 6-34（b）到（d）所示。

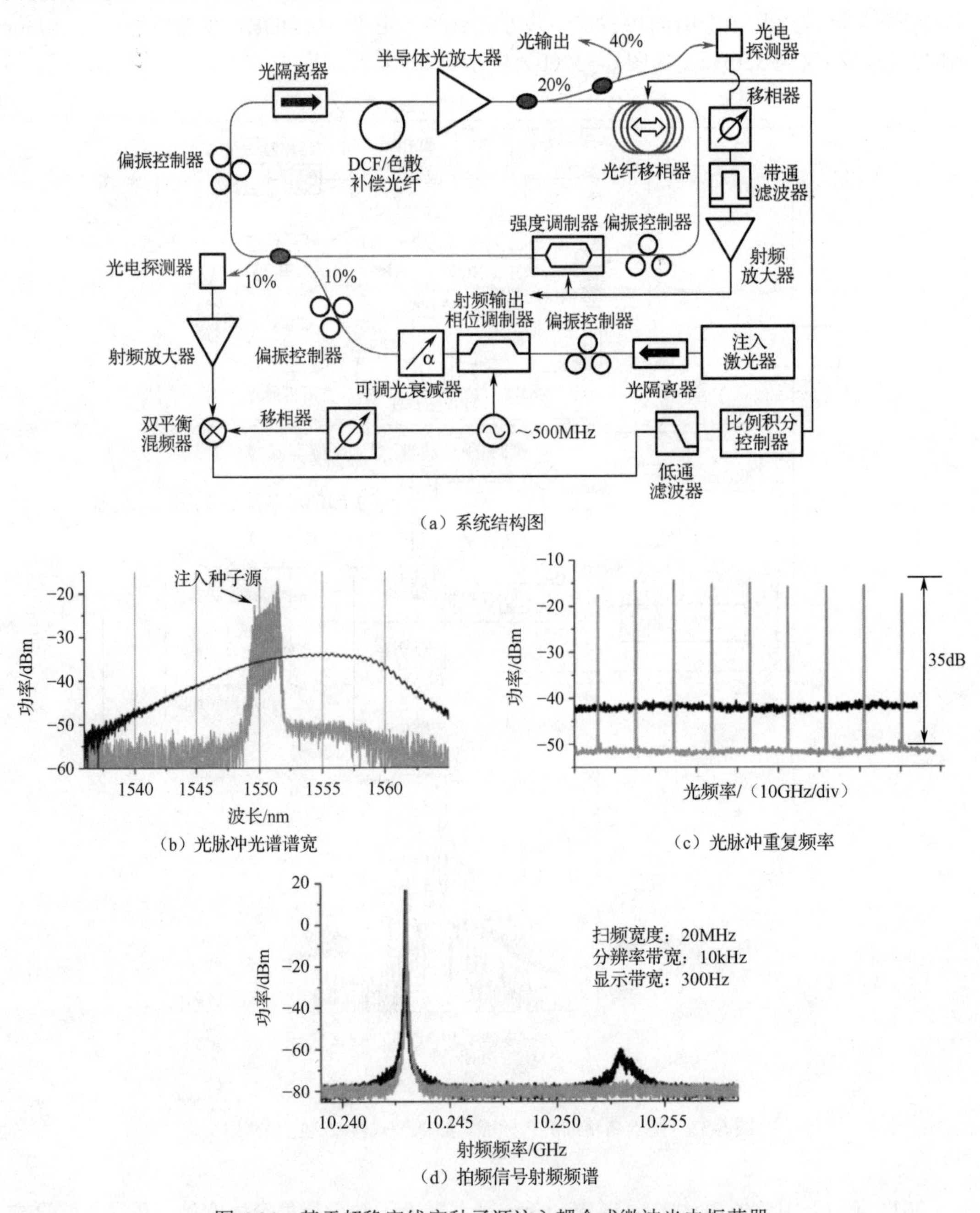

（a）系统结构图

（b）光脉冲光谱谱宽

（c）光脉冲重复频率

（d）拍频信号射频频谱

图 6-34 基于超稳窄线宽种子源注入耦合式微波光电振荡器

2018 年，天津大学的于晋龙团队提出了基于双腔稳定的耦合式微波光电振荡器，其结构如图 6-35（a）所示，利用锁相环检测微波信号的频率漂移，误差信号反馈控制压电陶瓷驱动器以补偿光纤环形谐振腔的腔长的短期快速变化，光纤延迟线则用于补偿光纤环形谐振腔腔长的长期慢速变化。利用射频反馈环路中的混频鉴相器检测两路同频微波信号相位差，反馈控制压控移相器以补偿光电再生环路的腔长变化，使得射频反馈环路与光纤环形谐振腔达到最佳匹配状态。为了避免光纤环路偏振态扰动，系统采用全保偏器件，最终产生了 10GHz 低相位噪声的微波信号，超模杂散抑制比和相位噪声分别为 40dB 和 −127dBc/Hz@10kHz，在 70min 内的频率漂移小于 1Hz，分别如图 6-35（b）到（d）所示。

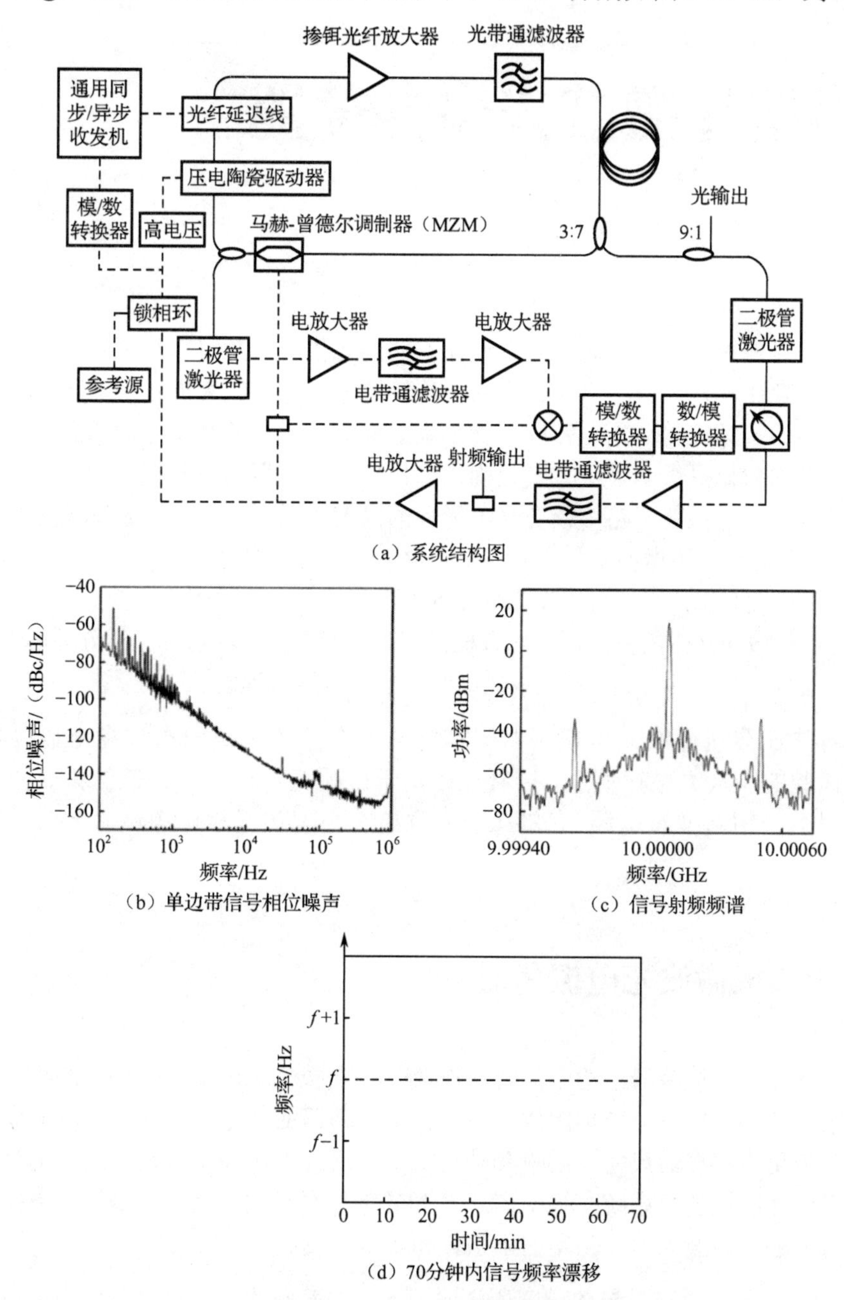

（a）系统结构图

（b）单边带信号相位噪声

（c）信号射频频谱

（d）70分钟内信号频率漂移

图 6-35　基于双腔稳定的耦合式微波光电振荡器

第 7 章

小型化微波光电振荡器

7

传统微波光电振荡器采用光纤延迟线作为储能元件，虽然可以实现低相位噪声微波信号输出，但是存在超模杂散严重和频率易漂移等缺陷，并且较大的系统体积严重限制了微波光电振荡器的实际应用场景与范围。新兴片上集成技术和高品质光学微腔为传统微波光电振荡器的结构简化提供了解决方案，为小型化微波光电振荡器的发展提供了重要支撑。片上集成技术实现了振荡环路中核心光电元件的高度集成，基于极其紧凑的微波光电振荡结构即可产生低相位噪声微波信号；高品质光学微腔兼具小型化和高 Q 值优势，能够替代长光纤作为谐振储能介质，同时可以作为环路滤波调制器件实现振荡频率的灵活选择和调谐；基于微腔非线性效应产生的克尔孤子光频梳具有高度相干特性，通过光学分频可以产生低相位噪声微波信号，有望成为下一代集成化微波光电振荡器的新颖平台。

本章首先在传统微波光电振荡器架构基础上介绍片上集成微波光电振荡器和基于无源线性微腔的微波光电振荡器，接着介绍基于微腔克尔孤子光频梳的集成微波信号生成技术，最后介绍新型布里渊-克尔孤子光频梳在小型化低相位噪声微波信号产生系统中的应用。

7.1 片上集成微波光电振荡器

在传统微波光电振荡器结构中，储能长光纤、带通滤波器和电光调制器等光电/射频器件占据着较大体积，不可避免地阻碍了微波光电振荡器的小型化发展。为攻克微波光电振荡器在实际应用中存在的尺寸、质量和功耗限制，研究人员开始探索利用片上集成技术构建小型化微波光电振荡器系统，基于 InP 基和硅基等平台的片上集成微波光电振荡器应运而生，极大促进了微波光电振荡器的小型化和实用化发展。

2018 年，中国科学院半导体研究所李明等人将振荡回路所需光电器件集成在同一芯片衬底上，微波光电振荡器集成面积约为 $5 \times 6\text{cm}^2$，具有 20MHz 宽的频率调谐范围，为全集成微波光电振荡器的发展树立了重要里程碑。在单片集成微波光电振荡器中，直调激光器、光学延迟线和光电探测器等光器件集成于 InP 基光子芯片上，电子器件集成于印制电路板上，如图 7-1 所示。

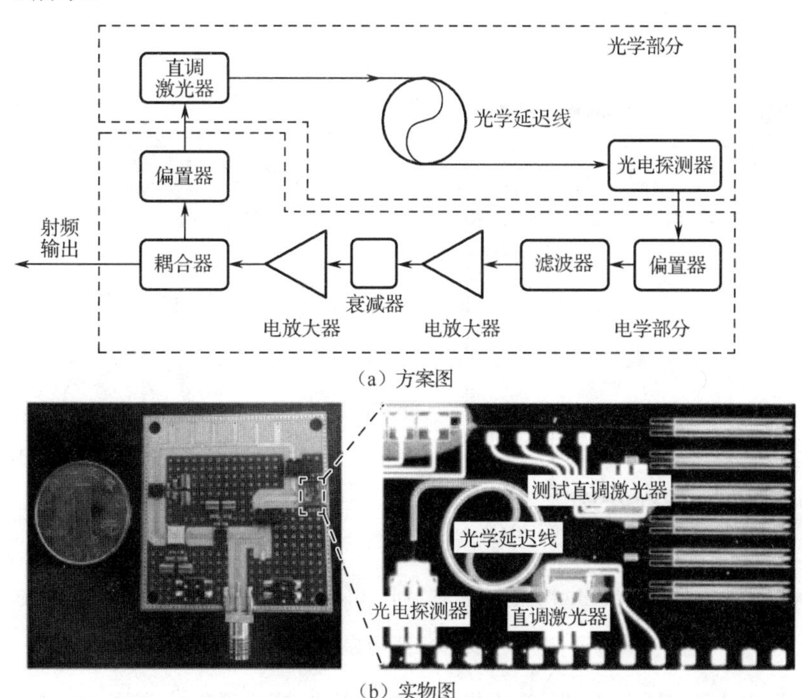

（a）方案图

（b）实物图

图 7-1 单片集成微波光电振荡器

该单片集成微波光电振荡器中直调激光器输出的片上光波经过光学延迟线馈入光电探测器中，输出射频信号相位噪声随着环路时延的增加呈平方关系下降。光学延迟线采用螺旋结构，可以在有限芯片尺寸内大幅增加环路传输长度和信号时延，微型光学延迟线储能能力的提升有助于改善单片集成微波光电振荡器的品质因数和生成微波信号的相位噪声性能。

单片集成微波光电振荡器的振荡频率主要取决于直调激光器的注入电流。当注入电流增加时激光中心波长显著增大，由于光学延迟线光波导的有效折射率反比于激光波长，振荡回路等效长度随着激光波长增加而减小，因此振荡频率随着注入电流增加而增大。当调谐注入电流为 44.1mA 时，如图 7-2（a）所示，单片集成微波光电振荡器输出功率为 0.4dBm 的 7.3GHz 射频信号；当调谐注入电流为 65mA 时，如图 7-2（c）所示，单片集成微波光电振荡器输出功率为 0.5dBm 的 8.87GHz 射频信号。在固定注入电流条件下，7.3GHz 和 8.87GHz 微波信号频率会存在小范围漂移（波动），1 分钟内频率漂移范围（图中平顶部分的范围）分别为 1.5MHz 和 1MHz，分别如图 7-2（b）和（d）所示。与上述调谐机制类似，振荡频率变化主要源于环路等效长度的细微变化，可能归因于以下两方面原因：首先，注入激光电流的微小变动会影响激光器激射频率，泵浦光频率噪声通过具有色散效应的螺旋波导传输后转化为振荡频率波动；其次，芯片热串扰影响了振荡回路等效长度和激光器频率响应，最终导致振荡频率发生漂移。

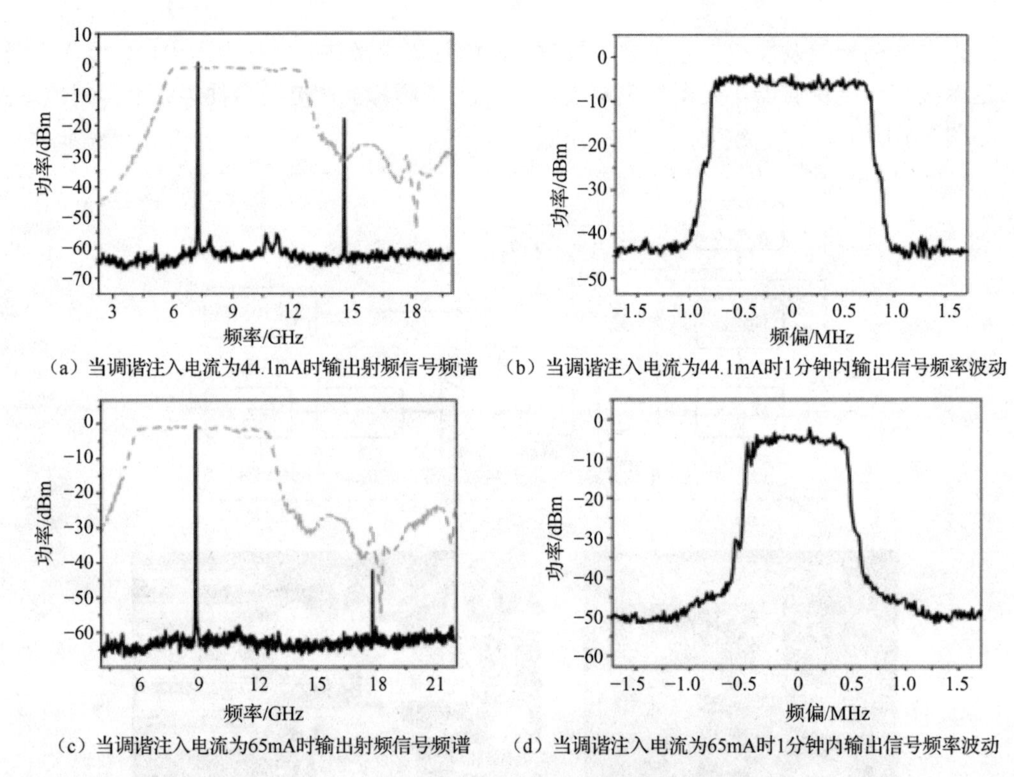

（a）当调谐注入电流为44.1mA时输出射频信号频谱（b）当调谐注入电流为44.1mA时1分钟内输出信号频率波动

（c）当调谐注入电流为65mA时输出射频信号频谱（d）当调谐注入电流为65mA时1分钟内输出信号频率波动

图 7-2　单片集成微波光电振荡器的频率响应

通过精确控制调谐注入电流，单片集成微波光电振荡器最终实现了 20MHz 宽的频率调谐范围，并且在连续调谐过程中微波信号相位噪声性能几乎保持不变。当振荡频率从 7.30GHz 连续调谐至 7.32GHz 时，输出信号相位噪声约为-91dBc/Hz@1MHz，如图 7-3（a）和（b）所示；当振荡频率从 8.86GHz 连续调谐至 8.88GHz 时，输出信号相位噪声约为-92dBc/Hz@ 1MHz，如图 7-3（c）和（d）所示。

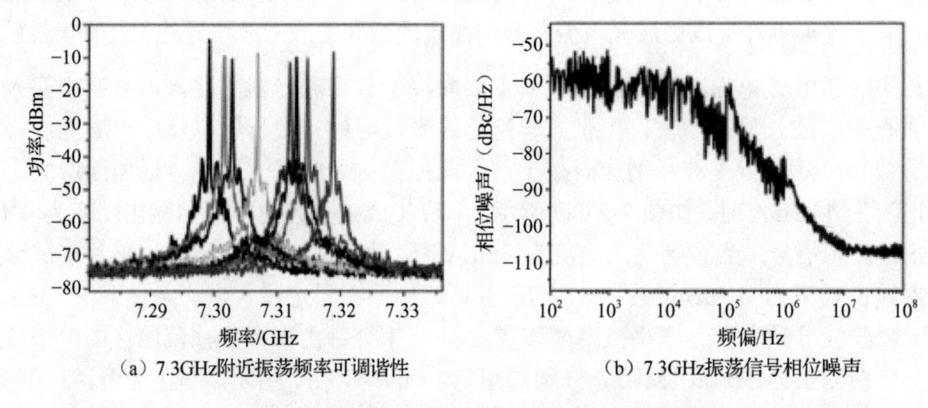

（a）7.3GHz附近振荡频率可调谐性（b）7.3GHz振荡信号相位噪声

图 7-3　单片集成微波光电振荡器的频率可调谐性和相位噪声

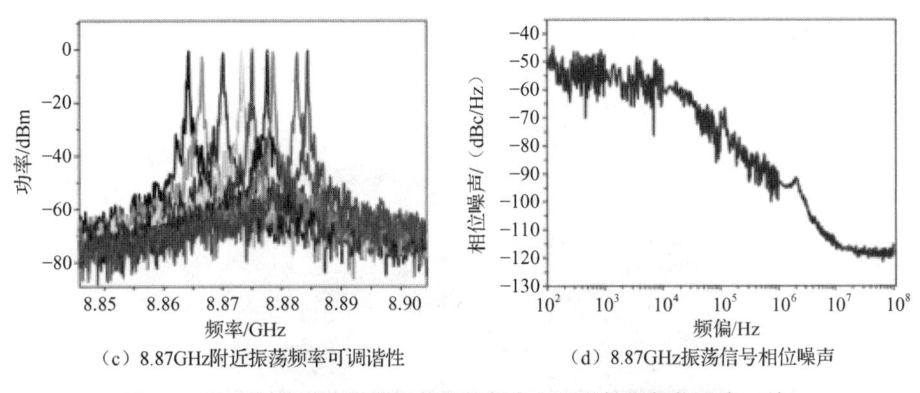

（c）8.87GHz附近振荡频率可调谐性　　（d）8.87GHz振荡信号相位噪声

图 7-3　单片集成微波光电振荡器的频率可调谐性和相位噪声（续）

也是在 2018 年，加拿大渥太华大学姚建平研究团队实现了一款硅基片上集成微波光电振荡器（如图 7-4 所示），基于硅基光子平台单片集成了振荡环路中的相位调制器、微盘谐振腔和光电探测器，高水平硅基光子集成技术以及微盘谐振腔的热可调谐性使得该款集成微波光电振荡器兼具小型化和频率可调谐优势。如图 7-4 中白色线框部分所示，该集成微波光电振荡器的片上光路面积约为（4.71×0.64）mm^2，能够实现 3～8GHz 频率范围内微波信号的生成与调谐，进一步推动了片上集成微波光电振荡器的小型化与实用化发展进程。

图 7-4　硅基片上集成微波光电振荡器实物图

硅基片上集成微波光电振荡器系统如图 7-5 所示，其中光学微盘谐振腔采用 CMOS 兼容工艺与 248nm 深紫外光刻技术制备而成，作为该款硅基片上集成微波光电振荡结构中的储能介质与滤波元件。外部泵浦光信号通过光栅耦合器输入芯片，经过电光相位调制后耦合进入微盘谐振腔中，通过波导中的 Y 分支将微盘谐振腔输出光信号分成两路：一路光信号馈入光电探测器中拍频，产生微波信号，经过功率放大后反馈回相位调制器，形成振荡闭环回路；另一路光信号辅助进行实时光谱监测。

上述微盘谐振腔还可以通过热调谐改变其自由光谱范围（FSR），进而改变光电振荡器输出频率，最终实现片上集成微波光电振荡器生成微波信号的频率可调谐性。该研究团队利用两种微加热器演示了两款具有不同调谐性能的硅基光子片上集成微波光电振荡器，并且通过光学微盘谐振腔的热光效应实现振荡频率调谐功能：第一款硅基片上集成微波光电振荡器在光学微盘谐振腔顶部放置高电阻率金属微加热器，如图 7-6（a）和（b）所示；第二款硅基片上集成微波光电振荡器在光学微盘谐振腔中嵌入 P 型掺杂硅加热器，如图 7-6（c）和（d）所示。

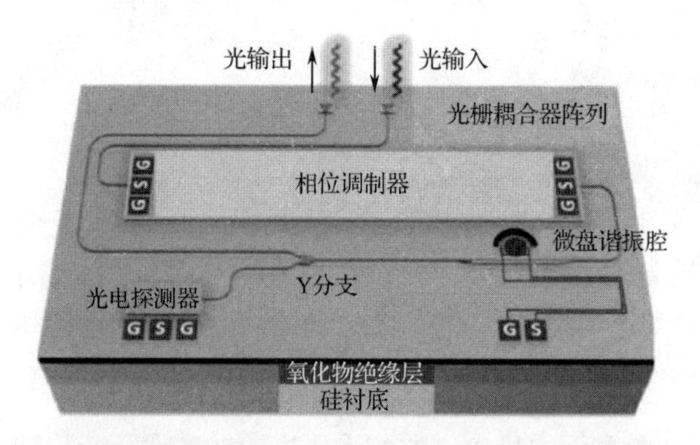

图 7-5 硅基片上集成微波光电振荡器系统

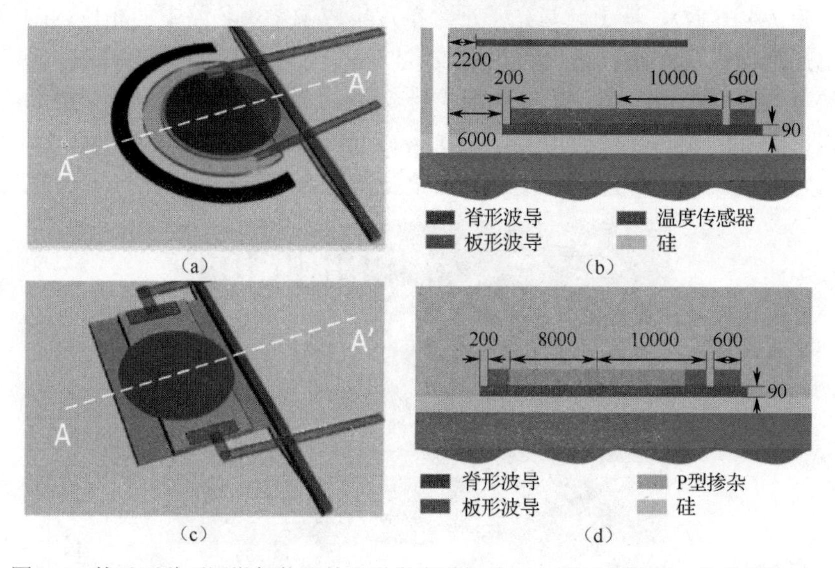

图 7-6 基于两种不同微加热器的光学微盘谐振腔示意图和截面图（单位为 nm）

第一款硅基片上集成微波光电振荡器中光学微盘谐振腔的传输光谱如图 7-7（a）所示，一阶和二阶谐振模式的自由光谱范围分别为 10.7nm 和 10.6nm；1542.38nm 处微盘谐振腔的激发共振模式——$WGM_{2,103}$ 谐振模式如图 7-7（b）所示，经过洛伦兹曲线拟合得到其半高线宽为 14pm，对应的品质因数（Q 值）约为 1.1×10^5；当提高加热功率时，$WGM_{2,104}$ 谐振模式的频率变化（通过波长表示）如图 7-7（c）所示，由于硅材料折射率随着温度升高而增大，提高加热功率将导致微腔谐振模式发生红移，当注入功率为 110.4mW 时，微腔谐振模式的红移量为 10.6nm，因此相应的波长偏移速率为 96pm/mW。

第一款硅基片上集成微波光电振荡器的实验测量结果如图 7-8 所示，当其工作于 4.74GHz 时，振荡信号射频频谱和相位噪声分别如图 7-8（a）和（b）所示，信号边模抑制比和相位噪声分别为 67dB 和−81dBc/Hz@10kHz。通过增加光波导延迟线长度或使用更高 Q 值光学微腔，可以进一步提升硅基片上集成微波光电振荡器的相位噪声性能。此外，该振荡器还可以通过微腔热调谐实现 3～7.4GHz 范围内的频率调谐功能，相应的调谐信号射频频谱及相位噪声性能分别如图 7-8（c）和（d）所示。可以看出，信号相位噪声基本保持在-80dBc/Hz@10kHz 左右，这也验证了该款硅基片上集成微波光电振荡器相位噪声性能与工作频段无关的关键特点。

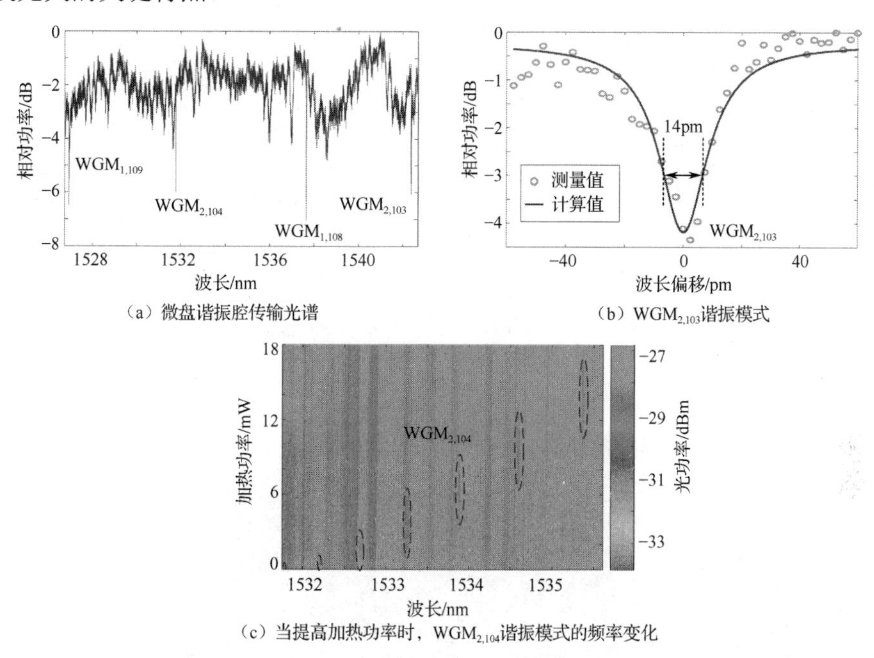

（a）微盘谐振腔传输光谱　（b）$WGM_{2,103}$谐振模式

（c）当提高加热功率时，$WGM_{2,104}$谐振模式的频率变化

图 7-7　第一款硅基片上集成微波光电振荡器中光学微盘谐振腔的谐振模式

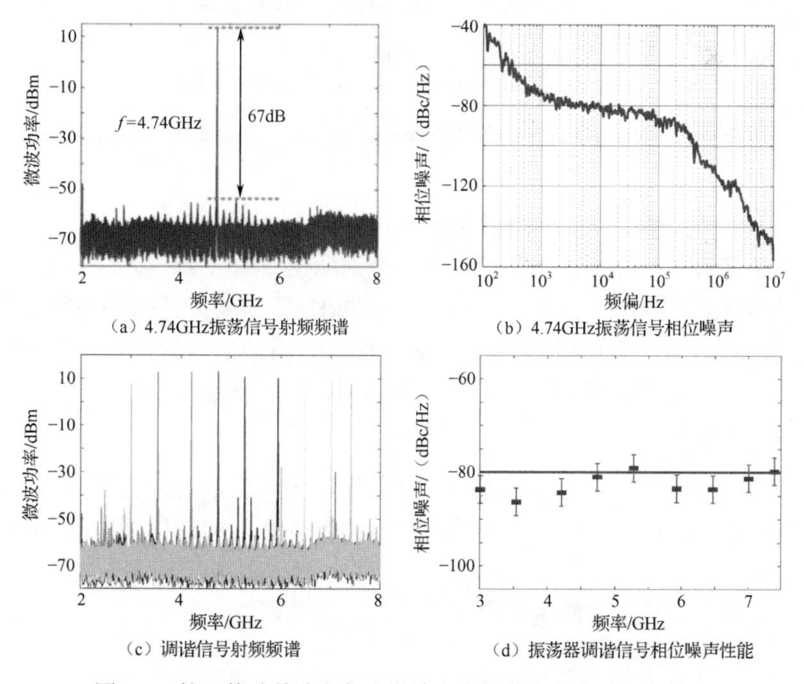

（a）4.74GHz振荡信号射频频谱　（b）4.74GHz振荡信号相位噪声

（c）调谐信号射频频谱　（d）振荡器调谐信号相位噪声性能

图 7-8　第一款硅基片上集成微波光电振荡器的实验测量结果

第二款硅基片上集成微波光电振荡器中光学微盘谐振腔的传输光谱如图 7-9（a）所示，一阶、二阶和三阶谐振模式的自由光谱范围分别 10.3nm、10.6nm 和 10.7nm；1538.09nm 处微盘谐振腔的激发共振模式——$WGM_{3,97}$ 谐振模式如图 7-9（b）所示，经过洛伦兹曲线拟合得到其半高线宽为 26pm，对应的品质因数（Q 值）约为 0.6×10^5；当提高加热功率时，$WGM_{3,97}$ 谐振模式的频率变化（通过波长表示）如图 7-9（c）所示，当注入电功率为 13.2mW 时，微盘谐振腔谐振模式的红移量为 3.3nm，因此相应的波长偏移速率为 250pm/mW。

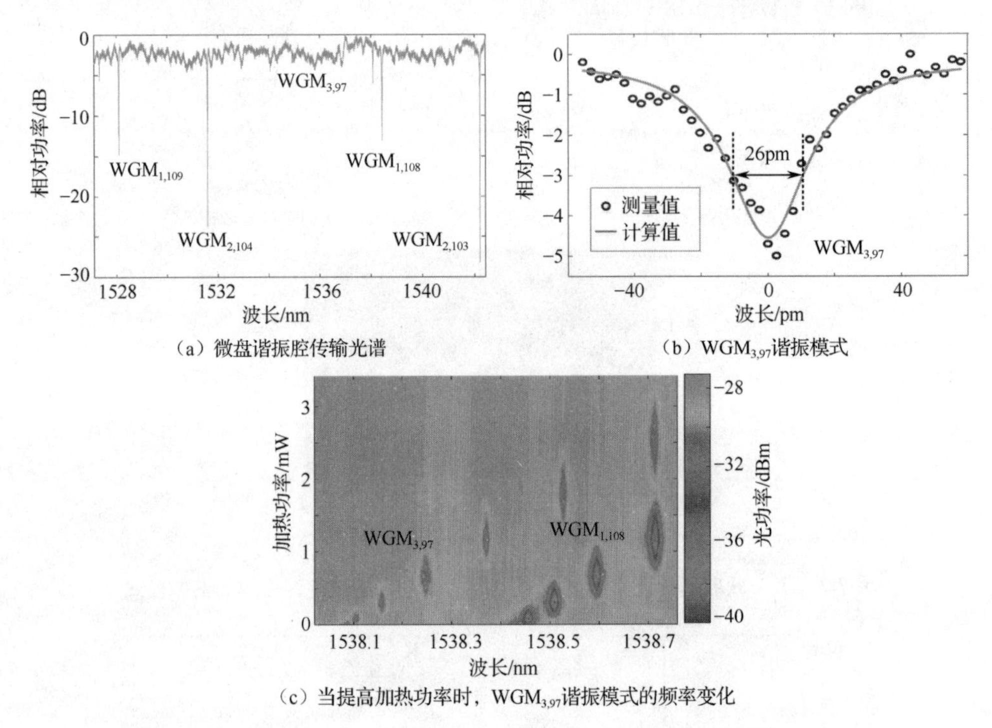

图 7-9 第二款硅基片上集成微波光电振荡器中光学微盘谐振腔的谐振模式

第二款硅基片上集成微波光电振荡器的实验测量结果如图 7-10 所示，当其工作于 4.56GHz 时，振荡信号的射频频谱和相位噪声分别如图 7-10（a）和（b）所示，信号边模抑制比和相位噪声分别为 61dB 和−78dBc/Hz@10kHz。该款振荡器通过微盘谐振腔热调谐可以实现 3～6.8GHz 范围内频率调谐功能，相应的调谐信号射频频谱与相位噪声性能分别如图 7-10（c）和（d）所示，信号相位噪声同样基本保持在−80dBc/Hz@10kHz 左右，并且与振荡器工作频率无关。

集成和小型化是微波光电振荡技术的必然发展趋势，也是实现工程商用的关键基础。单片集成微波光电振荡器极大降低了振荡系统结构复杂度，并且具有低功耗和低阈值优势，为集成低相位噪声微波信号生成系统提供了重要技术支撑，对于卫星通信和机载雷达等对体积、质量、功耗有严苛要求的现代电子系统具有重要研究价值。

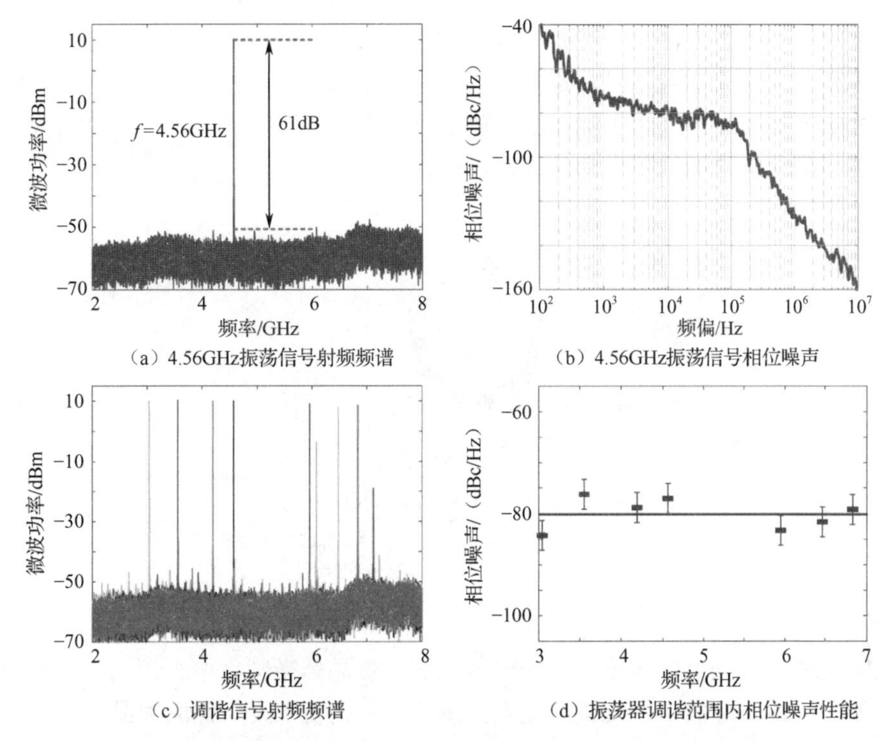

图 7-10　第二款硅基片上集成微波光电振荡器的实验测量结果

7.2　基于无源线性微腔的微波光电振荡器

结构紧凑、低相位噪声和频率可调谐是高品质微波光电振荡器的重要发展方向。传统微波光电振荡器使用长光纤链路作为谐振储能单元，并通过控制射频带通滤波器的中心频率实现选频和调谐功能，存在体积大、调谐线性度低和调谐速度慢等弊端，严重限制了微波光电振荡器的应用场景和价值体现。回音壁光学晶体微腔具有模式体积小和品质因数高等优势，可以替代传统谐振环路中长光纤链路和射频滤波器，同时具有优异的能量存储与模式选择功能，能够进一步改善片上集成微波光电振荡器的相位噪声性能。此外，正如本书第 4 章所述，铌/钽酸锂晶体微腔还具有线性电光效应，通过微腔表面电极施加调控电场可以改变腔体材料的折射率，进而实现高速电光谐振调制和可调谐微波光子滤波等功能。因此，基于高品质回音壁电光微腔的微波光电振荡器具有小型化、低相位噪声、调谐范围大、调谐线性度高及调谐速率快等优势。

7.2.1　微腔储能微波光电振荡器

2003 年，美国 OEwaves 公司最早将小尺寸低损耗回音壁模式（WGM）晶体微腔应用到微波光电振荡器中，晶体微腔作为储能元件为振荡系统提供了较高的品质因数，该振荡系统产生了线宽 100kHz 的微波信号，开启了小型化微波光电振荡器的探索之路。如图 7-11

所示，在微波光电振荡环路中嵌入铌酸锂晶体微腔，其品质因数为$(5\sim9)\times10^6$，并且具有较小的模式体积。泵浦光信号通过棱镜耦合方式进入铌酸锂晶体微腔中，由于铌酸锂晶体材料具有线性电光效应，光电探测器输出射频信号经过功率放大后反馈注入铌酸锂晶体微腔，对腔内光信号实现电光调制并维持稳定振荡状态。

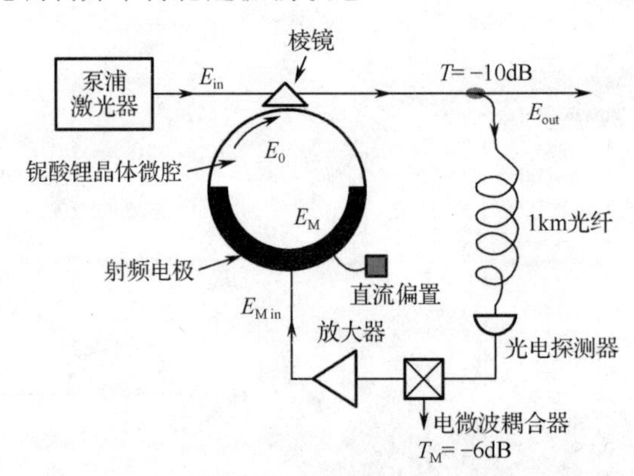

图 7-11　基于回音壁模式铌酸锂晶体微腔的微波光电振荡器结构

相比于传统微波光电振荡器，回音壁模式铌酸锂晶体微腔集电光调制、延迟储能与模式选择功能于一体，降低了传统微波光电振荡器的结构复杂度。铌酸锂晶体微腔的低损耗谐振调制特性也有助于降低微波光电振荡器的功耗，仅需几毫瓦输入光功率即可探测和生成微波信号，微波信号功率随着泵浦光功率的增加而近似线性增加，如图 7-12（a）所示。受限于早期回音壁模式晶体微腔的品质因数（Q 值，10^6 量级），系统中额外引入 1km 光纤延迟线以提高振荡环路的储能能力和品质因数，最终该微波光电振荡器产生线宽 100kHz 的微波信号，如图 7-12（b）所示，超高品质因数光学微腔对于进一步简化振荡系统结构和提升微波信号噪声性能具有重要意义。

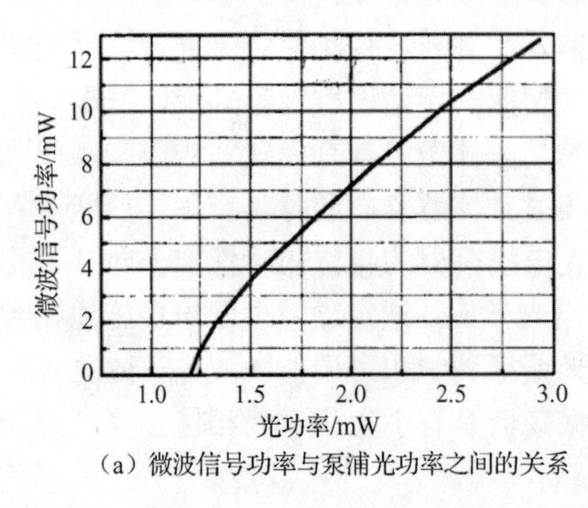

（a）微波信号功率与泵浦光功率之间的关系

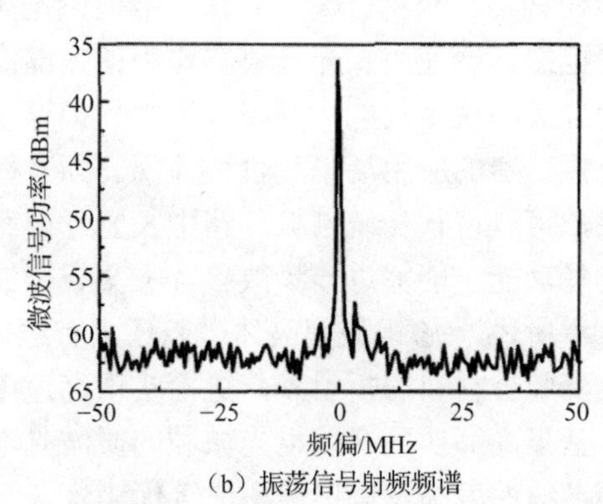

（b）振荡信号射频频谱

图 7-12　实验测量结果

2010 年，法国 FEMTO-ST 研究所 Chembo 等人提出了基于相位调制器和二氧化硅微盘谐振腔的小型化微波光电振荡器方案，如图 7-13 所示。该振荡器方案中二氧化硅微盘谐振腔品质因数高达 10^8，极大增强了谐振环路储能能力，为微波光电振荡系统的噪声性能改善和小型化的实现提供了重要支撑。由于二氧化硅材料不具有电光效应，系统利用相位调制器实现电光调制功能。相位调制光信号经光纤耦合进入熔融二氧化硅微盘谐振腔中，通过高品质回音壁模式光学微腔打破相位调制同阶边带幅度平衡后实现光学相位-幅度转换，最终光电探测器输出剩余调制边带与光载波的差频信号，生成的微波信号经过电放大器进行功率放大后反馈回相位调制器，形成振荡闭环回路。

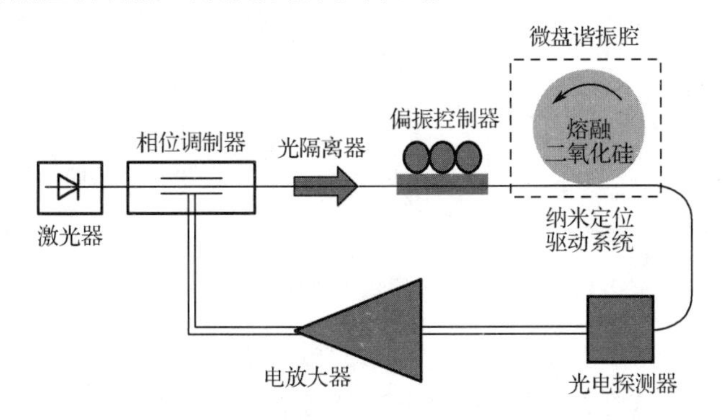

图 7-13　基于相位调制器和二氧化硅微盘谐振腔的小型化微波光电振荡器方案

高 Q 值、低损耗二氧化硅微盘谐振腔作为储能元件替代了传统长光纤储能链路，有助于改善小型化微波光电振荡器的相位噪声性能。该小型化微波光电振荡系统最终实现了 10.7GHz 低相位噪声微波信号输出，单边带相位噪声约为-90dBc/Hz@10kHz 和-110dBc/Hz@100kHz（如图 7-14 所示），为进一步推动微波光电振荡器小型化发展提供了另一种技术思路。

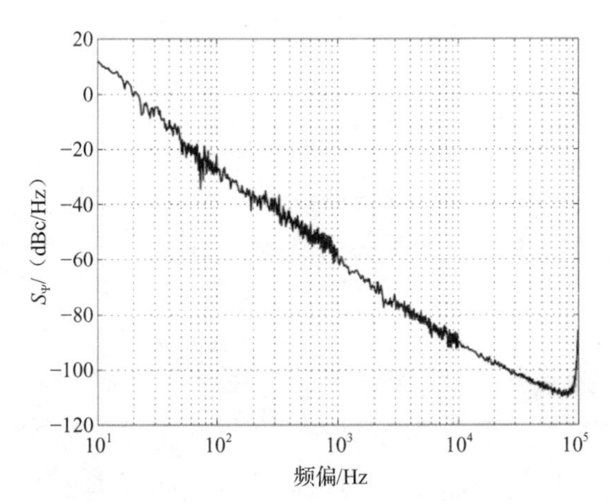

图 7-14　生成 10.7GHz 微波信号的相位噪声性能

同样在 2010 年，OEwaves 公司 Savchenkov 等人利用 z 切钽酸锂材料制成了品质因数为 10^8、半径为 1.27mm 和厚度为 100μm 的超高品质回音壁模式光学晶体微腔。如图 7-15（a）所示，与前文所述 2003 年小型化微波光电振荡器系统方案结构类似，高品质钽酸锂微腔不仅充分发挥了高 Q 值储能作用，同时替代了传统光电振荡结构中带通滤波和电光调制器件，最终实现 34.7GHz 毫米波信号生成，使得微波光电振荡系统结构进一步简化，成为当前基于无源线性储能光学微腔的小型化微波光电振荡器的典型范例。

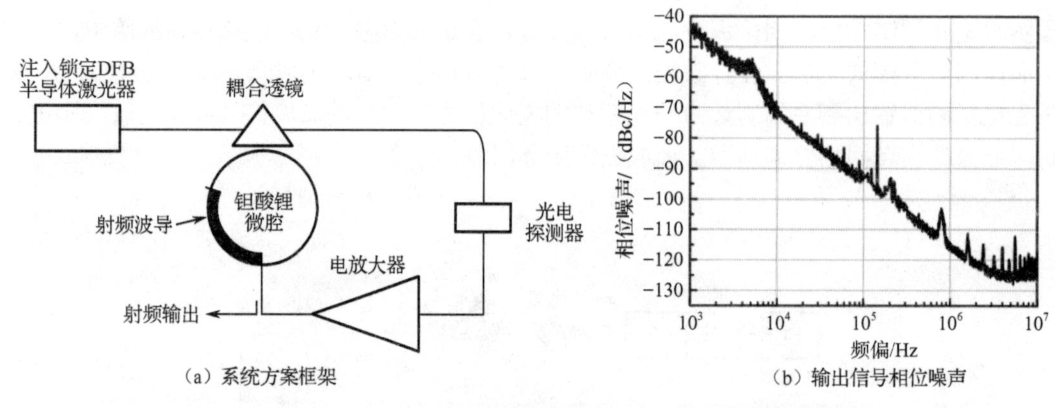

（a）系统方案框架　　（b）输出信号相位噪声

图 7-15　基于回音壁模式钽酸锂微腔的光电振荡器

得益于回音壁模式光学晶体微腔品质因数的极大提升，该微波光电振荡器方案还利用自注入锁定技术通过后向瑞利散射效应将 DFB 泵浦光频率与微腔谐振模式锁定，不仅提升了泵浦光频率稳定度，还显著压窄了泵浦光源线宽，进一步改善了所生成微波/毫米波信号的质量。由于钽酸锂晶体材料具有较大电光系数，利用钽酸锂微腔优良的线性电光效应可以实现泵浦光信号的强度调制功能，因此，7mW 泵浦光耦合进入光学微腔后，钽酸锂微腔同时发挥线性储能和电光调制作用，最终光电探测器输出功率为 10μW 的 34.7GHz 毫米波信号，相位噪声约为-73dBc/Hz@10kHz，如图 7-15（b）所示。该方案通过 DFB 激光器与高 Q 值微腔的注入锁定结构改善了微波光电振荡器的鲁棒性和噪声性能，并且采用易于封装的棱镜耦合方式和极简的振荡环路结构，为小型化微波光电振荡器展示了理想的实用架构方案。

7.2.2　压控调谐微波光电振荡器

高品质回音壁模式光学微腔作为线性储能元件，不仅可以使微波光电振荡器结构紧凑和实现小型化，而且有利于微波光电振荡系统噪声性能的改善，进而提升所生成微波信号的质量和系统可靠性。在此基础上，高品质回音壁模式电光微腔还为微波光电振荡器提供了宽带快速调谐能力，并且进一步降低了振荡环路结构复杂度。因此，基于高品质回音壁模式电光微腔的微波光电振荡器能够满足小型化、低相位噪声及可调谐频率源的发展需求，进一步拓展了小型化微波光电振荡器的灵活重构能力和更多应用场景。

2013 年，OEwaves 公司的 Danny Eilyahu 等人提出了一种基于电光微腔的宽带可调谐微波光电振荡器，利用回音壁模式钽酸锂晶体微腔和 220m 长的光纤作为储能元件，其结构如图 7-16 所示。该微波光电振荡器可以在 2～15GHz 频率范围内连续调谐，调谐速率大于 1GHz/μs，具有良好的宽带调谐性能，是目前基于电光微腔的宽带可调谐微波光电振荡器的最佳实践范例。

该微波光电振荡器通过改变施加在电光微腔表面电极上的直流电压来实现频率调谐，在钽酸锂晶体材料电光效应作用下，外加电压调谐导致电光微腔自由光谱范围随之改变，进而实现振荡输出频率调谐。当改变微腔电极上直流偏置电压时，利用射频频谱分析仪跟踪记录不同偏置电压下可调谐微波光电振荡器产生的 1.6GHz 和 15.6GHz 射频信号频谱，如图 7-17 所示，频率调谐范围可以达到 1.6～15.6GHz，并且主要受限于射频环路中电子元件的工作带宽。另外，当在电光微腔电极上施加周期电压信号时，通过测量闭合环路响应时间可以计算得到振荡器的频率调谐速率，该微波光电振荡器的频率调谐速率约为 1GHz/μs，主要受限于环路振荡平衡建立时间。由于外加电极附着在腔体顶部和底面，电光微腔厚度直接决定了电极之间距离，因此振荡器调谐速率还与电光微腔厚度有关，两者呈线性反比关系，当腔体厚度较小时，电极距离近且电场强度大，可以有效提高振荡器的频率调谐速率。

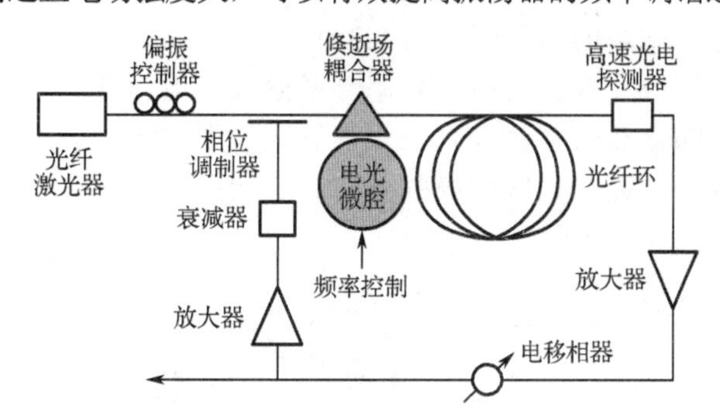

图 7-16 基于电光微腔的宽带可调谐微波光电振荡器

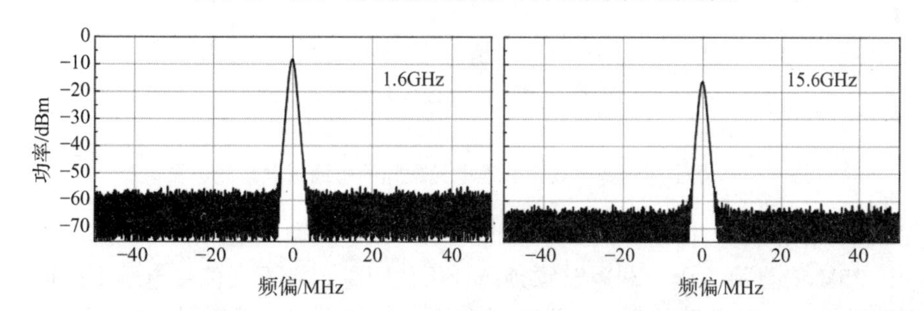

图 7-17 不同偏置电压下可调谐微波光电振荡器产生的 1.6GHz 和 15.6GHz 射频信号频谱

基于上述微波光电振荡系统所生成微波信号的相位噪声曲线如图 7-18 所示，上方曲线为嵌入 6.6m 光纤后输出 9.8GHz 微波信号的相位噪声曲线，相位噪声约为-75dBc/Hz@10kHz；下方曲线为嵌入 200m 光纤后输出 8.44GHz 微波信号的相位噪声曲线，相位噪声约为-100dBc/Hz@10kHz。

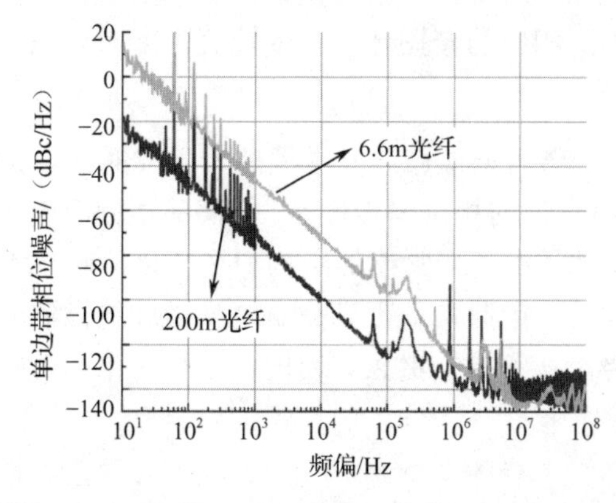

图 7-18 基于电光微腔的宽带可调谐微波光电振荡系统生成微波信号的相位噪声曲线

2010 年，OEwaves 公司 Savchenkov 等人在微波光电振荡器的光路部分嵌入钽酸锂电光微腔，基于钽酸锂晶体的储能功能和电光效应实现了小型化可调谐微波光电振荡器，可以在 8～11.8GHz 频率范围内连续调谐，并且调谐速率约为 1GHz/μs。该方案同样采用高品质电光微腔取代传统微波光电振荡器结构中的长光纤、射频滤波器和电光调制器，将储能、选模和调制功能集于一身，从而使得微波光电振荡器具有高度紧凑的结构和宽带调谐的功能。基于回音壁模式钽酸锂电光微腔的可调谐微波光电振荡器如图 7-19 所示，回音壁模式钽酸锂电光微腔的品质因数为 5.7×10^8，腔体上下表面附着了直流偏置电极，通过施加直流电压可以改变晶体材料折射率，进而改变电光微腔的自由光谱范围和系统的振荡频率。此外，DFB 半导体激光器在无内置隔离器的条件下，通过后向瑞利散射自注入锁定技术实现了泵浦光与相应腔模的频率锁定状态，相对稳定的泵浦光频率有利于所生成微波信号的射频频谱纯化。

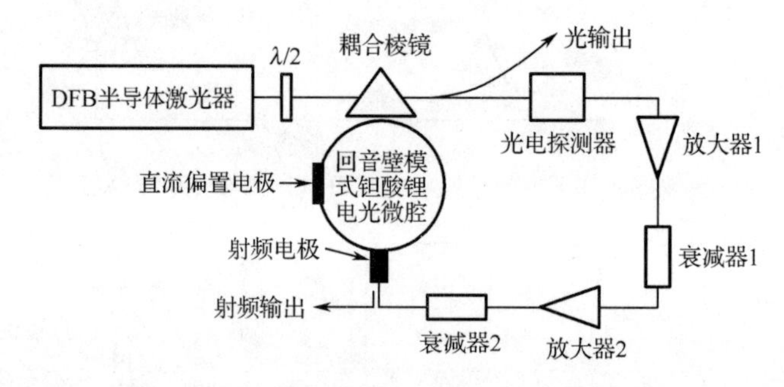

图 7-19　基于回音壁模式钽酸锂电光微腔的可调谐微波光电振荡器

为了表征该微波光电振荡器的频率调谐范围，在电光微腔上下表面直流偏置电极上施加-25V 至 25V 的直流电压，利用射频频谱分析仪跟踪记录不同偏置电压下的振荡信号频率。可调谐微波光电振荡器的频率调谐范围和输出相位噪声曲线如图 7-20 所示。在外加电压调谐过程中，振荡频率以 69MHz/V 的速率从 8GHz 逐渐增大至 11.8GHz，频率调谐范围近 4GHz 宽，调谐速率约为 1GHz/μs，如图 7-20（a）所示。在传统微波光电振荡器结构中，频率可调谐性能主要基于可调谐射频滤波器的选频作用来实现，长光纤延迟线支持离散的超模模式，可调谐射频滤波器可以在超模模式中滤出所需振荡频率，通过调节压控移相器或光纤拉伸器来实现振荡频率的小范围精细调谐。由于基于回音壁模式钽酸锂电光微腔的微波光电振荡器体积较小，相应的谐振环路长度较短，所以可以直接实现振荡信号的宽带连续调谐。

如图 7-20（b）所示，该可调谐微波光电振荡器生成的 9.8GHz 微波信号相位噪声达-102dBc/Hz@10kHz，具有良好的相位噪声性能。将高品质回音壁模式电光微腔应用于微波光电振荡系统中，不仅实现了振荡器紧凑的结构和小型化，同时还发挥了高 Q 值储能、高效电光调制和灵活调谐优势。因此，基于高品质电光微腔的微波光电振荡器兼具小型化、可调谐和低相位噪声优势，在测控、雷达、通信、导航、电子对抗和天文等领域都具有广阔的应用前景。

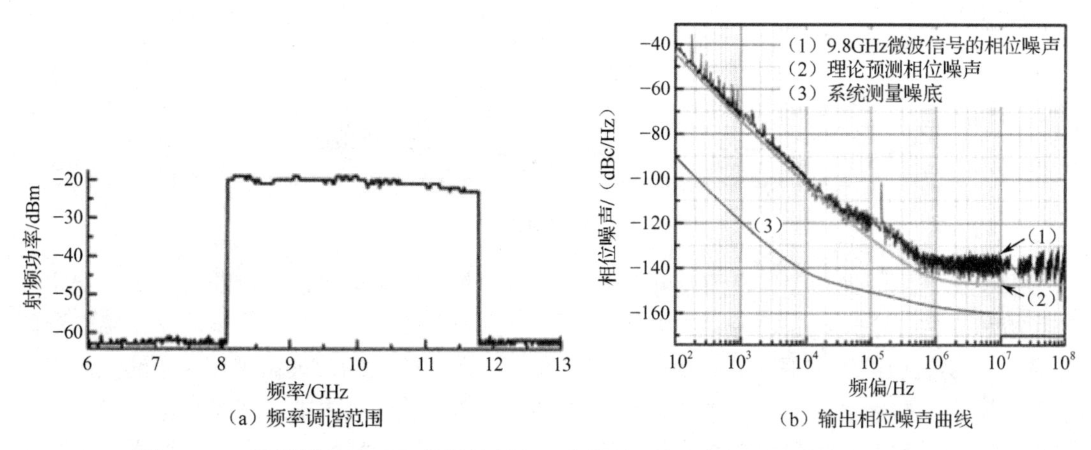

图 7-20　可调谐微波光电振荡器的频率调谐范围和输出相位噪声曲线（9.8GHz）

7.3　基于微腔克尔孤子光频梳的集成微波信号产生

除了上述基于无源线性储能微腔和铌/钽酸锂电光微腔的小型化微波光电振荡系统，近年来，基于微腔克尔孤子光频梳的分频技术成为集成微波光电振荡器的新发展思路。微腔克尔光频梳是一种新型集成光频梳源，由单频连续激光泵浦高非线性微腔介质产生。当微腔克尔光频梳处于孤子态（即锁模状态）时，光频梳的梳齿之间保持高度相干，利用高速光电探测器拍频即可获得其频率等于微腔自由光谱范围的低相位噪声微波信号。高品质微腔克尔光频梳源具有结构紧凑、光谱宽、梳齿间隔大和相干性强等特点，为高频低相位噪声微波信号生成带来了新的技术路径，促进了微波光电振荡器的小型化集成化发展。

7.3.1　微腔克尔光频梳的产生

微腔克尔光频梳是伴随着微腔制备工艺突破而兴起的热门研究领域。随着超精密加工工艺的进步和材料科学的快速发展，各种优良的微腔光学特性得到充分发掘，多个材料体系微腔平台均实现了克尔光频梳的产生，其在相干通信、光谱学、频率合成和光钟等领域具有广阔的应用前景。微腔克尔光频梳的相干锁模特性依赖于非线性与色散以及参量增益与损耗的双重平衡，并且利用泵浦频率与腔模谐振频率间失谐量作为调节控制参量。从参量振荡过程到相干光频梳生成，涉及复杂的非线性动力学过程，并伴随着克尔光频梳状态的不断变化。

微腔克尔光频梳的生成始于均匀背景产生的边带，这个过程依赖于量子涨落或噪声种子的参量放大，即调制不稳定性。调制不稳定性指连续波通过非线性色散介质后产生了幅度和频率自调制，使叠加在连续波上的扰动指数增长，最终导致频谱边带的产生。连续泵浦光以倏逝波形式耦合进入微腔，当泵浦功率超过非线性阈值功率时，微腔内发生光学参量振荡，并随着功率和失谐量的变化引发四波混频效应，最终在微腔输出端产生宽带克尔光频梳。光频梳产生示意图如图 7-21 所示。

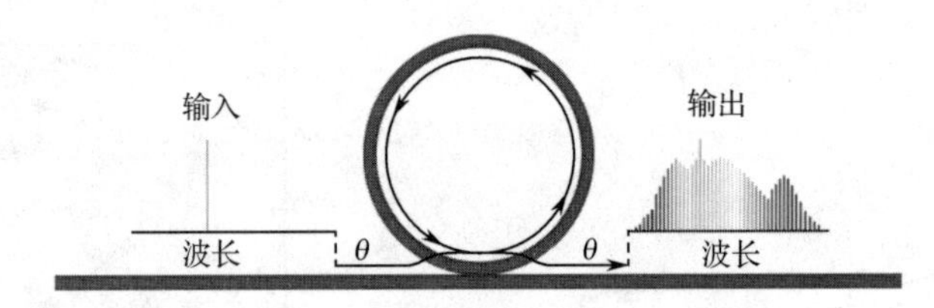

图 7-21　光频梳产生示意图

通过调谐泵浦光功率以及泵浦频率与谐振模式间频率失谐量，可以获得调制不稳定性光频梳和克尔孤子光频梳这两种主要频梳状态。在光频梳产生过程中，泵浦光频率逐渐降低靠近高 Q 值微腔的谐振模式，此时泵浦频率位于谐振模式的蓝失谐区域，泵浦光频率越接近腔模式共振频率，腔内功率和参量增益越高。耦合进入腔内的泵浦光在微腔极小模式体积限制下得到谐振增强，当腔内光功率高于非线性效应阈值时，光学参量过程会将泵浦光功率转移到满足相位匹配条件的谐振模式中，一旦参量增益超过微腔损耗，就会有非线性边带产生。在泵浦光靠近微腔谐振模式的调谐过程中，调制不稳定性光频梳依次经历了主梳、子梳和混沌梳的演化。

主梳是指这样一种梳态：当第一组参量边带在距离泵浦模式间隔 Δ 的谐振模式内产生后，随着调制不稳定性和四波混频发生，初始距离 Δ 不断被复制转移到更高阶边带上，在整个参量增益过程中，梳齿距离（与初始距离相等）Δ 保持不变。图 7-22（a）展示了微腔内主梳产生的过程，泵浦光通过参量振荡过程激发了距离泵浦模式间隔 Δ 的谐振模式。随着泵浦频率逐渐靠近腔模，腔内功率进一步增大，由于主梳附近参量增益谱足够宽，相邻谐振模式也满足梳线起振条件，在简并和非简并四波混频作用下产生了以微腔自由光谱范围为间隔的光频梳分量，称为子梳，如图 7-22（b）所示。

在微腔非线性效应作用下，主梳与子梳之间发生级联四波混频，从而不断产生新的频率分量并相互叠加，最终在微腔内形成了无间隙的克尔光频梳谱线，形成混沌梳，如图 7-22（c）所示。在混沌梳形成过程中，非简并四波混频过程产生的子梳也可能出现在两个主梳谱线之间，如图 7-22（d）和（e）所示。梳齿合并前，当主梳之间出现多个不规则的偏移子梳时，也会与逐渐延伸的子梳发生交叠现象，如图 7-22（f）所示。

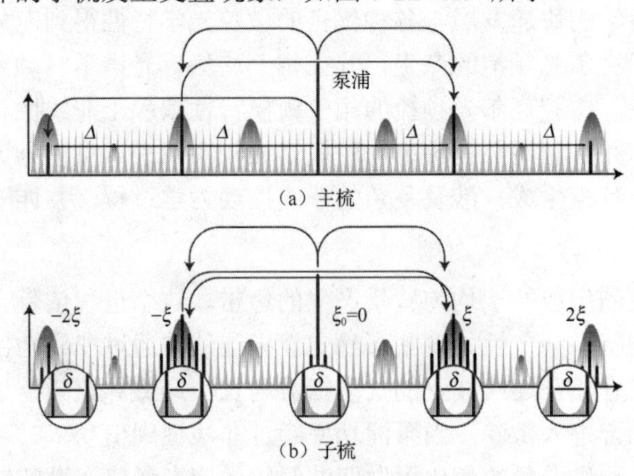

图 7-22　调制不稳定性光频梳的产生

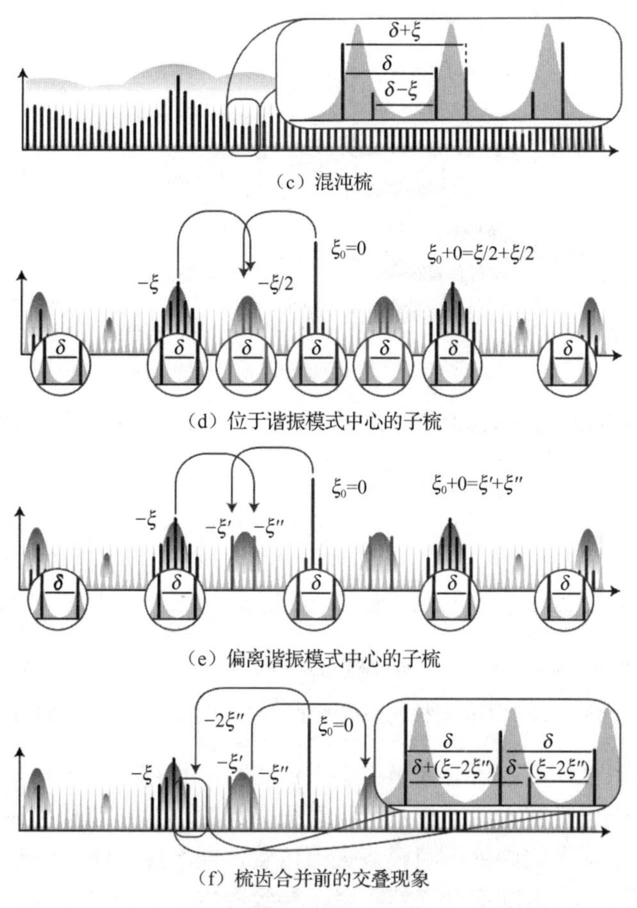

（c）混沌梳

（d）位于谐振模式中心的子梳

（e）偏离谐振模式中心的子梳

（f）梳齿合并前的交叠现象

图 7-22　调制不稳定性光频梳的产生（续）

氟化镁微腔克尔光频梳演化中光谱与对应射频拍频信号如图 7-23 所示。当泵浦频率与微腔腔模的失谐量发生变化时，频梳光谱及梳齿间拍频信号的强度和频率也将随之发生变化。在不断减小失谐量过程中，子梳梳齿个数逐渐增多，最终相互交叠，形成了无间隔连续频率梳。在交叠处，每个微腔谐振模式带宽内存在多个频率成分，这些频率成分相互拍频，在射频域出现多重拍频。随着失谐量进一步减小，交叠频率成分的相互作用增强，最终形成包含复杂相位噪声的克尔光频梳。

拍频信号的噪声特性反映了光频梳梳齿间的相干性。在调制不稳定性光频梳的演化过程中拍频信号的射频频谱变化如图 7-24 所示，产生宽带多重拍频的原因在于微腔光频梳本身的动力学过程。当主梳形成时，梳齿具有较高功率和较强相干性，但由于梳齿间隔很大，受限于光电探测器响应带宽，在射频域检测不到拍频信号；当子梳形成时［图 7-22（b）和（d）］，能够观测到单一频率射频拍频信号，如图 7-24（a）所示；当子梳延展时［图 7-22（c）、（e）和（f）］，可以观测到多个射频拍频信号，如图 7-24（b）所示；当子梳带宽停止增长并与相邻模式子梳重叠时达到临界点，之后由于子梳的不对称性，单个谐振模式被多条频率不同的谱线填充，从而在射频区产生宽带拍频噪声，最终形成混沌梳，即可观测到宽带射频信号，如图 7-24（c）所示。

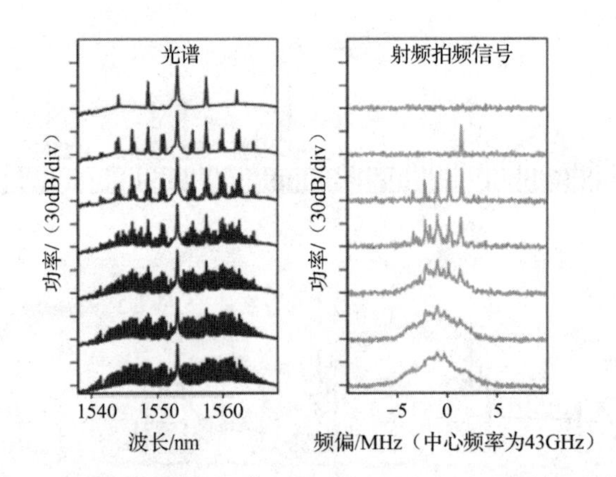

图 7-23 氟化镁微腔克尔光频梳演化中光谱与对应射频拍频信号

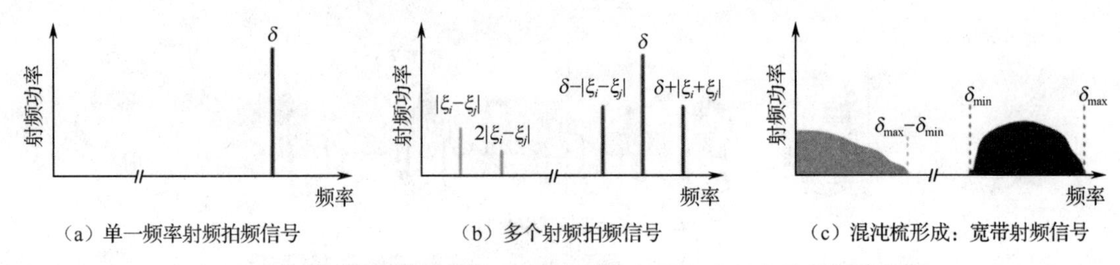

图 7-24 在调制不稳定性光频梳演化过程中拍频信号的射频频谱变化

在微腔光频梳研究早期，研究人员大多关注主梳（也称为图灵梳，相干性高但光谱带宽窄）和混沌梳（光谱带宽大但不相干，噪声很高）的动力学过程和应用。调制不稳定性光频梳产生过程中泵浦光始终处于腔模蓝失谐位置，即微腔处于“热锁定”状态；而一旦泵浦光进入红失谐区，腔内功率会突然下降，导致腔内温度随之骤降，腔模向反方向快速蓝移，“热锁定”状态消失，即泵浦光在红失谐区处于热不稳定状态。直到 2014 年，Herr 等人利用快速扫频方法克服了红移侧热不稳定性，将泵浦频率从蓝失谐区调谐到红失谐区，首次实现了具有稳定包络的低噪态克尔孤子光频梳。

克尔孤子光频梳与位于蓝失谐区的调制不稳定性光频梳有着本质不同：在时域上，连续泵浦光在微腔中转换成飞秒脉冲序列，时间间隔与微腔自由光谱范围相对应；在频域上，光谱具有平滑包络，且梳齿间距为自由光谱范围。图 7-25 所示为克尔孤子光频梳光谱及其对应的时域脉冲。克尔孤子光频梳是微腔光频梳的一种特殊状态，各梳齿间能够维持稳定相干的相位关系，具有重要的研究价值和广阔的应用前景。

氟化镁微腔克尔孤子光频梳产生过程中的传输功率、光谱和射频信号变化如图 7-26 所示。在泵浦光从高频向低频扫描过程中，泵浦与腔模的失谐量控制是克尔孤子光频梳产生的关键因素，图 7-26（b）显示了激光扫描过程中对应光谱的演变过程。对不同阶段光频梳的相邻梳状线进行拍频产生射频信号，并将采样后的射频信号进行傅里叶变换，如图 7-26（c）所示，可以观察到，在不同失谐量的调谐过程中，宽带高噪声射频信号演变为单频低噪声射频信号，演变过程中微腔的传输功率呈现离散的台阶形状［如图 7-26（a）所示］，并且当泵浦频率位于台阶范围内时，拍频信号始终保持纯净的频谱纯度，低噪声窄带射频信号标志着稳定孤子光频梳的形成。

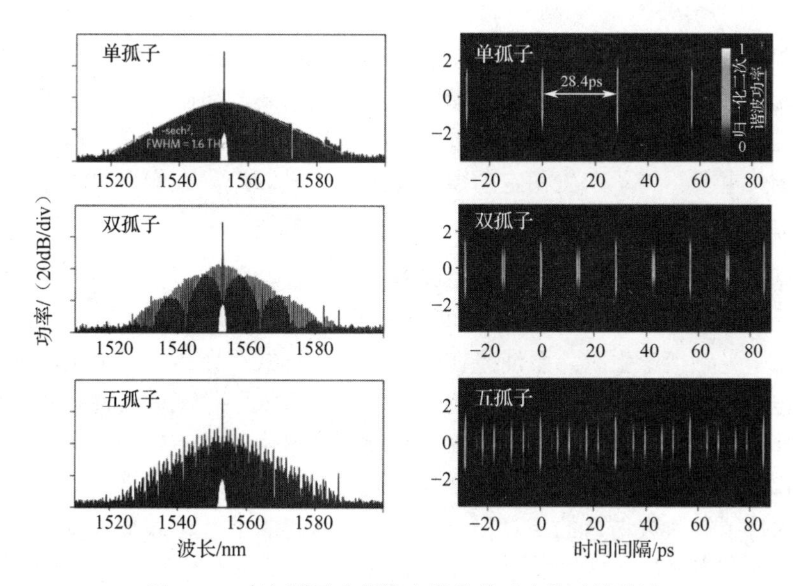

图 7-25　克尔孤子光频梳光谱及其对应的时域脉冲

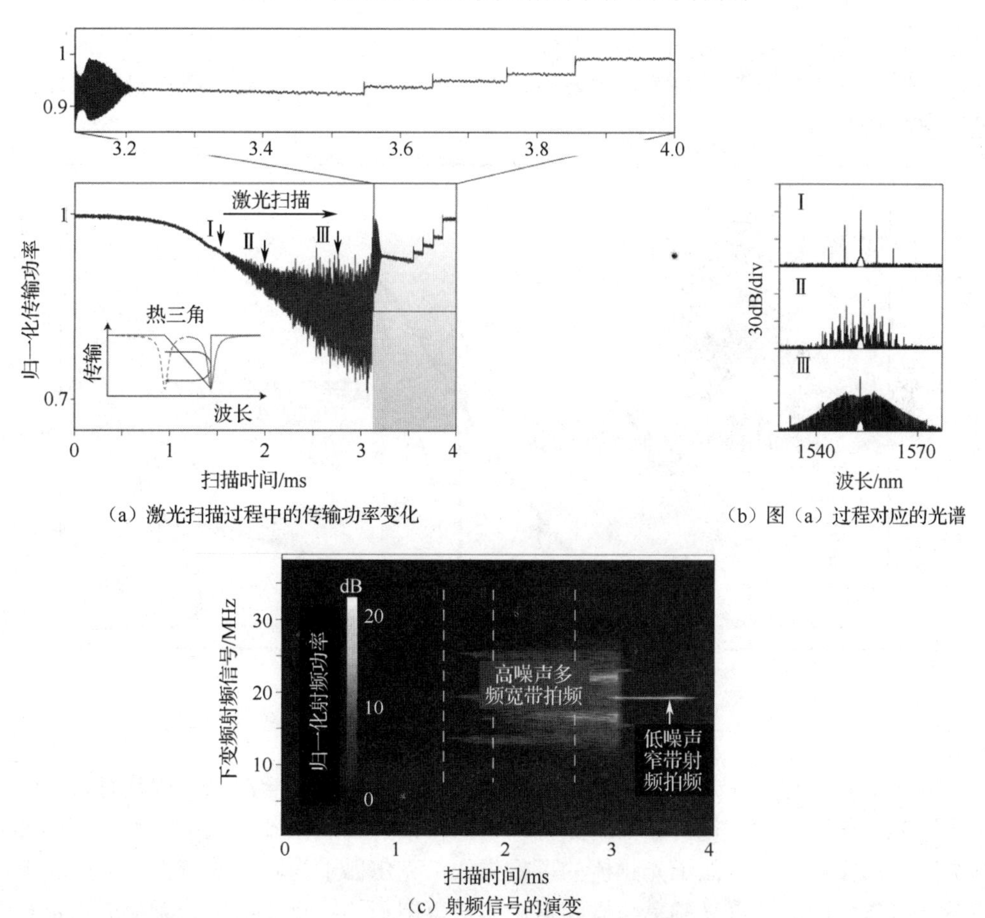

（a）激光扫描过程中的传输功率变化

（b）图（a）过程对应的光谱

（c）射频信号的演变

图 7-26　氟化镁微腔克尔孤子光频梳产生过程中的传输功率、光谱和射频信号变化

产生微腔克尔孤子光频梳最大的挑战在于克服除克尔非线性共振位移外的热共振位移，使泵浦光能够稳定在谐振模式红失谐区。如前文所述，微腔的热动态特性使得稳定的失谐量调节难以实现，因此在激光扫描过程中，以理想的调谐速率在腔内接近平衡温度时达到孤子态至关重要。为了产生稳定的微腔克尔孤子光频梳，人们提出了包括快速扫频、热调谐、辅助光热补偿、脉冲泵浦和自注入锁定等一系列方案。

当微腔克尔孤子光频梳产生后，可以在数小时内保持稳定，并且不需要对微腔和泵浦激光器进行反馈调节，这种稳定性归功于孤子态的双稳定性所带来的平衡。如图 7-27 所示，当微腔克尔孤子光频梳产生时，泵浦光在腔内以两种形式存在：一部分泵浦光与孤子脉冲一起在腔内传输，由于孤子脉冲具有极高峰值功率，引入了很大非线性相移导致这部分泵浦光分量仍处于有效蓝失谐区；其余大部分泵浦光分量由于功率较低，不能在腔内有效谐振，而作为背景波在腔内传输。当继续增加失谐量时，孤子功率随之升高，引入了更大非线性相移，保持了等效失谐量的相对稳定。通过在双稳态曲线中添加辅助线，可以大致推断出整个腔内的功率变化。热共振位移与克尔非线性位移具有相似的反馈机制，不同的是，热共振位移变化比环形谐振腔往返时间慢，而且只取决于腔内平均功率。在微腔中，与失谐量相关的平均腔内功率变化主要由有效蓝失谐的孤子分量控制，而不是背景波分量。这意味着相对于慢速热效应，微腔总体表现为有效蓝失谐，因此系统表现自稳定特性，保证了孤子态的长期运行。

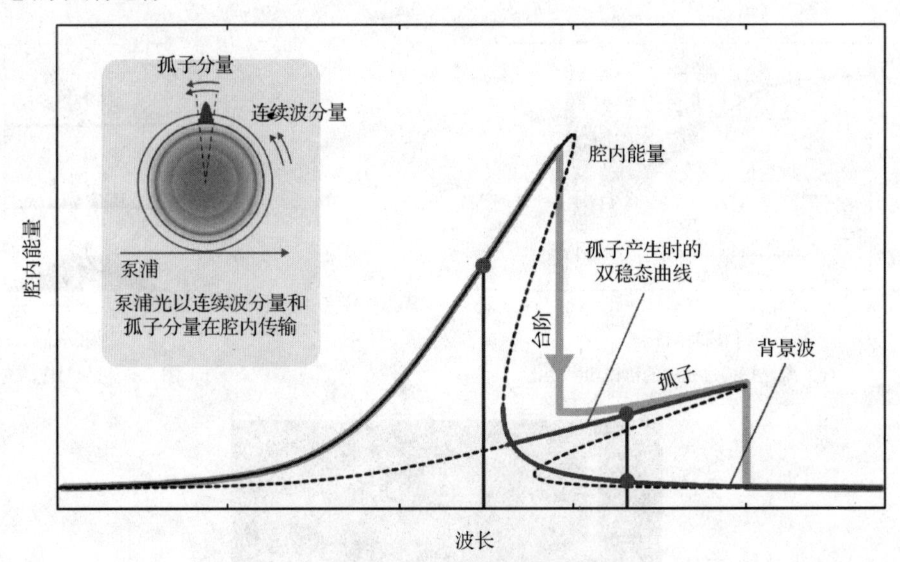

图 7-27　孤子态的双稳定性

微腔中调制不稳定性光频梳和克尔孤子光频梳产生的动力学演化过程具有普遍性，适用于不同光学微腔平台，目前在基于氮化硅、氮化铝、二氧化硅、氟化镁和铌酸锂等多种材料微腔中均实现了克尔孤子光频梳的可靠生成。克尔孤子光频梳的梳齿间高度相干，具有可量化线宽性能并且重复频率与微腔自由光谱范围相等，克尔孤子光频梳的稳定实现为微腔光频梳的应用研究打开了新的大门。

7.3.2 集成微波信号的产生

微腔克尔孤子光频梳（简称孤子光频梳）的稳定产生提升了梳齿的相干性，使得微腔光频梳的实用性能大大提升。目前已经在多种材料平台实现了孤子光频梳，并且通过光学分频过程产生了不同频段的低相位噪声微波信号，在新一代集成微波光电振荡器研究发展中具有巨大应用潜力。

2015 年，OEwaves 公司 Wei Liang 等人最先利用孤子光频梳开展了低相位噪声微波信号产生的应用探索，其系统方案图如图 7-28（a）所示。该工作基于超高品质氟化物回音壁晶体微腔［如图 7-28（b）所示］，利用自注入锁定技术实现了泵浦频率与腔模锁定，以及泵浦激光器线宽压窄，生成了高度相干的孤子光频梳，最后经过相干拍频产生了 9.9GHz 低相位噪声微波信号。相较于现有体积、质量和功耗相当的光生微波方法具有明显的性能优势，展现出回音壁晶体微腔在微波信号生成领域具有重要应用价值。

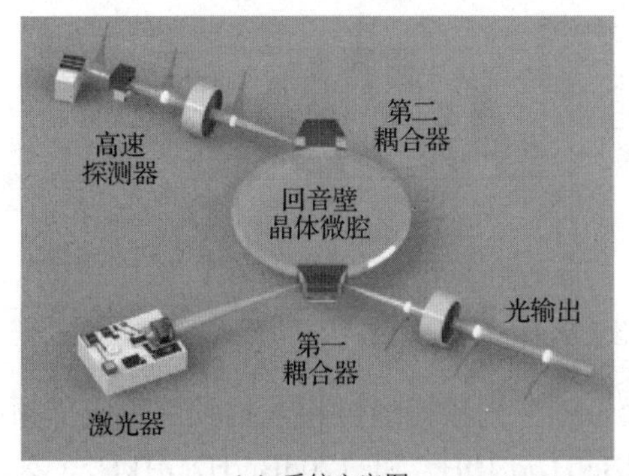

（a）系统方案图

（b）氟化物回音壁晶体微腔实物图

图 7-28　基于孤子光频梳的低相位噪声微波信号生成系统

基于氟化物回音壁晶体微腔的低相位噪声微波信号产生过程主要包括两个关键环节：自注入锁定线宽压窄和孤子光频梳产生。自注入锁定通过微腔共振瑞利散射效应实现，可以将泵浦光锁定到特定晶体微腔谐振模式上，利用背向瑞利散射光提供的快速光学反馈机制显著压窄泵浦激光器线宽。自注入锁定技术不需要任何电子调制器件，极大增强了耦合系统的稳定性，同时抑制了泵浦激光器的频率噪声，最终提高了孤子光频梳的频谱纯度。

孤子光频梳相干拍频是基于微腔光频梳实现低相位噪声微波信号的转换桥梁。由于氟化物晶体微腔孤子光频梳的梳齿之间具有高度相干性，通过高速光电探测器拍频即可产生频率与光频梳重频相同的低相位噪声微波信号。在调谐泵浦光频率激发微腔光频梳的过程中实时监测光电探测器输出射频信号功率，扫频过程中的射频信号检测如图 7-29（a）所示：当没有光频梳生成或光频梳梳齿间隔为多倍 FSR（超出光电探测响应带宽）时，光电探测输出端没有射频信号产生；当进一步调谐激光频率与微腔腔模之间的失谐量时，会出现混沌梳和高噪态射频信号；当进一步调谐激光器注入电流时，激光频率与微腔模式之间的非线性锁定导致频梳向低噪态转换，即产生锁模态的孤子光频梳。孤子光频梳因孤子数目不确定而呈现出不同光谱特征，如图 7-29（b）和（c）所示，图中右上角对应插图部分为相同孤子光频梳状态下的数值仿真光谱图。

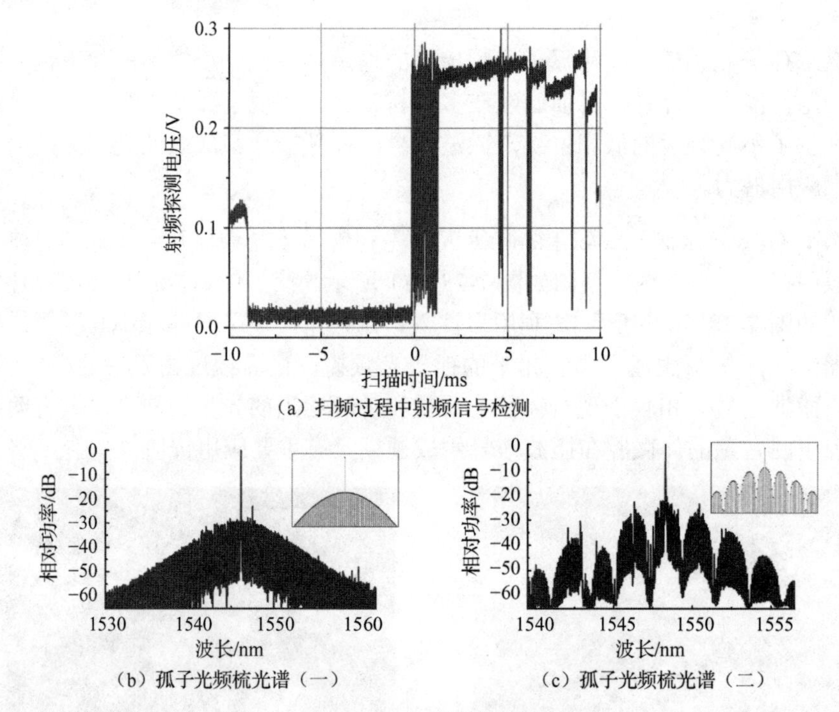

（a）扫频过程中射频信号检测

（b）孤子光频梳光谱（一）

（c）孤子光频梳光谱（二）

图 7-29 实验测量结果

如图 7-30（a）和（b）所示，氟化物晶体微腔孤子光频梳经过相干拍频后生成了频谱纯净的 9.9GHz 微波信号。其相位噪声达到-60dBc/Hz@10Hz 和-120dBc/Hz@1kHz，并且频率稳定度在 1s 积分时间内达 10^{-11} 数量级，如图 7-30（c）所示。得益于氟化物晶体材料的独特优势与自注入锁定技术的成功应用，基于高品质氟化物晶体微腔孤子光频梳的微波信号生成系统具有良好的实用化和集成化前景。

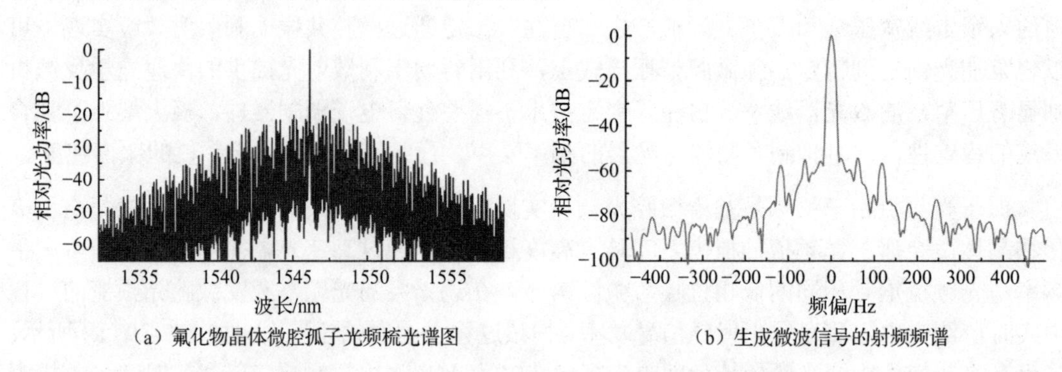

（a）氟化物晶体微腔孤子光频梳光谱图

（b）生成微波信号的射频频谱

图 7-30 氟化物晶体微腔孤子光频梳与拍频信号表征

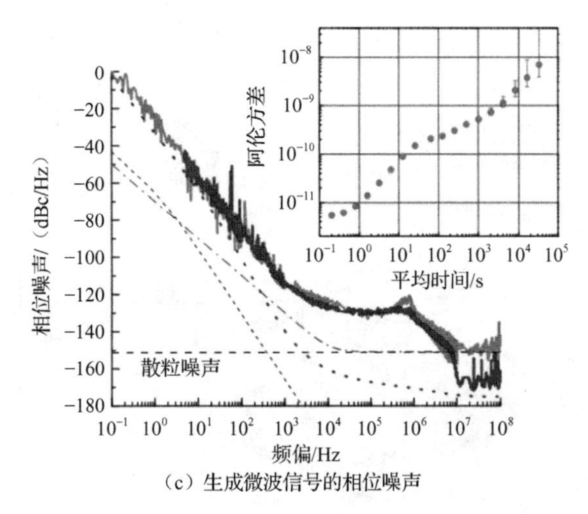

（c）生成微波信号的相位噪声

图 7-30　氟化物晶体微腔孤子光频梳与拍频信号表征（续）

目前 OEwaves 公司基于高品质氟化物晶体微腔光频梳实现了集成微波光电振荡器芯片的商用化，如图 7-31 所示。该产品封装了 DFB 半导体激光器、高品质氟化物晶体微腔和光电探测器等多种光学器件，不仅实现了低相位噪声微波信号输出，同时兼具体积小、质量轻、功耗低和抗振动等优势，推动了低相位噪声微波信号源的集成芯片化发展。

图 7-31　OEwaves 公司基于高品质氟化物晶体微腔光频梳的集成微波光电振荡器芯片

在氮化硅微腔平台中，受限于氮化硅微腔的波导损耗，其直径一般不超过几百微米，因而集成氮化硅孤子光频梳的重复频率远超传统光电探测带宽上限，这阻碍了其在微波信号产生应用领域的研究发展。2020 年，瑞士洛桑联邦理工学院 Junqiu Liu 等人开创性地利用大马士革微纳加工技术，将氮化硅弯曲波导的传输损耗降低至 1.4dB/m，并在国际上首次基于高品质氮化硅微腔实现了重频约 10GHz 和 20GHz 的孤子光频梳，其拍频信号的相位噪声和长期稳定性也与当前微波振荡器水平相当。

图 7-32（a）展示了基于氮化硅微腔（光子芯片）产生微波信号的基本原理。利用 1550nm 连续激光泵浦集成氮化硅微腔生成孤子脉冲，经过光电探测器后即可产生微波信号。微波信号频率取决于微腔自由光谱范围（FSR），并且微腔自由光谱范围与腔体直径尺寸成反比，然而大尺寸（FSR 约为 10GHz 或 20GHz）、高 Q 值氮化硅微腔的制备难度极高。为了提高集成氮化硅微腔的 Q 值，氮化硅波导通常需要具有亚纳米级的表面粗糙度。Junqiu Liu 等人通过改进大马士革回流工艺克服了这一困难，实现了基于超低损耗氮化硅波导的高 Q 值集成微腔制备，具有很高的成品率和可重复性，微腔样片实物如图 7-32（b）所示。

利用可调谐激光器分别泵浦四块高品质集成氮化硅微腔芯片，产生了重复频率分别为 19.6GHz 和 9.78GHz 的孤子光频梳，并通过光电探测器获得了相应频率的微波信号，如图 7-32（c）所示，样片 A、B 和样片 C、D 分别用于产生 K 波段和 X 波段微波信号。其中，样片 A、C 对应的单孤子光谱 3dB 带宽较窄，然而其孤子激发阈值功率较低（不超过 60mW），可以与先进的集成激光器兼容，从而为全集成微腔光频梳源和集成微波光电振荡器的开发创造了机会；样片 B、D 中单微腔孤子光频梳通过 200mW 泵浦功率产生，在 3 dB 带宽内具有超过 100 根梳齿，非常适合为相干光通信系统创建密集波分复用信道。

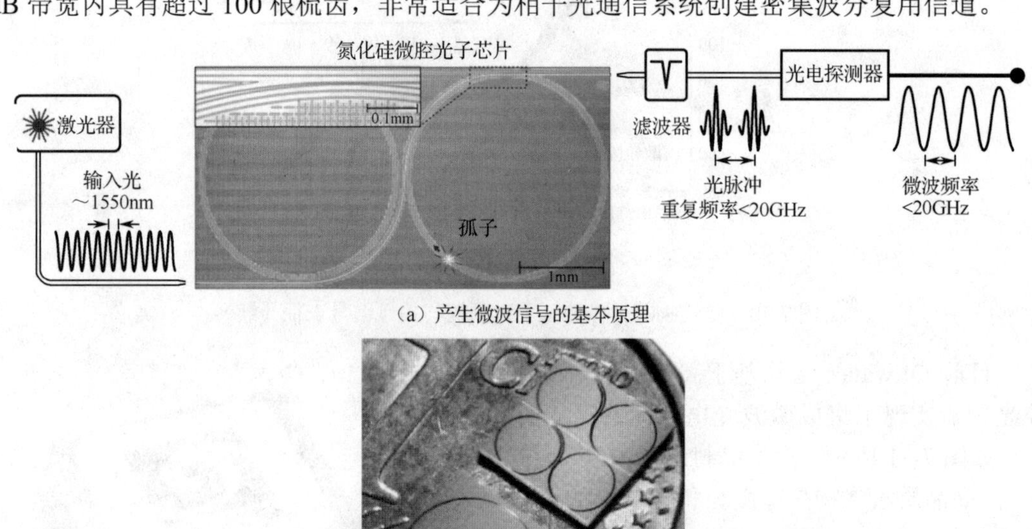

（a）产生微波信号的基本原理

（b）微腔样片实物

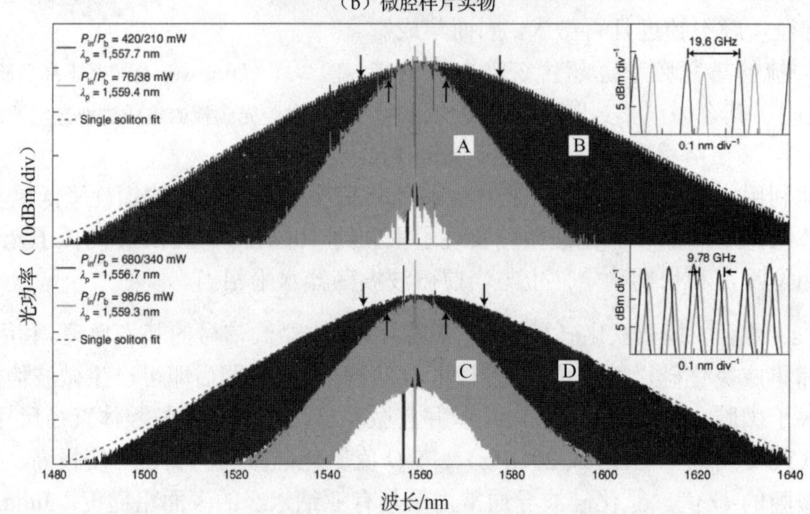

（c）基于四块微腔样片产生的微腔孤子光频梳

图 7-32　基于氮化硅微腔（光子芯片）产生微波信号

经过测试，当采用窄线宽光纤激光器（Koheras）时，氮化硅孤子光频梳拍频输出微波信号的单边带相位噪声功率谱密度达到-80dBc/Hz@1kHz、-110dBc/Hz@10kHz 和-130dBc/Hz@

100kHz，如图 7-33（a）所示。微波信号相位噪声性能主要受到泵浦激光器限制，光学噪声到微波噪声的转换比约为-55dB，因此采用低相位噪声和低相对强度噪声的激光器可以进一步降低微波信号的相位噪声。为了增加微腔耦合系统稳定性，Junqiu Liu 等人还使用光子封装技术将耦合光纤黏合到芯片上［封装的微腔样片如图 7-33（b）所示］，从而提升了孤子光频梳和拍频信号的长期稳定性（通过阿伦方差表征），如图 7-33（c）所示。

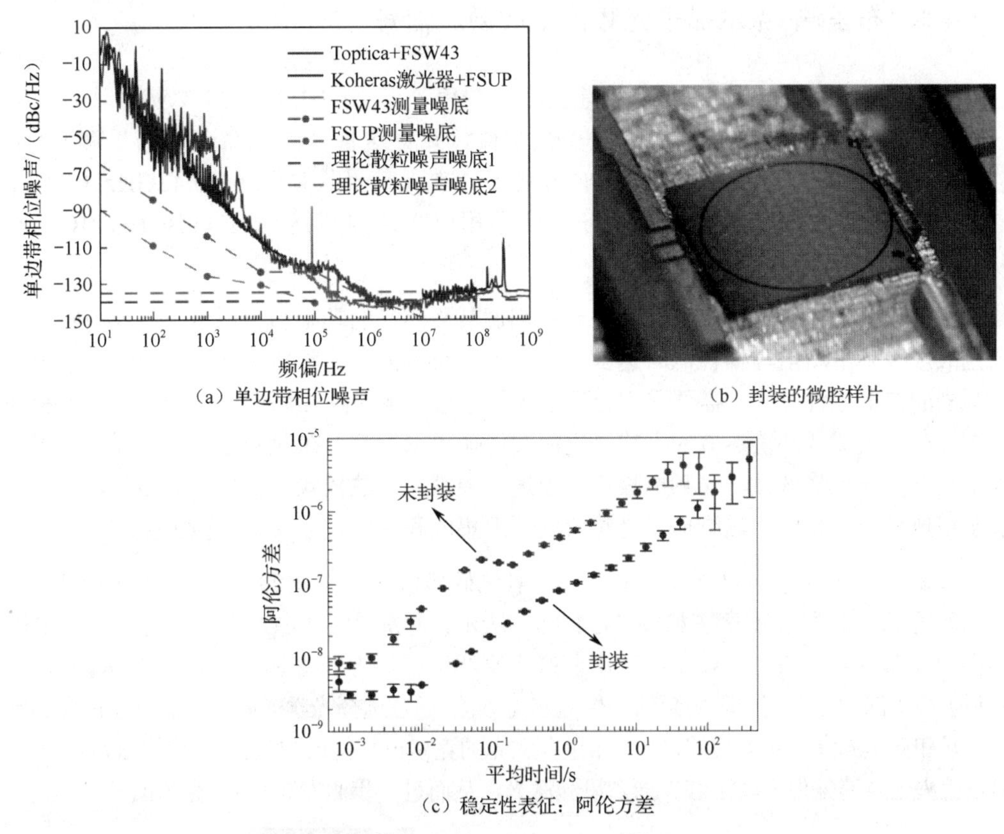

图 7-33　微波信号的单边带相位噪声、封装的微腔样片和稳定性表征

虽然目前商用介质振荡器在相位噪声和尺寸方面已经具有不错的性能，但随着超低噪声高功率集成激光器和高速光电探测器的发展，芯片级全集成微波光电振荡器已经成为可能。凭借低功耗、低成本和小体积等优势，基于孤子光频梳分频技术的低相位噪声微波信号源可以广泛应用于可移动系统和小型电子装备上，因此有望成为下一代卫星、弹载和机载等平台中集成低相位噪声微波信号源的首选方案。

7.4　基于布里渊-克尔孤子光频梳的低相位噪声微波信号产生

基于孤子光频梳的光学分频技术给集成低相位噪声微波信号源带来了新希望，但是所生成微波信号的质量仍然受限于泵浦激光器的频率噪声，因此通过优化泵浦光源能够进一步提高基于孤子光频梳的集成低相位噪声微波信号源的频谱纯度。微腔中的受激布里渊散射过程可以产生高增益、窄线宽的斯托克斯激光，已被成功应用于实现片上超窄线宽激光器。当受激布里渊散射效应激发的窄线宽斯托克斯激光泵浦生成孤子光频梳时，孤子光频梳噪声可以得到进一步降低，进而优化拍频微波信号的相位噪声性能，极大促进了基于孤子光频梳的低噪声微波信号源的应用发展。

7.4.1 布里渊-克尔孤子光频梳生成微波信号

2021 年，南京大学的姜校顺和肖敏团队利用光学微腔中布里渊效应实现了一种梳齿线宽窄、相位噪声低的新型片上孤子光频梳，并将这种光频梳命名为布里渊-克尔孤子光频梳。基于新型布里渊-克尔孤子光频梳，该研究团队实现了 10.43GHz（X 波段）低相位噪声微波信号产生的演示验证，信号相位噪声可以达到-130dBc/Hz@10kHz 和-149dBc/Hz@1MHz。

为了获得相干微腔光频梳，通常需要精细调节泵浦光的功率和失谐量，使得微腔中非线性与色散以及参量增益与损耗同时达到平衡，从而获得孤子光频梳。然而，由于光学微腔中存在强烈的热非线性效应，需要采用合适的调控手段（如快速热调谐、脉冲激光驱动和辅助激光等）来降低或者补偿热效应影响，进而实现孤子态捕获，在此基础上，还需要利用复杂的锁定装置进一步降低孤子光频梳噪声。上述调控锁定方法依赖于额外的光电与电子元件，增加了整体系统复杂度，也给孤子光频梳的片上集成和应用发展带来了巨大挑战。

姜校顺等人报道了一种孤子光频梳（二氧化硅微腔中的布里渊-克尔孤子光频梳）高效产生的新方法，其原理示意图如图 7-34（a）所示，首先利用高 Q 值二氧化硅回音壁模式光学微腔［其样片如图 7-34（b）所示］产生窄线宽受激布里渊激光（简称布里渊激光），然后利用布里渊激光在同一腔内泵浦产生克尔光频梳。通过选择光学微腔中具有合适间隔的初级泵浦模式和布里渊激光泵浦模式，利用布里渊激光的克尔自相位调制效应［如图 7-34（c）所示］，即可在蓝失谐泵浦条件下产生红失谐布里渊激光，从而进一步激发布里渊-克尔孤子光频梳。

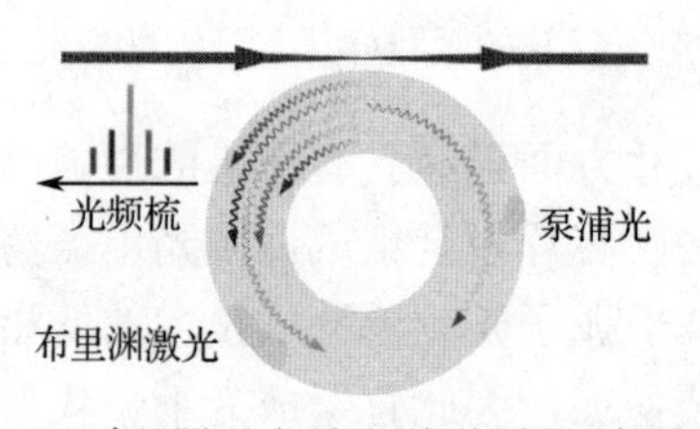

（a）布里渊-克尔孤子光频梳原理示意图

（b）二氧化硅回音壁模式光学微腔样片

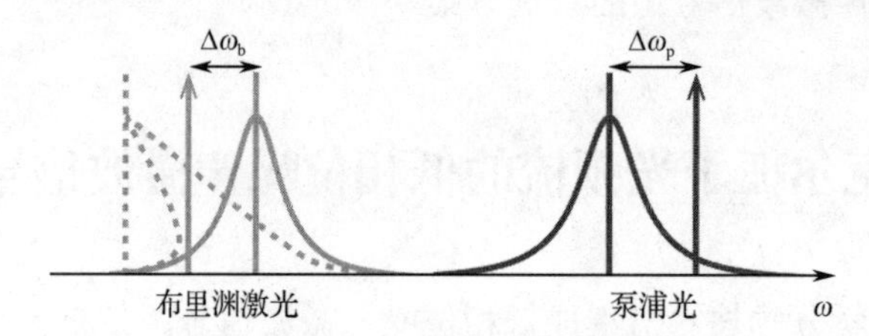

（c）布里渊激光的克尔自相位调制效应示意图

图 7-34 二氧化硅微腔中的布里渊-克尔孤子光频梳

上述方案中采用直径约为 6mm、自由光谱范围为 12.02GHz 的二氧化硅微腔，选用布里渊模式与泵浦模式的频率间隔为 10.7GHz，其中布里渊模式的有载品质因数为 4.44×10^7，如图 7-35（a）所示。将输入泵浦激光器功率设置在较高水平，在泵浦频率调谐过程中，布里渊激光首先在输入泵浦相对腔模的远蓝失谐区被激发。扫频时入射泵浦光和背向光的传输谱如图 7-35（b）所示，其中背向光包括反射泵浦光、布里渊激光和布里渊激光所激发的光频梳。在形成布里渊-克尔孤子光频梳之前，背向光光谱和射频谱如图 7-35（c）所示。当逐渐降低泵浦频率时，在入射光相对泵浦模式蓝失谐的位置观察到孤子台阶，这表明所生成的布里渊激光相对腔模式为红失谐。

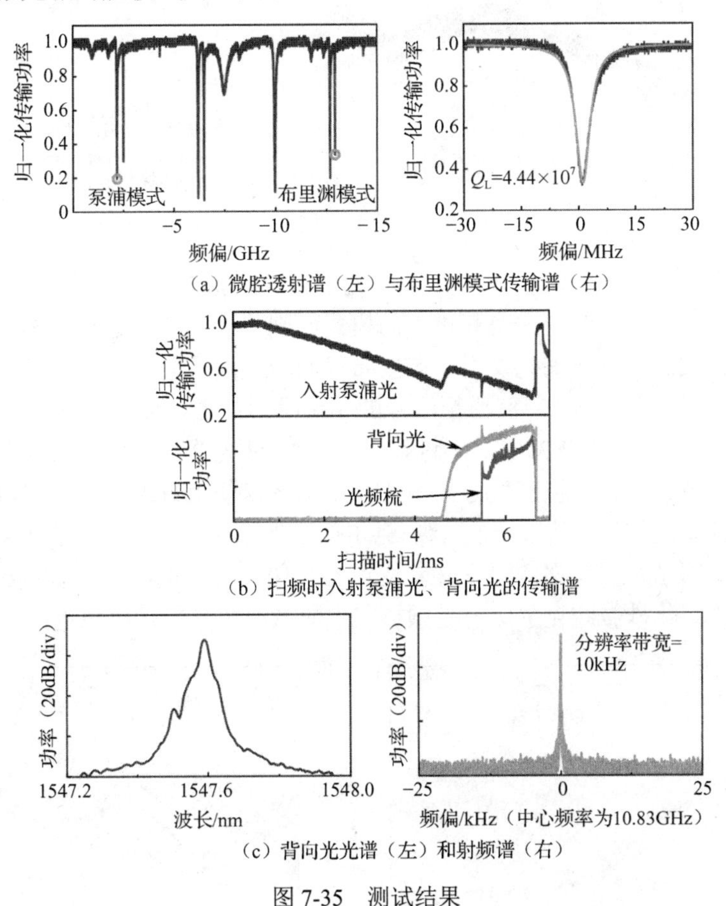

图 7-35　测试结果

由于产生的布里渊激光频率对泵浦光频率波动不敏感，孤子台阶宽度被显著扩大到几十兆赫，与单频激光扫描二氧化硅微腔产生的孤子台阶相比要宽很多。在输入泵浦蓝失谐状态以及布里渊激光红失谐状态下，孤子台阶状态表明产生的布里渊-克尔孤子具备热自稳定性。由于布里渊-克尔孤子光频梳的孤子台阶较宽，可以通过手动调节输入激光频率来逐步获得孤子态。通过调谐输入泵浦光频率至孤子存在范围，可以产生多孤子态光频梳，不同孤子态光谱如图 7-36（a）所示；之后利用后向调谐方法来逐步减少孤子数量，直至产生单孤子光频梳。通过布里渊-克尔孤子光频梳光学分频能够得到线宽小于 10Hz 的 10.43GHz 高频谱纯度微波信号，如图 7-36（b）所示。

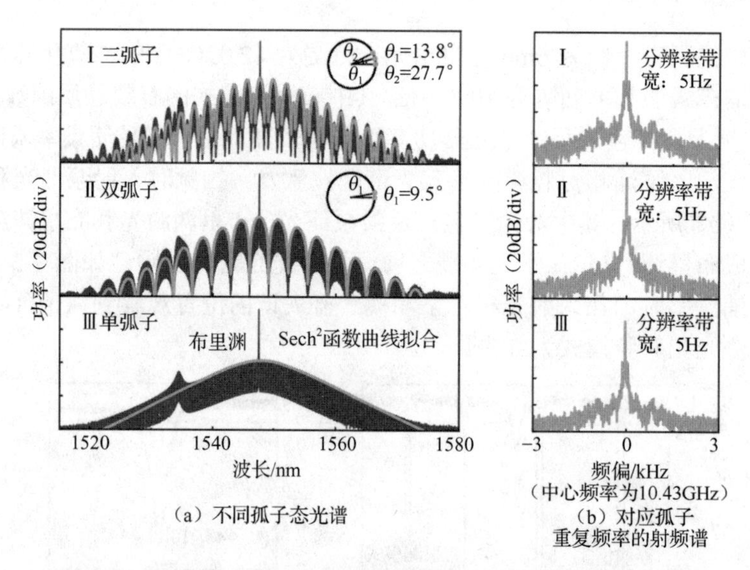

（a）不同孤子态光谱　（b）对应孤子重复频率的射频谱

图 7-36　布里渊-克尔孤子光频梳不同孤子态光谱和对应射频谱

在本方案中，为了产生布里渊-克尔孤子光频梳，布里渊模式及其相应的模式族必须具有反常群速度色散，而泵浦模式及其相应的模式族则不需要满足这一要求。因此孤子光频梳只出现在该模式族中，泵浦光仅用于产生布里渊激光而不会产生光频梳。双孤子态和单孤子态下布里渊-克尔孤子光频梳拍频信号的相位噪声接近，约为-130dBc/Hz@10kHz 和 -150dBc/Hz@1MHz，如图 7-37（a）所示。与采用窄线宽光纤激光器泵浦和锁定二氧化硅微腔失谐量的传统孤子光频梳产生方案相比，本方案仅使用自由运行泵浦激光器即可产生极低相位噪声的微波信号。其次，布里渊-克尔孤子光频梳还具有良好的频率稳定性，如图 7-37（b）所示，孤子重复频率的阿伦方差达到 5.0×10^{-9}@1s 和 4.5×10^{-9}@100s，同样优于先前报道的基于二氧化硅微腔克尔孤子光频梳产生的微波信号的频率稳定性。

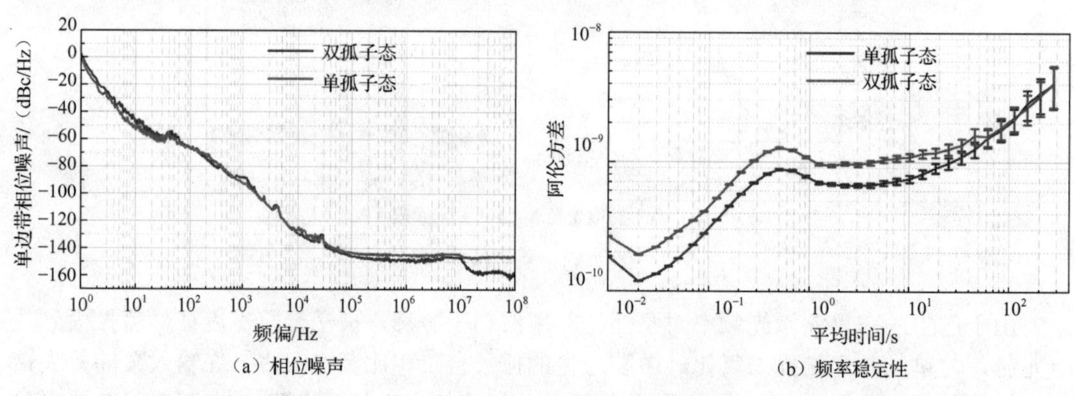

（a）相位噪声　（b）频率稳定性

图 7-37　布里渊-克尔孤子光频梳拍频信号的相位噪声与频率稳定度

相干级联布里渊激光拍频和相干克尔孤子光频梳分频技术均可产生低相位噪声微波信号，然而通常需要采用注入锁相、Pound-Drever-Hall 锁相和锁相环等主动锁定方法，通过复杂的光电元件来稳定微波信号频率。相比之下，本方案结合布里渊激光和克尔孤子光频梳同时在单个高 Q 值微腔内产生的优点，仅使用单个自由运行泵浦激光器即可利用布里渊-克尔孤子光频梳实现低相位噪声微波信号的产生，与之前红失谐泵浦工作方式相比，蓝失谐泵浦工作方式使得系统具有热自稳定性。此外，该方案原理也适用于光学晶体和氮化硅等其他材料微腔平台，具有更广泛的应用场景。热自稳定的布里渊-克尔孤子光频梳不仅具有便携启动特性，而且其优异的噪声特性也使其成为片上集成微波源的有力竞争者，为小型微波光电振荡器的芯片化集成和工程化应用提供了可能。

7.4.2 单片 F-P 型光纤微腔集成微波光子飞轮振荡器

2020 年，南京大学谢臻达教授课题组与美国科罗拉多大学博尔德分校黄书伟教授合作，首次获得光子飞轮级别的克尔孤子光频梳，具有亚飞秒时间抖动和超低相位噪声（-180dBc/Hz@1GHz 载频）性能，创造了目前微腔光频梳领域的最佳纪录，为超小型光钟研制和精密频率计量提供了新的技术方向。

光子飞轮概念首先由光频梳研究先驱 Franz X. Kärtner 教授提出，利用光学方法产生高重复性和低抖动周期信号，可以实现目前人类所能达到的最精密时间标准，在微波光子学、精确授时和遥感定位等领域具有重要应用价值。光子飞轮已经在基于飞秒锁模激光器的光频梳中实现，但是其结构复杂、体积较大且易受环境影响，通常只能在实验室里正常工作，并且重复频率通常限制在 1GHz 以下。光学微腔中克尔孤子光频梳可以极大缩小光子飞轮的系统体积并提升环境适应性，然而，片上光学微腔的量子噪声极限较高，并且噪声水平进一步受到泵浦激光器噪声和孤子光频梳热稳定性限制，现有片上方案的相位噪声和时间抖动水平无法达到光子飞轮级别。

针对上述问题，南京大学和科罗拉多大学团队采用自制的高品质 F-P 型光纤微腔，创造性地通过“两步泵浦”新机制，即利用光纤微腔内腔增强的交叉偏振受激布里渊激光（简称布里渊激光）间接泵浦来产生克尔孤子光频梳。克尔孤子光频梳的噪声可以通过“两步泵浦”方法而突破泵浦光噪声限制，并且孤子态可以通过应力导致的双折射效应进行调控，进而产生逼近光纤微腔量子噪声极限的热稳定孤子光频梳。自由运转状态下微腔克尔孤子光频梳的噪声水平已经接近飞秒锁模激光器噪声，时间抖动可以低于 1 个光学周期，达到“光子飞轮”级别。

基于 F-P 型光纤微腔产生克尔孤子的实验装置示意图如图 7-38（a）所示。方案中 F-P 型光纤微腔采用机械抛光和光学镀膜方法制备，其品质因数和自由光谱范围分别为 3.4×10^{7} 和约 1GHz。在 F-P 型光纤微腔中，应力双折射可以产生两组正交偏振腔模（P1 和 P2），泵浦光附近的传输谱如图 7-38（b）所示。为了产生克尔孤子光频梳，泵浦光沿 P1 偏振态注入，通过增加主泵浦功率可以观察到布里渊激光产生；进一步增加主泵浦功率，布里渊激光功率也继续增加并最终成为光纤微腔中主导光频梳产生的二次泵浦，泵浦模式和布里渊模式分别激发的光频梳光谱如图 7-38（c）所示。

如图 7-39（a）所示，“两步泵浦”思路提供了一种消除微腔热效应影响的克尔孤子光频梳自稳定生成新方案。当设置两个正交偏振态偏移频率为特定值时，一阶斯托克斯布里渊增益谱在腔模红失谐侧并且与 P2 共振模式谱重叠。因此，布里渊激光可以调谐至 P2 共振模式红失谐侧，而泵浦主激光仍处于 P1 共振模式蓝失谐侧，扫频过程中泵浦光和布里渊激光频率失谐量变化如图 7-39(b)所示。扫频过程中不同偏振模式的传输功率如图 7-39（c）所示，可见两步泵浦机制有效地补偿了孤子产生过程中的热变化。

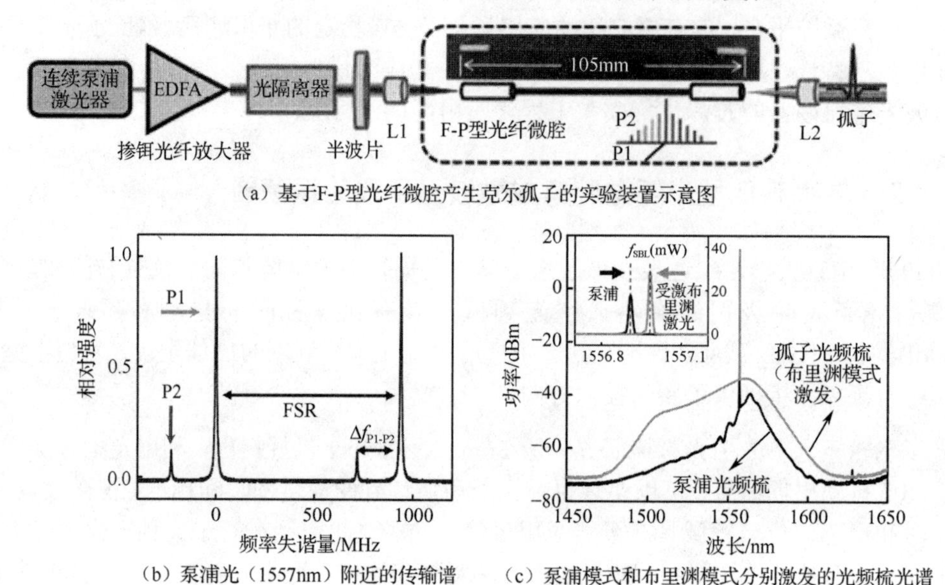

（a）基于F-P型光纤微腔产生克尔孤子的实验装置示意图

（b）泵浦光（1557nm）附近的传输谱　　（c）泵浦模式和布里渊模式分别激发的光频梳光谱

图 7-38　实验装置示意图及传输谱与光谱

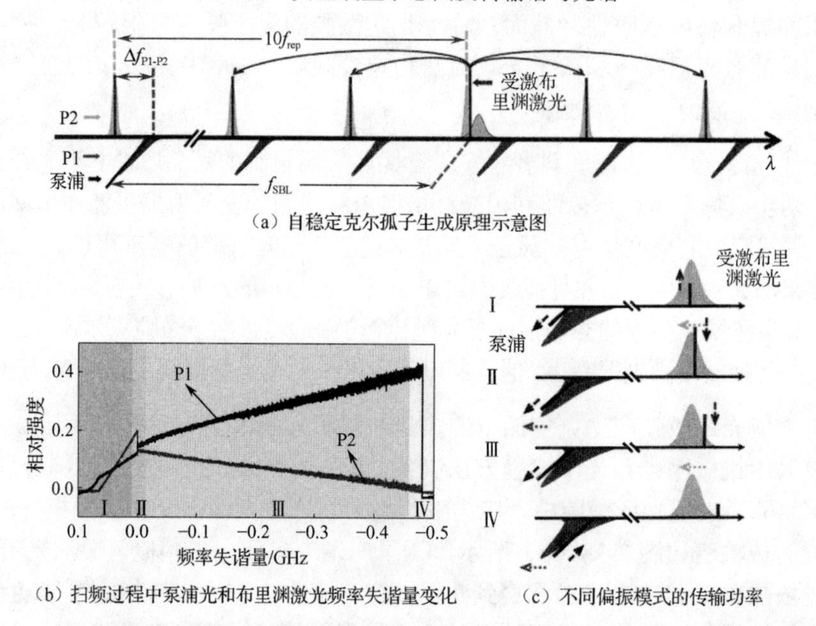

（a）自稳定克尔孤子生成原理示意图

（b）扫频过程中泵浦光和布里渊激光频率失谐量变化　　（c）不同偏振模式的传输功率

图 7-39　自稳定克尔孤子生成原理及扫频过程中频率失谐量变化与不同偏振模式的传输功率

在此前的微腔光频梳中，级联布里渊激光与克尔非线性相互作用，增强了超参量振荡过程，同时阻碍了克尔孤子光频梳的产生，本方案结构抑制了不必要的非线性相互作用，促进了低相位噪声克尔孤子光频梳的生成。该方案中克尔孤子光频梳状态确定且自稳定，能够在无任何主动控制的情况下保持数小时，并且可以重复、可靠地生成。“两步泵浦”思路不仅解决了微腔热不稳定性问题，而且通过谐振腔增强的受激布里渊效应压窄了二次泵浦线宽，使得二次泵浦光谱纯度比主泵浦光高很多，最终产生的克尔孤子光频梳能够达到接近量子噪声极限的相位噪声和时间抖动性能。图 7-40（a）显示了混合偏振光（左上）、P2 偏振光（左下）泵浦模式下孤子拍频信号宽带射频谱和基频信号频谱（右），其信噪比大于 45dB。当克尔孤子光频梳稳定工作时，利用自外差干涉测量得到梳齿线宽达 22Hz，梳齿固有线宽相比于泵浦光（主激光，线宽 5kHz）得到了极大窄化，如图 7-40（b）所示。射频信号 10kHz 频偏处单边带相位噪声接近量子极限，克尔孤子的时间抖动也达到亚飞秒水平，如图 7-40（c）和（d）所示。

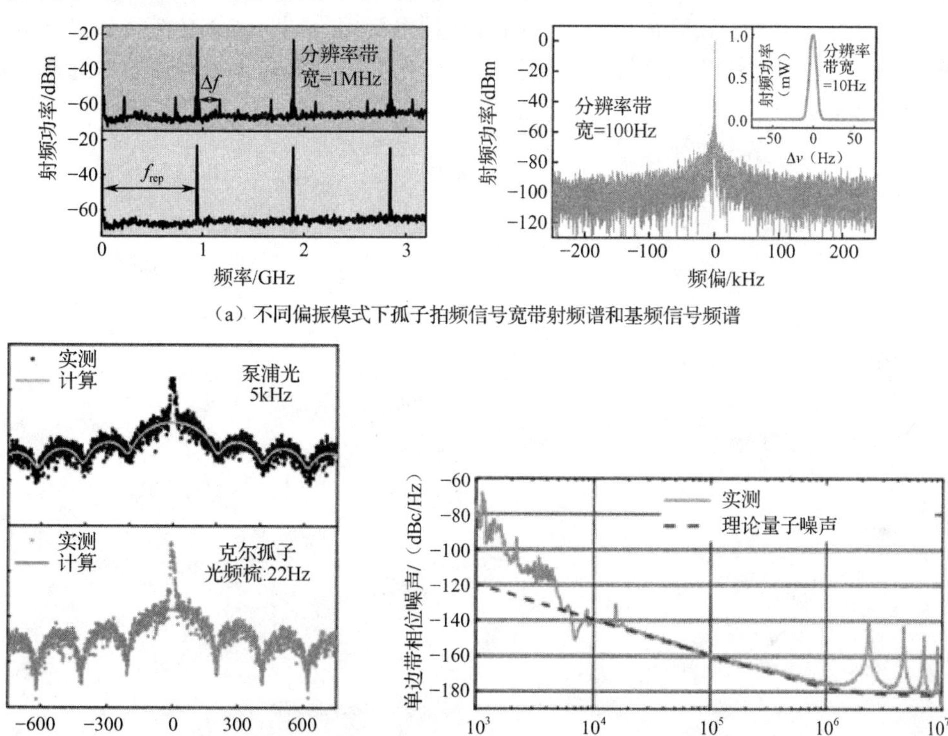

（a）不同偏振模式下孤子拍频信号宽带射频谱和基频信号频谱

（b）利用自外差干涉法测量的泵浦光和梳齿线宽

（c）单边带相位噪声谱

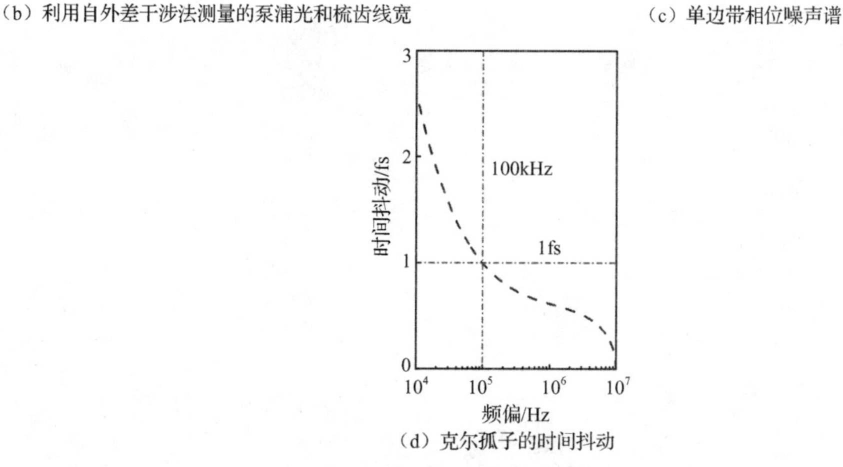

（d）克尔孤子的时间抖动

图 7-40 克尔孤子光频梳的射频信号表征

与其他片上微腔光频梳相比，基于 F-P 型光纤微腔和新型两步泵浦方案的克尔孤子光频梳实现了前所未有的低时间抖动水平，可以作为一种新型紧凑光子飞轮来替代传统锁模激光频率梳。基于 F-P 型光纤微腔的克尔孤子可以在吉赫（GHz）级重复频率下实现接近量子极限的亚飞秒时间抖动，两步泵浦创新思路有助于缓解光纤微腔的热不稳定性，并促进达量子极限的克尔孤子光频梳生成。光纤微腔通过改进制备方法可以获得更高的品质因数，进一步降低泵浦功率要求。F-P 型光纤微腔平台与现有光纤激光技术之间的内在兼容性将促进系统全光纤集成封装，以实现光谱和时频精密计量设备可现场部署的目标。“光子飞轮”级别的克尔孤子光频梳可以具备高重复频率特性，同时达到传统锁模激光具有的超低噪声水平，这些优势都为高性能小型集成微波光电振荡器提供了新的技术选择。

第 8 章

其他光生微波信号技术

光纤式微波光电振荡器、紧凑型耦合式微波光电振荡器和小型集成化微波光电振荡器的发展，为高性价比、高频段、低相位噪声微波信号源的商业化和实用化带来了希望。除了微波光电振荡器，其他光生微波技术还包括传统光学外差法、光学分频技术、片上布里渊振荡技术和电光分频锁相技术等，利用光学频段丰富的频谱资源和光学元件的极低损耗特性实现高频段、低相位噪声微波信号生成，因此，这些技术的提出和发展同样是光生微波信号领域不可忽视的部分。

本章先介绍基于传统光学外差法的微波信号生成，对其发展过程中所提出的光学锁相环、光学注入锁定、双波长激光器和外部电光调制等技术进行介绍。随后介绍低相位噪声光生微波信号的新兴前沿技术，包括基于光学分频的超低相位噪声微波产生技术、基于片上布里渊振荡的微波信号合成，以及基于电光分频锁相的低相位噪声微波信号合成。

8.1 基于传统光学外差法的微波信号生成

传统光学外差法是最早被提出的一种光生微波技术，核心思想是将两束不同频率的激光信号经过光学耦合后馈入光电探测器中，拍频输出微波信号频率为两束激光信号的频率差。基于传统光学外差法生成微波信号的基本原理如图 8-1 所示，通过改变两束输入激光信号的频率差可以生成不同频率的微波信号，输出微波信号的频率范围仅受限于光电探测器的工作带宽。

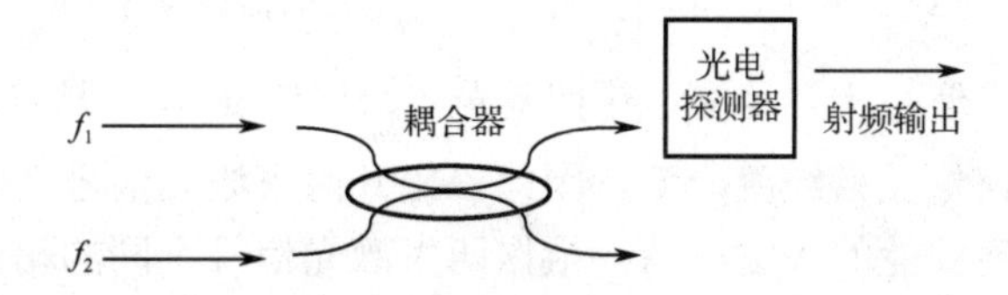

图 8-1　基于传统光学外差法生成微波信号的基本原理示意图

在基于传统光学外差法生成微波信号的过程中，假设理想的两束输入激光信号分别为

$$E_1(t) = E_1 \exp[\mathrm{j}(2\pi f_1 t - \varphi_1)] \tag{8-1}$$

$$E_2(t) = E_2 \exp[\mathrm{j}(2\pi f_2 t - \varphi_2)] \tag{8-2}$$

两束激光信号经过耦合合成后可以表示为

$$E(t) = E_1 \exp[\mathrm{j}(2\pi f_1 t - \varphi_1)] + E_2 \exp[\mathrm{j}(2\pi f_2 t - \varphi_2)] \tag{8-3}$$

其中，E_1和E_2、f_1和f_2、φ_1和φ_2分别表示两束激光信号的幅度、频率和初始相位。合成激光信号经光电探测器拍频得到的光电流$i(t)$为

$$\begin{aligned} i(t) = \rho|E(t)|^2 &= \rho E_1^2 + \rho E_2^2 + \rho E_1 E_2 \cos[2\pi(f_2 - f_1)t - (\varphi_2 - \varphi_1)] \\ &+ \rho E_1 E_2 \cos[2\pi(f_1 + f_2)t - (\varphi_1 + \varphi_2)] \end{aligned} \tag{8-4}$$

其中，ρ为光电探测器响应度。光电流大小与两束激光信号光场强度的乘积成正比，经过光电探测器后拍频信号的频率成分包括直流、差频、和频项，由于受光电探测器响应带宽和隔直电路的限制，直流及和频信号分量将被滤除，最终输出信号频率只包含$|f_1 - f_2|$差频分量。

基于光学外差法生成微波信号的质量，主要取决于两束输入激光信号的频率稳定性和相互之间的相位相干性。如图 8-2 所示，自由运行激光器通常容易受到外界环境影响而产生较大频率漂移，单束激光信号光频变化会导致两束激光信号差频波动，进而直接导致生成微波信号频率发生波动。此外，当输入激光信号具有较高相位噪声时，两束独立光波的相位噪声也会直接传递至微波信号中，使得生成微波信号的相位噪声性能严重恶化。因此，两束激光信号的相位相干性和频率稳定性对于光学外差法生成微波信号的相位噪声和频率稳定性能至关重要。

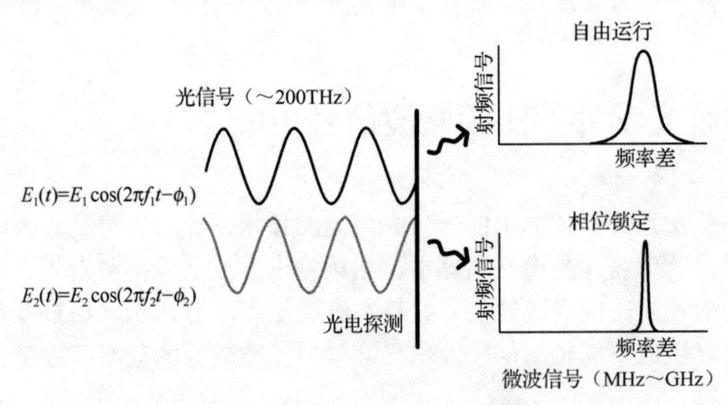

图 8-2　两束自由运行与相位锁定激光的拍频信号频谱

由于两束输入激光信号相互独立，并且激光初始相位φ_1和φ_2具有随机性，随机相位波动将会导致拍频微波信号频谱纯度降低。因此，提升两束激光信号之间相位相干性是改善拍频微波信号相位噪声性能的关键举措。根据两束激光信号不同的相位相干控制原理，基于光学外差法的光生微波技术可以分为光学锁相环技术、光学注入锁定技术、双波长激光器技术，以及外部电光调制技术等。

8.1.1　光学锁相环技术

光学锁相环技术主要利用两束激光拍频信号来构建鉴相机制，将拍频信号与参考微波信号比较而产生相位误差信号，通过实时反馈以修正其中一路激光输出信号相位，使得两束激光信号之间保持相位相干关系。基于光学锁相环技术的光学外差法有利于低相位噪声微波信号生成。

光学锁相环技术原理图如图 8-3 所示，两束激光信号经光电探测器拍频后馈入混频器，与参考微波信号混频鉴相，混频信号经放大后通过低通滤波器输出鉴相误差信号，最后经过 PID 反馈控制器将控制信号馈入参考激光器的 PZT（压电陶瓷）元件，从而对两束激光信号之间的相位差进行调整。假设外差拍频信号与参考微波信号分别为 $v_i(t)=A\sin(\omega_i t+\theta_i)$ 和 $v_o(t)=\cos(\omega_o t+\theta_o)$，两路信号经过混频后可以表示为

$$v_d(t)=AK_m\sin(\omega_i t+\theta_i)\cos(\omega_o t+\theta_o) \tag{8-5}$$

其中 K_m 为混频鉴相增益。式（8-5）可以展开为

$$v_d(t)=\frac{AK_m}{2}\{\sin[(\omega_i+\omega_o)t+\theta_i+\theta_o]+\sin[(\omega_i-\omega_o)t+\theta_i-\theta_o]\} \tag{8-6}$$

经过低通滤波后，和频信号被完全滤除而差频信号被选择通过。当拍频信号与参考信号频率相同（$\omega_i\approx\omega_o$）且相位误差 $\theta_d=\theta_i-\theta_o$ 足够小时，鉴相误差信号 $v_d(t)$ 可以表示为

$$v_d(t)\approx\frac{AK_m}{2}\sin(\theta_d)\approx\frac{AK_m}{2}\theta_d \tag{8-7}$$

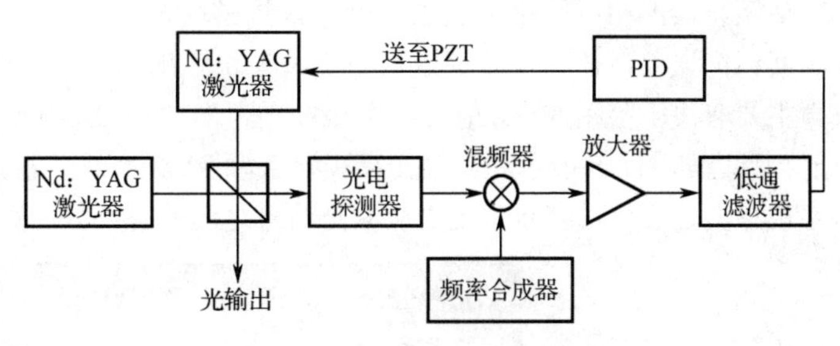

图 8-3　光学锁相环技术原理图

由上式可知，锁相环输出电压或电流正比于激光外差信号与参考信号之间的相位差，当锁相环控制信号通过实时反馈来调节其中一路激光器相位时，两束激光信号之间的相位可以实现锁定。因此，通过光学锁相环技术能够控制两束输入激光信号的相位相干性，从而提升拍频微波信号的相位噪声性能。光学锁相环技术的应用使得基于光学外差法生成高质量微波信号成为可能。

2006 年，加拿大渥太华大学 Rideout 等人通过构建光学锁相环来对主从激光器之间的相位关系进行反馈控制，提升了主从激光器间的相位相干性，最终生成 11.2GHz 微波信号，并且所生成微波信号频率可以通过改变参考源频率来进行调谐。除了采用锁相环路，该系统还增加鉴频环路以消除两束输入激光信号之间的频差波动，进而提升主从激光器间的频差稳定性，有利于生成高稳定性的微波频率信号。

基于光学锁频/锁相模块的光生微波信号系统方案如图 8-4 所示，12GHz 高频参考源 S1

与混频器 M1 组成降频转换模块，降频信号分两路分别馈入鉴频模块和鉴相模块中。鉴频模块采用双抽头延迟线滤波器结构，拍频微波信号利用高频参考源 S1 降频至 800MHz 偏频后，通过延迟线长度设计来构建鉴频误差信号，用于对主激光器频率进行反馈控制，以保持主从激光器间 11.2GHz 固定频率差，最终保证拍频稳定的微波信号频率。

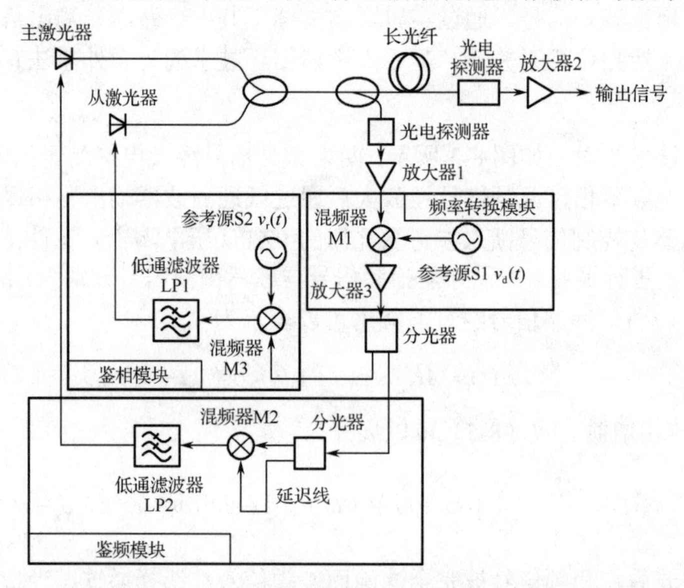

图 8-4　基于光学锁频/锁相模块的光生微波信号系统方案

当拍频微波信号频率稳定后，外差拍频信号通过鉴相模块实现对从激光器的相位控制。鉴相模块由 800MHz 低频参考源 S2、混频器 M3 和低通滤波器 LP1 共同组成，通过反馈控制将从激光器的相位锁定至主激光器。鉴频模块只用于校正拍频微波信号的频率误差而不会影响其相位误差，在相位控制过程中鉴频模块输出为零。因此，该系统生成的微波信号相位噪声主要取决于鉴相效果，最终产生相位噪声为-72.5dBc/Hz@10kHz 的 11.22GHz 微波信号，其射频频谱如图 8-5 所示。当改变高频参考源 S1 频率时，鉴频模块输出电压和光电探测输出频率也将随之变化，进而改变主从激光信号之间的频率差，实现输出微波信号的频率可调谐性。

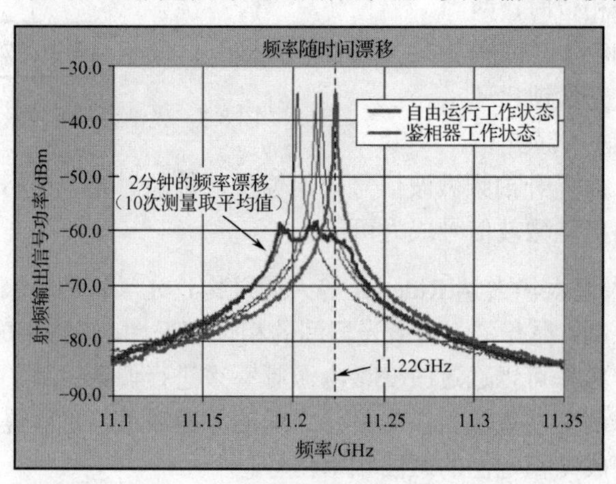

图 8-5　生成微波信号的射频频谱

8.1.2　光学注入锁定技术

典型光学注入锁定结构主要由主激光器、从激光器、光电探测器和射频参考源组成，通过构建两路从激光器之间的固定相位关系来获得较好的相位相干特性，从而改善外差微波信号的相位噪声性能。如图 8-6 所示，为了使两路从激光器达到较高的相位相干性，通过射频参考源对主激光器进行调制，产生一系列包含主激光器载波的多阶谐波信号，并将调制边带信号分别注入两路从激光器中。当注入激光信号频率与从激光器工作模式匹配时，该模式频率处激光信号将获得较高增益而优先起振，两路从激光器输出频率将分别锁定于主激光器对称的正负同阶边带信号上。最后，两路从激光器输出光信号经过光电探测器拍频，就可以生成频率数倍于调制频率的微波信号。

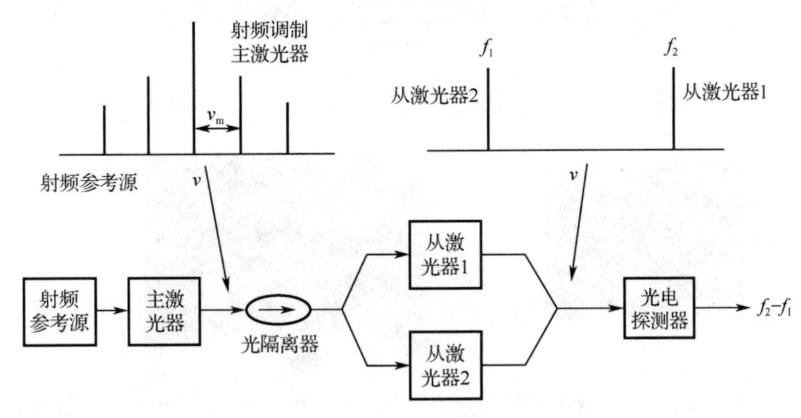

图 8-6　光学注入锁定技术原理图

当调制信号频率固定不变时，两路从激光器对应的调制边带具有极高的相位相干性，即使主激光器波长出现漂移或抖动，两路锁定从激光器输出信号的相位波动也会相互抵消，使得拍频微波信号仍然具有良好的相位噪声性能。在光学注入锁定方案中，输出微波信号的频率调谐步长取决于调制信号频率，通过改变从激光器选模元件的工作带宽，从激光器可以锁定在不同阶边带信号频率上，进而实现微波生成系统的频率可调谐性，输出微波信号相位噪声则主要取决于射频参考源信号的相位噪声性能。

早在 1983 年，Goldberg 等人基于光学注入锁定技术，将两路从激光器锁定到主激光器的对称同阶调制边带上，经外差拍频后实现了 10.5GHz 微波信号的生成，其系统方案如图 8-7 所示。三路激光器光谱均由法布里-珀罗干涉仪和分光计进行监测，并且主激光器与两路从激光器之间放置组合隔离度为 40dB 的两个隔离器。该系统将所有激光器的温度变化范围控制在±0.005℃以内以保证激光器输出波长的稳定性，这对于生成微波信号噪声性能的提升具有重要意义。

如图 8-8（a）所示，2.6GHz 射频调制信号对主激光器输出光信号进行调制，可以得到一系列调制光边带信号。通过改变两路从激光器的温度和驱动电流，使输出频率分别与+2 阶边带信号频率（v_0+2f_m）和−2 阶边带信号频率（v_0-2f_m）一致，其中 v_0 和 f_m 分别为主激光器频率和射频调制信号频率。最后，高速光电探测器拍频输出频率为 $4f_m$ 的 10.5GHz

微波信号，射频频谱线宽小于 5kHz，如图 8-8（b）所示。

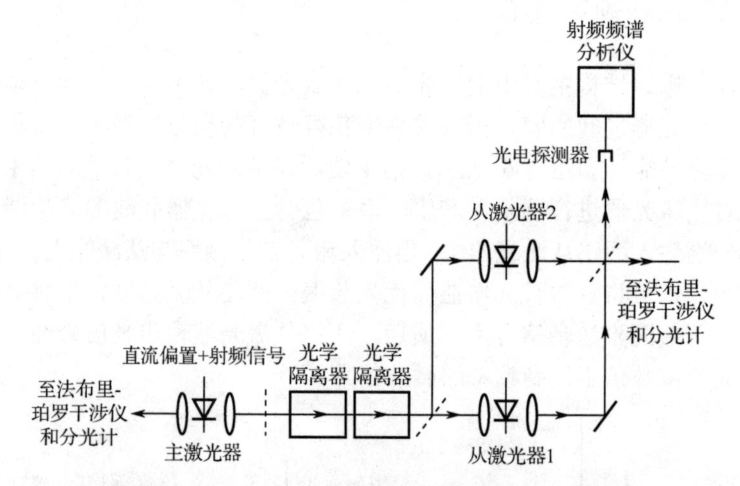

图 8-7　基于光学注入锁定技术的光生微波信号系统方案

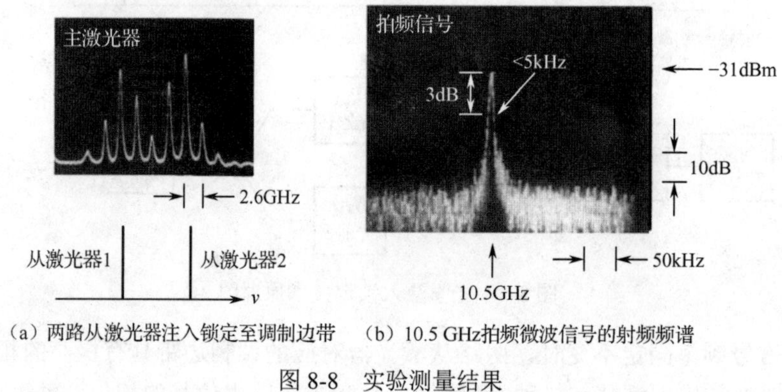

（a）两路从激光器注入锁定至调制边带　（b）10.5 GHz拍频微波信号的射频频谱

图 8-8　实验测量结果

8.1.3　双波长激光器技术

利用双波长激光器也可以实现微波信号的生成。与前面讨论的光学锁相环技术和光学注入锁定技术不同，双波长激光器基于同一光学谐振腔生成拍频所需的两束不同频率的激光信号。由于两束激光在同一光学谐振腔内产生，两路信号相位差保持基本恒定，且相干性优于两个独立激光源，因此在利用双波长激光器生成微波信号时不需要额外引入参考源对两束激光进行相位锁定，只需保证两路激光均工作在单纵模状态即可。

基于双波长激光器技术生成外差微波信号的原理图如图 8-9 所示。在光纤环谐振腔中嵌入两个窄带光纤布拉格光栅以选出两路不同波长的激光信号，并且两路激光均工作在单模状态，通过谐振环路中的增益介质实现共同放大，获得波长稳定、频率间隔固定且相位相干的双波长激光源，最终经过光电探测器拍频便可实现微波信号的生成。双波长激光器系统结构简单且成本较低，但对激光信号的频率稳定性和输出功率提出了较高要求。

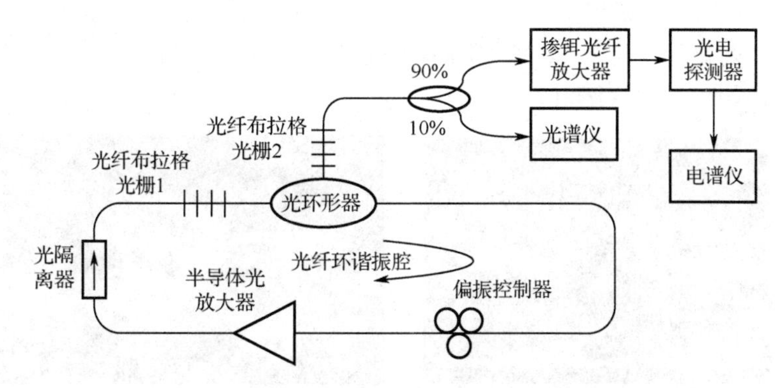

图 8-9　基于双波长激光器技术生成外差微波信号的原理图

2004 年，加拿大渥太华大学姚建平研究组提出了一种能够生成单纵模多波长激光的光纤环形激光器，其中单纵模工作状态通过基于可饱和吸收体的光纤环境实现。不同波长光信号之间相互干涉而产生的驻波在可饱和吸收体中独立存在且引起空间烧孔效应，从而导致吸收体折射率发生变化，周期性折射率变化产生了超结构布拉格光栅阵列，作为激光环形谐振腔中的多频窄带滤波器，将多波长激光限制在单纵模状态并实现单模多波长激光输出。

光纤环形激光器利用两个环形器实现主腔中光波信号的单向传输。单模多波长激光器结构如图 8-10 所示，12m 长的掺铒光纤放大器作为环路增益介质，用于多波长激光信号放大，976nm 半导体泵浦激光器经波分复用器注入掺铒光纤中，环形器 2 充当泵浦隔离器阻挡来自掺铒光纤中残余泵浦信号，两个偏振控制器分别用于控制两个环形器中的光信号偏振状态，2m 可饱和吸收体产生的超结构布拉格光栅阵列用于实现激光信号的波长选择。

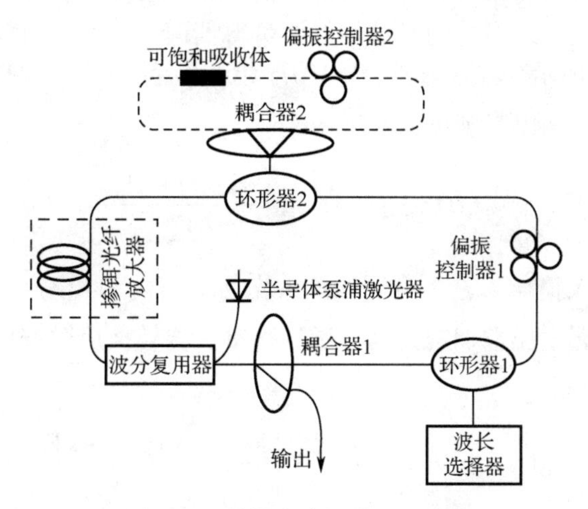

图 8-10　单模多波长激光器结构

当环形器（谐振腔）内激光信号功率超过可饱和吸收体阈值时，光纤环形激光器输出不同波长的单纵模激光信号。光纤环形激光器工作于双波长状态下，输出双波长激光光谱如图 8-11（a）所示，通过调整偏振状态可以抑制两个光谱峰值中的任意一个激光模式，实现单纵模输出。两路激光信号 3dB 线宽约为 11.7MHz，经过拍频后产生的 32.42GHz 毫米波信号射频频谱如图 8-11（b）所示。

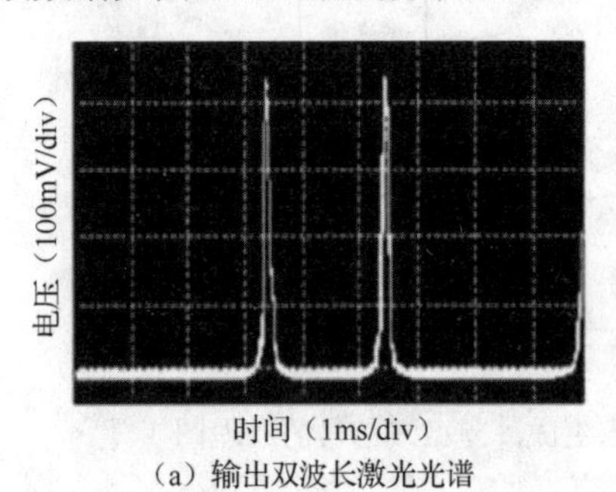

（a）输出双波长激光光谱

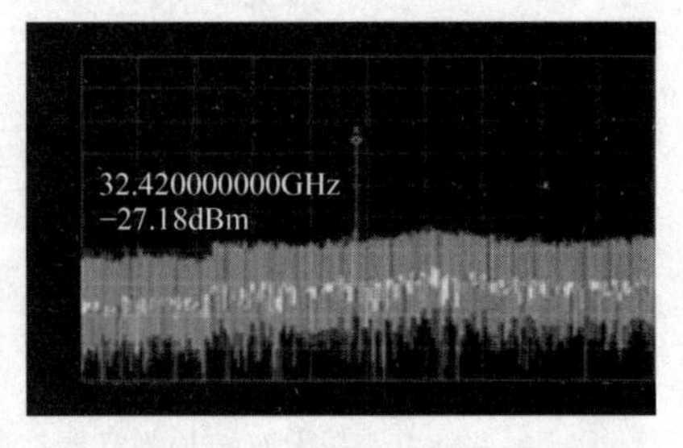

（b）32.42 GHz毫米波信号射频频谱

图 8-11　实验测量结果

8.1.4　外部电光调制技术

外部电光调制技术是一种简单而有效的毫米波信号生成技术，通过微波光子倍频方式实现从低频信号到毫米波频段信号的转换。输入激光经过电光调制而产生的边带信号之间具有良好的相位相干性，对称同阶边带信号经过拍频即可生成相位噪声性能较好的微波信号，输出信号相位噪声主要受限于射频调制信号的频谱纯度。基于外部电光调制技术的光生微波系统结构简单、可靠性高，通过改变调制信号的频率就能够相应调节生成微波信号的频率，具有一定的频率可调谐性。

基于外部电光调制技术可以生成两倍或多倍于调制频率的微波信号，其工作原理本质上是借助光子技术实现微波倍频。高功率射频信号通过强度调制或者相位调制实现相位相干的高阶边带生成，高阶边带之间经过拍频即可得到调制信号的倍频输出。外部电光调制技术原理图如图 8-12 所示，射频调制信号 $V_{\text{in}}(t)$ 通过马赫-曾德尔调制器对连续光载波信号进行强度调制，调制后输出光强可以表示为

$$P(t)=\frac{\alpha P_{\text{o}}}{2}\left\{1-\sin\left[\frac{\pi V_{\text{in}}(t)+\pi V_{\text{B}}}{V_{\pi}}\right]\right\} \tag{8-8}$$

其中，α 为调制器插入损耗，P_{o} 为调制器输入光功率，V_{π} 和 V_{B} 分别为马赫-曾德尔调制器的半波电压和直流偏置电压。调制光信号通过直接探测转换成微波信号，光电探测器输出信号为

$$V_{\text{PD}}(t)=\rho RP(t)=\frac{\alpha\rho RP_{\text{o}}}{2}\left\{1-\sin\left[\frac{\pi V_{\text{in}}(t)+\pi V_{\text{B}}}{V_{\pi}}\right]\right\} \tag{8-9}$$

其中，ρ 和 R 分别表示光电探测器的响应度和负载阻抗。假设射频调制信号可以表示为 $V_{\text{in}}(t)=V_{\text{RF}}\cos(\omega t)$，式（8-9）可以通过贝塞尔函数展开为

$$
\begin{aligned}
V_{\mathrm{PD}}(t)=\frac{\alpha\rho RP_{\mathrm{o}}}{2}\Bigg\{1-\sin\left(\frac{\pi V_{\mathrm{B}}}{V_{\pi}}\right)\left[J_{0}\left(\frac{\pi V_{\mathrm{RF}}}{V_{\pi}}\right)+2\sum_{m=1}^{\infty}J_{2m}\left(\frac{\pi V_{\mathrm{RF}}}{V_{\pi}}\right)\cos(2m\omega t)\right]-\\
2\cos\left(\frac{\pi V_{\mathrm{B}}}{V_{\pi}}\right)\left[\sum_{m=0}^{\infty}J_{2m+1}\left(\frac{\pi V_{\mathrm{RF}}}{V_{\pi}}\right)\sin[(2m+1)\omega t]\right]\Bigg\}
\end{aligned}
\tag{8-10}
$$

其中V_{RF}和ω分别为射频调制信号的振幅和角频率。由式（8-10）可以看出，光电探测器输出信号包含调制基频和各阶谐波分量。调制光信号各阶边带强度可以通过调谐马赫-曾德尔调制器的偏置电压V_{B}进行改变：当偏置电压$V_{\mathrm{B}}=V_{\pi}$时，输出信号只存在奇数阶谐波分量；当偏置电压$V_{\mathrm{B}}=V_{\pi}/2$时，输出信号只存在偶数阶谐波分量。调制光信号边带还可以根据需要通过光学滤波器或可编程光学处理器进一步处理。此外，级联马赫-曾德尔调制器能够进一步提高倍频比，以产生更高频率的微波/毫米波信号。

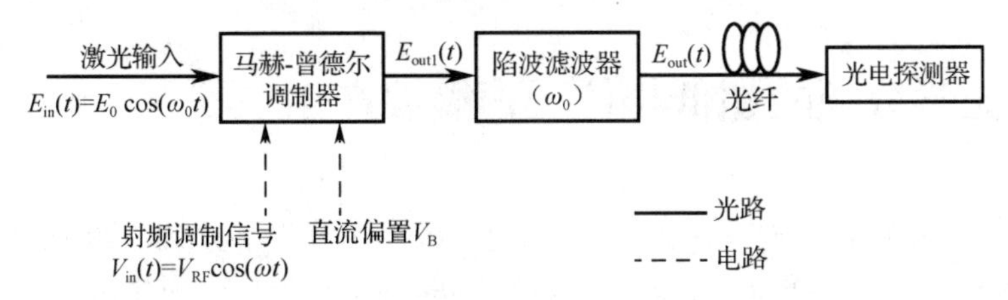

图 8-12　外部电光调制技术原理图

2005 年，加拿大渥太华大学姚建平研究组基于外部电光调制技术与固定波长光学带阻滤波器实现了宽带连续可调谐微波信号生成，其系统方案如图 8-13 所示。光载波信号经过电光调制后可以产生一系列边带信号，通过调节马赫-曾德尔调制器偏置电压抑制奇数阶光学边带，奇数阶光学边带功率被转移至偶数阶边带，提高了外差拍频微波信号输出功率。固定波长光学带阻滤波器用于滤除光载波信号，滤波器输出端获得正负二阶光学边带。抑制奇数阶光学边带的调制信号光谱如图 8.14（a）所示。两路二阶光学边带信号经光电探测器拍频输出四倍频微波信号。当调制信号频率从 8GHz 调谐至 12.5GHz 时，可以对应生成频率为 32GHz 至 50GHz 的毫米波信号，并且生成的毫米波信号具有较高的频谱纯度，其中生成的 50GHz 毫米波信号经过 25km 光纤传输前后的射频频谱如图 8-14（b）所示。

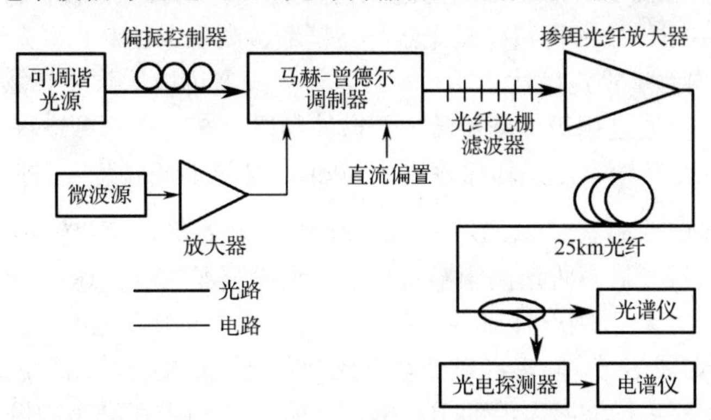

图 8-13　基于外部电光调制技术与固定波长光学带阻滤波器的宽带连续可调谐微波信号生成系统方案

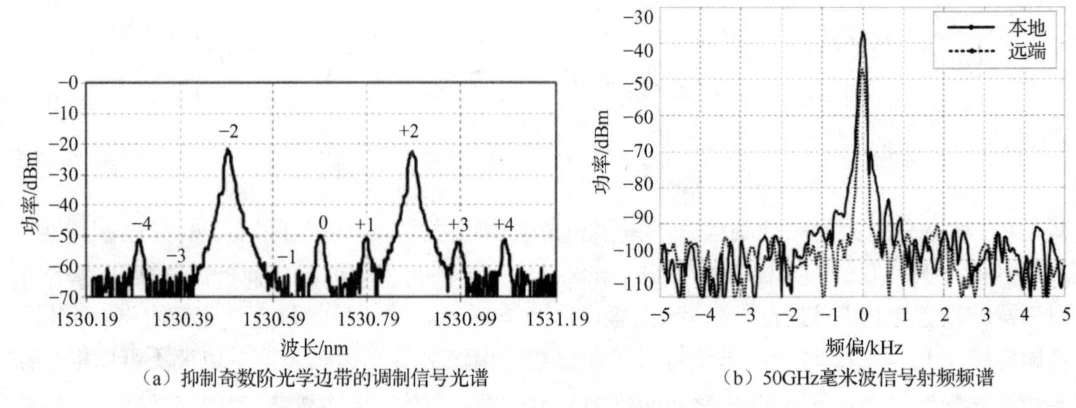

（a）抑制奇数阶光学边带的调制信号光谱

（b）50GHz毫米波信号射频频谱

图 8-14　实验测量结果

8.2　基于光学分频的超低相位噪声微波产生

基于光学分频的光生微波系统主要包括超稳激光源和光学分频器两部分。得益于泵浦光超高的频率稳定性和相干光频梳梳齿之间优异的相位相干性，所生成微波信号的频率稳定度可以跨入 10^{-16} 量级，同时具有极佳的相位噪声性能。超稳激光将光学频率稳定度传递至微波频率上，大幅提升了微波信号源的频率稳定度指标；光学分频器的核心是光频梳，作为连接光学频率和微波频率的纽带，光频梳可以将高度相干的激光频率分频至微波频段，为实现超低相位噪声的微波源奠定了重要基础。

2011 年，美国国家标准与技术研究院的 Diddams 研究组利用超稳激光器和钛宝石光频梳生成 10GHz 微波信号，其相位噪声和频率稳定度分别达到-104dBc/Hz@1Hz 和 8×10^{-16}@1s，性能可以与目前具有最佳稳定度的低温蓝宝石微波振荡器相媲美。光学分频原理示意图如图 8-15 所示，F-P 型光学腔标准具的品质因数约为 10^{11} 量级，超稳光学腔的谐振频率稳定度取决于光学腔长的稳定度，处于良好环境隔绝和温度控制状态下空腔长度的平均波动为 10^{-16}m@1s，极小的腔长波动保证了极佳的谐振频率稳定度。利用 PDH（Pound- Drever-Hall）技术将超稳激光器与高精细、高稳定性 F-P 型光学腔锁定，激光频率在 1～10s 时间内频率稳定度达 2×10^{-16}，并且激光线宽可以达到亚赫兹水平。超稳连续激光的频率稳定度可以通过相干光频梳转换至微波频段，在光学分频过程中，微波信号的相位噪声显著降低，比传统室温晶体振荡器低 40dB，且优于低温蓝宝石振荡器的噪声水平。

该系统利用光电探测器对 1GHz 重频的光频梳进行拍频，可以输出 1GHz 基频微波信号及其倍频谐波信号，最高阶谐波频率取决于光电探测器的响应速度和工作带宽，本方案采用的光电探测器最大可输出 15 阶谐波频率信号。通过选用中心频率为 10GHz 的带通滤波器提取出 10 阶谐波信号，随后经过低噪声放大器进一步提升输出微波功率，最终得到相位噪声水平远低于商用微波参考源的 10GHz 微波信号。由于在噪声测量过程中，混频信号相位噪声受限于较高相位噪声的微波参考源，因此为了避免微波参考信号噪声的影响，美国国家标准与技术研究院的研究人员分别利用 578nm 和 1070nm 超稳激光器搭建了两套相互独立的光学分频系统（如图 8-16 所示），分别将 518THz 和 282THz 激光频率分频至 10GHz 微波频率，以测量超低相位噪声微波信号的相位噪声性能。

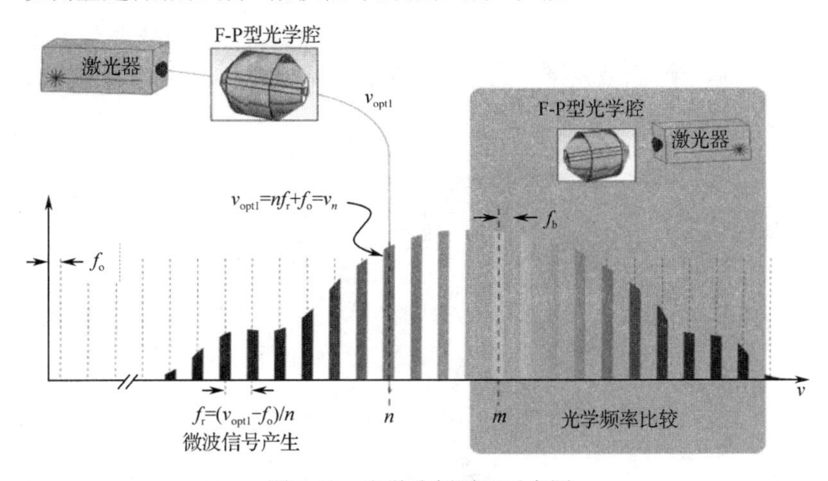

图 8-15　光学分频原理示意图

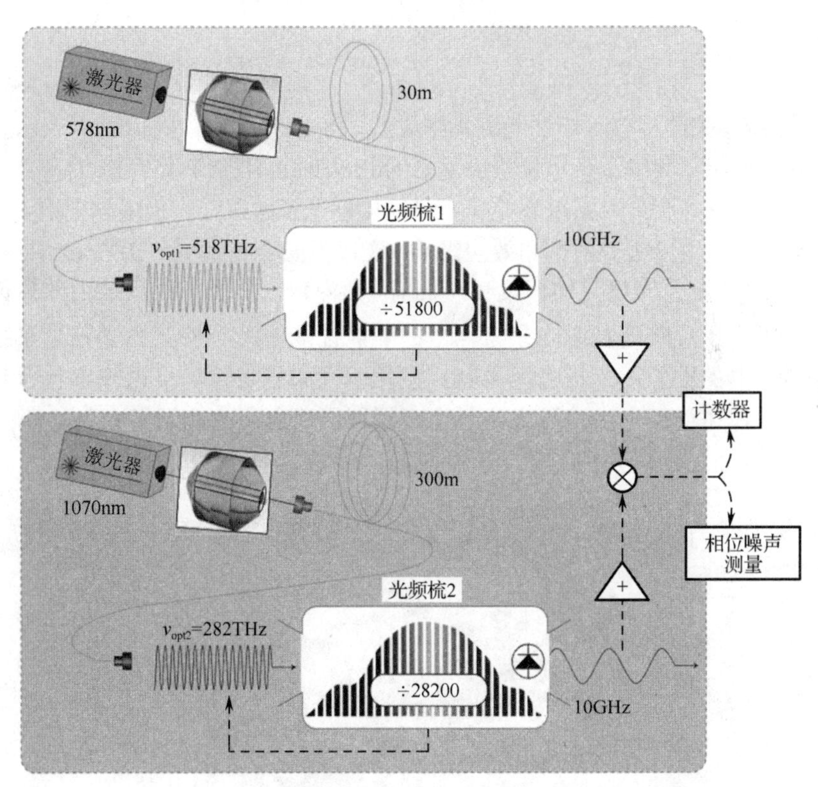

图 8-16　10GHz 微波信号产生系统与相位噪声性能测量系统

光频梳在微波信号产生过程中作为光学频率分频器，将光学频率参考源的频率稳定性传递至微波频率上，光学分频传递过程满足：

$$\delta f_{\mathrm{opt}}/f_{\mathrm{opt}}=\delta f_{\mathrm{r}}/f_{\mathrm{r}}=\delta f_n/f_n \tag{8-11}$$

其中，δf_{opt}、δf_{r}和δf_n分别代表超稳激光频率f_{opt}、光频梳重频f_{r}以及n阶谐波频率f_n的频率抖动。由式（8-11）可知，光频梳分频生成的微波信号的频率稳定度主要取决于超稳激光器性能。如图8-17所示，生成的10GHz微波信号与520THz激光参考信号的频率稳定度水平相当，因此，基于超稳激光器和高稳定光频梳的光学分频技术有助于生成超高频率稳定度的微波信号。

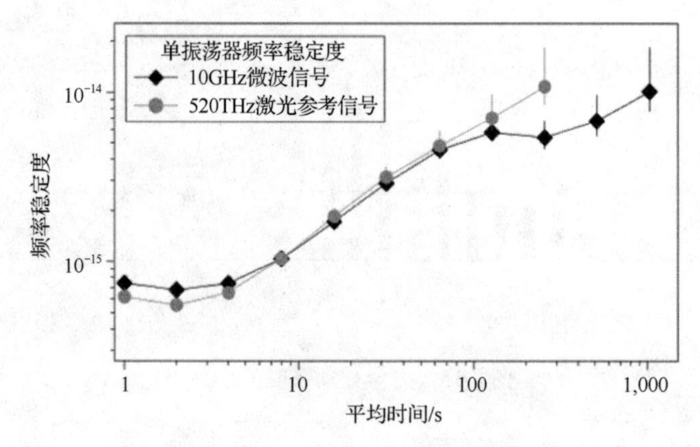

图8-17　10GHz微波信号与520THz激光参考信号的频率稳定度

此外，该系统相关的相位噪声性能测量结果如图8-18所示。图中曲线（a）表示生成10GHz微波信号的噪声性能，其单边带相位噪声达-104dBc/Hz@1Hz 和-157dBc/Hz@1MHz，远端噪底低于-160dBc/Hz，因此，系统高频噪声已经接近光子散粒噪声极限，采用更高重频光频梳可以进一步降低光电二极管的饱和效应影响，实现更低噪底水平（-165dBc/Hz）；曲线（b）表示图8-15中频率为f_{b}的信号的相位噪声性能，f_{b}为超稳激光与距离最近的梳齿之间的拍频信号频率，可用于反映超稳激光参考信号的噪声性能。光频梳是光学分频系统的核心组件，在超稳激光器的助力下，梳齿间具有高度相干性和稳定性，可以输出包含基频在内的各阶谐波信号，在超低相位噪声微波信号生成领域展现出巨大应用潜力。

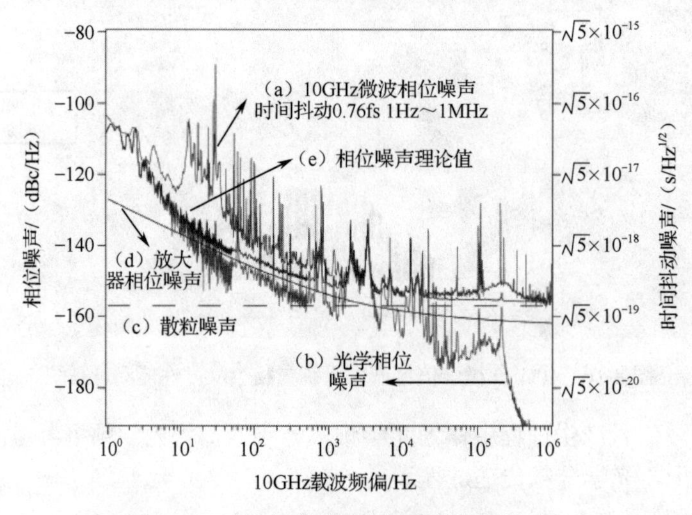

图8-18　系统相关的相位噪声性能测量结果

2016 年，法国巴黎天文台 Yann Le Coq 研究组利用掺铒光纤光频梳和超稳激光器获得了频率稳定度达 6.5×10^{-16}@1s 的 12GHz 超低相位噪声（-106dBc/Hz@1Hz）微波信号。超低相位噪声微波信号生成系统如图 8-19 所示，250MHz 重频掺铒光纤光频梳作为光学分频器，1542nm 超稳激光器的频率稳定度达 5.5×10^{-16}@1s，两部分核心模块对于高稳定性微波信号的产生至关重要；通过使用低相对强度噪声泵浦激光器和特殊设计高线性低噪声光电探测器，可以降低 AM-PM 非线性转换过程中叠加相位噪声的影响。该系统同样基于超稳激光器和光学分频技术，实现了超高频率稳定度和超低相位噪声性能的微波信号生成，为高性能光生微波源的进一步发展提供基础。

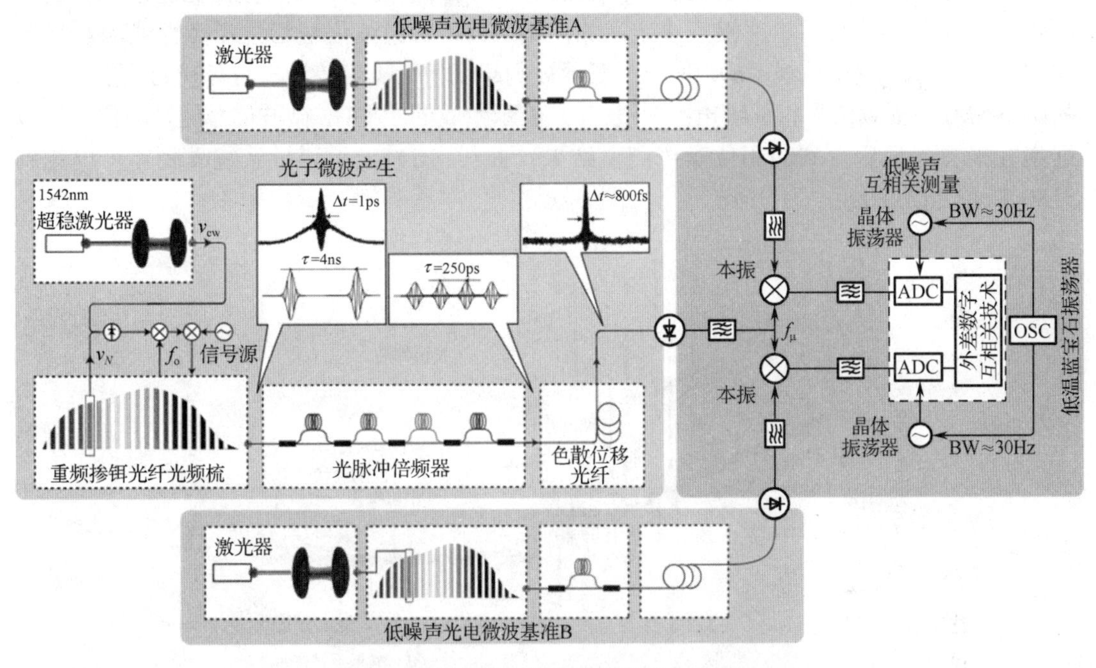

图 8-19　超低相位噪声微波信号生成系统

假设该系统中光频梳梳齿频率 v_N 可以表示为 $v_N = Nf_r + f_o$（其中 N 为正整数，f_r 为光频梳重频，f_o 为载波包络偏移频率），通过 PDH 技术将超窄线宽泵浦光 v_{CW} 与光频梳某一梳齿精确锁定，并且在锁相过程中对载波包络偏移频率 f_o 进行补偿，最终激光参考频率与光频梳重复频率之间可以满足 $v_{CW} = v_N - f_o = Nf_r$。因此，光电探测器输出信号频率同样由光频梳重频基频或其谐波分量组成，最高可达光电探测器的截止频率，通过选择第 n 阶谐波分量可以获取频率为 $f_n = nf_r$ 的微波信号（其中 n 为正整数）。经过四组级联光脉冲倍频器后，后端色散补偿光纤将光脉冲宽度压窄至约 800fs 后注入光电探测器，在超短脉冲作用下散粒噪声引起的微波相位噪声可进一步降低，这也是保证生成微波信号具有超低相位噪声性能的关键，最终光电探测器输出功率为 2.5mW 的 12GHz（48 阶谐波频率）微波信号。

与美国国家标准与技术研究院的研究工作类似，相位噪声表征通常将待测低相位噪声信号与参考频率源进行比较，当被测信号相位噪声远低于参考源时，同样需要构建两套相互独立的超低相位噪声信号源系统进行测量。由于两套独立的系统具有不相关的附加噪声，微小的相位噪声叠加也会严重影响最终相位噪声测量结果，因此，法国巴黎天文台的研究人员利用三套独立且类似的光学分频微波信号产生系统，通过数字外差互相关技术实现超低相位噪声微波信号的噪声表征。所生成的12GHz超低相位噪声微波信号分别与两套辅助系统的输出信号混频，获得两路5MHz混频信号，分别馈入基于现场可编程逻辑门阵列的外差互相关器，经过高速采样、模数转换和数字下变频等处理，生成两组独立的相位比较数据集，最终两组相位比较数据集互相关收敛至12GHz微波信号的绝对相位噪声水平。

上述两套辅助系统生成的微波信号充当相位基准，因此相位噪声功率谱密度测量的不确定性由两者之间的不相关噪声决定，相应的12GHz微波信号相位噪声性能测量结果如图8-20所示。图中曲线（a）和（b）表示被测超低相位噪声信号与两套辅助源拍频得到的两路5MHz混频信号相位噪声；曲线（c）表示生成的12GHz微波信号经过相位比较数据集互相关处理后得到的相位噪声测量结果；曲线（d）表示测量系统噪底，可以达到-180dBc/Hz@1kHz。

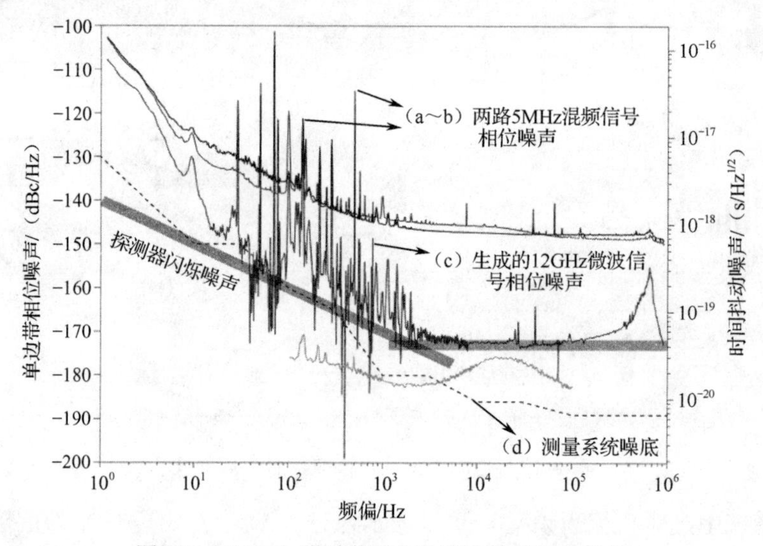

图8-20 12GHz微波信号相位噪声性能测量结果

生成的12GHz微波信号及超稳激光参考信号的相位噪声如图8-21所示。在1～400Hz低频偏处，微波信号相位噪声几乎完全由超稳激光参考信号的相位噪声决定，-106dBc/Hz@1Hz的相位噪声水平仅比超稳激光参考信号噪声测量值高3dB，因此在从激光频率到微波频段的分频转换过程中，超稳激光器的频率稳定性实现了良好的传递；在3kHz至1MHz频偏范围内，微波信号相位噪声主要受限于光学分频残余相位噪声和PDH锁定环路误差。

基于超稳激光和光频梳所构建的光生微波源系统具有超低相位噪声，在精密计量、深空导航、下一代无线通信、相干雷达等领域具有重要的应用前景。基于图8-19所示超低相位噪声微波信号生成系统方案，德国Menlo Systems公司利用超稳定激光器（ORS-Cubic）结合先进的光频梳系统（Smart Comb）实现了12GHz和10MHz的超低相位噪声微波信号的生成，其产品机架和相关相位噪声性能如图 8-22 所示。这进一步促进了一体化光生微波源的商业化发展，极大地推动了高性能光生微波信号源的实用化进程。

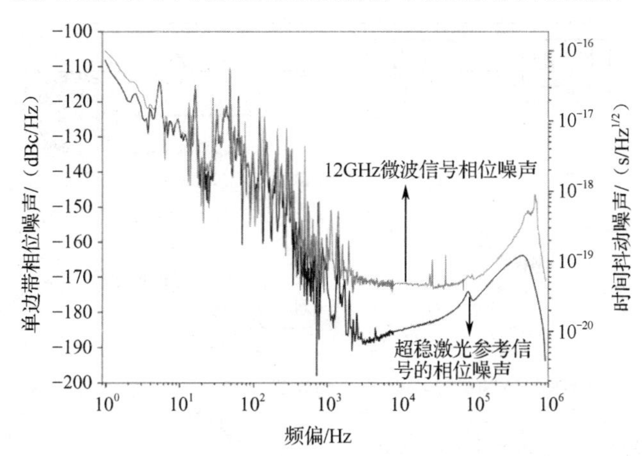

图 8-21　生成的 12GHz 微波信号及超稳激光参考信号的相位噪声

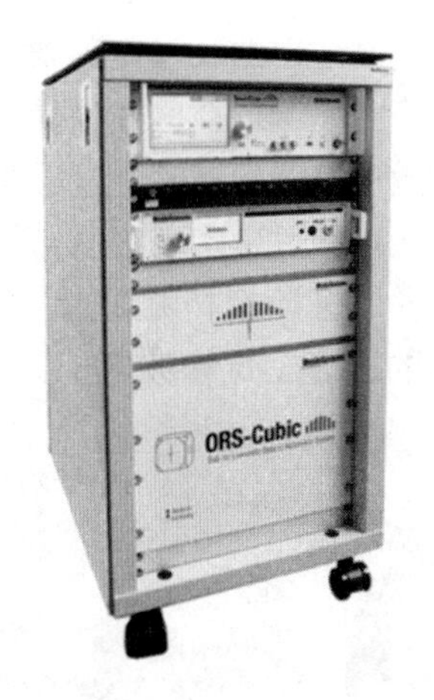

频偏/Hz	12GHz载波		10MHz载波
	单边带相位噪声/（dBc/Hz）	单边带相位噪声（高端型号）/（dBc/Hz）	单边带相位噪声/（dBc/Hz）
1	−85	−85	−127
10	−95	−110	−140
100	−110	−130	−150
1k	−130	−140	−160
10k	−140	<−150*	−165
100k	−150	<−150*	−160
1M	−150	<−150*	−160

图 8-22　Menlo Systems 公司的 PMWG-1500 产品机架及其相关相位噪声性能

8.3　基于片上布里渊振荡的微波信号合成

如前所述，具有极小模式体积和极高品质因数的回音壁模式光学微腔，成为小型集成化微波光电振荡器的研究热点。当满足布里渊振荡条件时，光学微腔可以产生布里渊增益带进而激发出相干受激布里渊散射激光，通过选用不同阶的斯托克斯信号拍频，生成频率为布里渊频移整数倍的微波信号，并且信号相位噪声主要取决于功率较低的高阶斯托克斯光。将片上微腔受激布里渊振荡效应应用于微波信号产生领域，能够为集成低相位噪声微波信号源的发展提供新的技术思路。

2013 年，美国加州理工学院 Vahala 研究组首次利用光学微腔级联布里渊效应，实现了 21.7GHz 微波信号的生成（相位噪声约为−90dBc/Hz@10kHz），进而通过电分频技术将

21.7GHz 微波信号分频为 11MHz，得到更低相位噪声（约-156dBc/Hz@10kHz）的分频微波信号。闭环布里渊微波振荡器系统实现方案如图 8-23 所示。

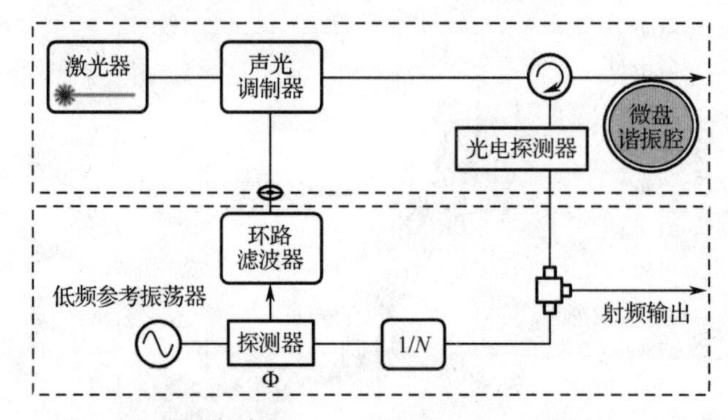

图 8-23　闭环布里渊微波振荡器系统实现方案（上半部分为开环形式）

片上微腔布里渊振荡原理如图 8-24 所示。窄线宽光纤激光器（线宽为 1kHz）通过锥形光纤耦合至超高品质二氧化硅微盘谐振腔［微盘谐振腔是微腔的一种，如图 8-24（a）所示］，由于谐振腔的自由光谱范围取决于腔体尺寸和材料折射率，直径为 6mm 的二氧化硅微盘谐振腔可以使谐振腔自由光谱范围与布里渊频移相匹配，从而在微腔布里渊增益区发生受激布里渊散射现象。如图 8-24（b）所示，当输入泵浦光功率达到受激布里渊阈值时，能够激发出与泵浦光传输方向相反的一阶斯托克斯光信号，继续增大泵浦光功率可以实现级联布里渊振荡。由于二氧化硅微盘谐振腔中布里渊频移约为 10.85GHz，一阶和三阶斯托克斯光［其信号光谱参见图 8-24（c）］可以经过拍频产生约二倍于布里渊频移的 21.7GHz 微波信号。

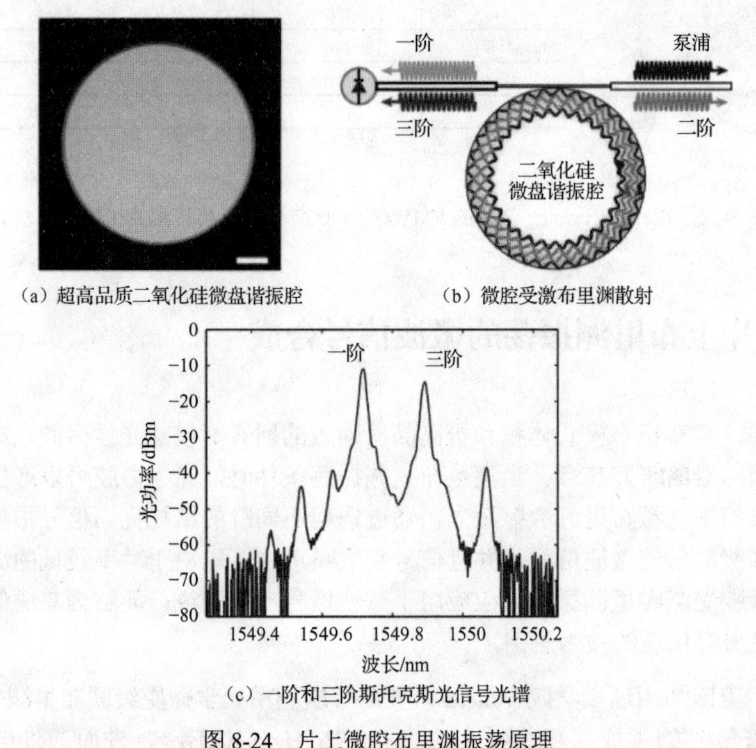

（a）超高品质二氧化硅微盘谐振腔　　（b）微腔受激布里渊散射

（c）一阶和三阶斯托克斯光信号光谱

图 8-24　片上微腔布里渊振荡原理

阶和三阶斯托克斯光信号基于同一微盘谐振腔被激发产生，并且通过同一路径同向传播，因此两路布里渊激光信号能够消除传输光路的抖动效应，具有较高的相对频率稳定度，从而使相干拍频微波信号具有良好的相位噪声性能。此外，两路相干布里渊激光信号还具有较低的 Schawlow-Townes（肖洛-汤斯）噪声和技术噪声，其中 Schawlow-Townes 噪声的双边功率谱密度可以表示为

$$S_{v}^{\mathrm{ST}}(f)=\frac{kT}{8\pi^{2}\tau\tau_{\mathrm{ex}}P}\frac{c}{2nV_{a}} \tag{8-12}$$

其中，P 为布里渊激光输出功率，τ 和 τ_{ex} 分别为谐振腔光子寿命和腔外耦合光子寿命，c 为真空中光速，n 为二氧化硅材料的折射率，V_a 为二氧化硅材料中的声速。

由式（8-12）可以看出，布里渊激光信号的 Schawlow-Townes 噪声与泵浦光频率和布里渊频移均无关。受激布里渊激光功率随着输入泵浦光功率发生改变，在不同泵浦功率条件下使用一阶、三阶斯托克斯光拍频产生的 21.1GHz 信号的单边带相位噪声如图 8-25 所示，从上至下的测量曲线分别代表当三阶斯托克斯光信号功率为−16.5dBm、−10.2dBm、−8.2dBm、−4.5dBm、−1.4dBm 和 1.2dBm 时微波信号的单边带相位噪声，布里渊激光信号的相位噪声水平随着泵浦光功率增加而下降。在改变泵浦光功率时，一阶斯托克斯光信号功率对应的变化范围为 2.5～5.0dBm，与三阶斯托克斯光信号相比具有更低的相位噪声，因此三阶斯托克斯光信号的 Schawlow–Townes 噪声将决定拍频微波信号的噪声性能。在不同三阶斯托克斯光信号功率条件下，拍频微波信号的相位噪声水平（100kHz 频偏处）的理论预测和实际测量结果如图 8-25 中插图部分所示，理论值与实测值之间具有很好的一致性，这也表明基于一阶与三阶斯托克斯光信号拍频而生成的微波信号的相位噪声主要由三阶斯托克斯光信号决定。

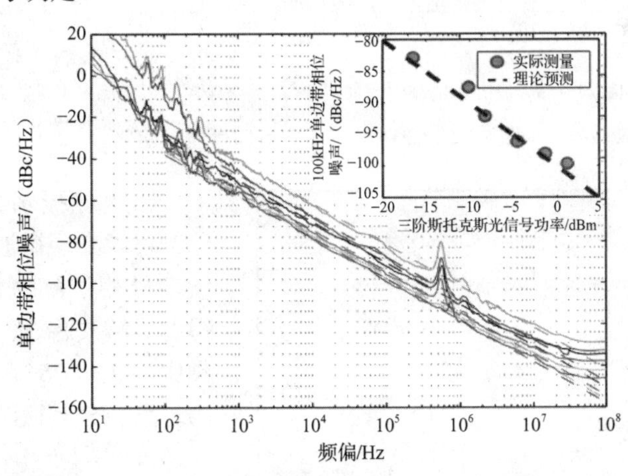

图 8-25　在不同泵浦功率条件下使用一阶、三阶斯托克斯光拍频产生的 21.7GHz 信号的单边带相位噪声

片上布里渊微波振荡信号源可以采用开环状态（无反馈控制）和闭环状态（锁相环控制）两种不同工作模式：在无额外反馈控制的开环工作状态下，微盘谐振腔中一阶和三阶斯托克斯光信号将直接馈入高速光电探测器中；而在闭环状态下引入了锁相环控制，如图 8-26（a）所示。开环工作状态下光电探测器生成的拍频微波信号，在较短时间内和较高

频偏处已经具有良好的稳定性和相位噪声性能，闭环工作状态能够进一步提升所生成微波信号的长期频率稳定度和低频偏相位噪声性能，最终生成功率为15.5dBm的21.7GHz微波信号，其相位噪声达到-90dBc/Hz@10kHz和-156dBc/Hz@100MHz，在1s积分时间内的频率稳定度（阿伦方差）达到10^{-12}量级，如图8-26（b）和（c）所示。

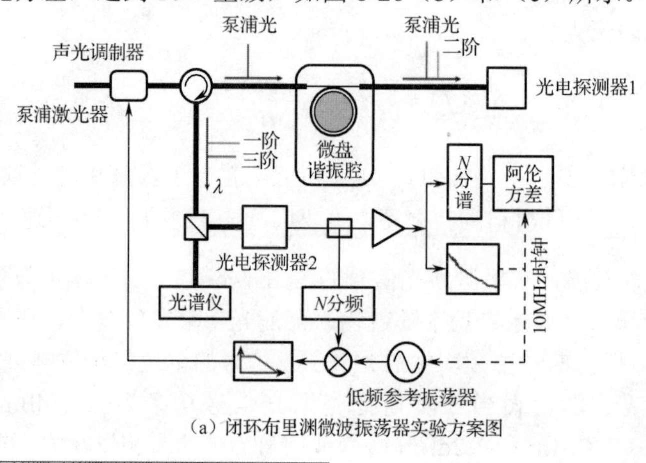

（a）闭环布里渊微波振荡器实验方案图

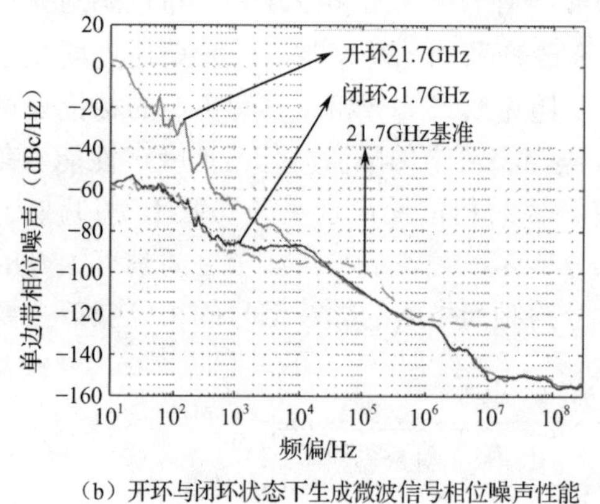

（b）开环与闭环状态下生成微波信号相位噪声性能

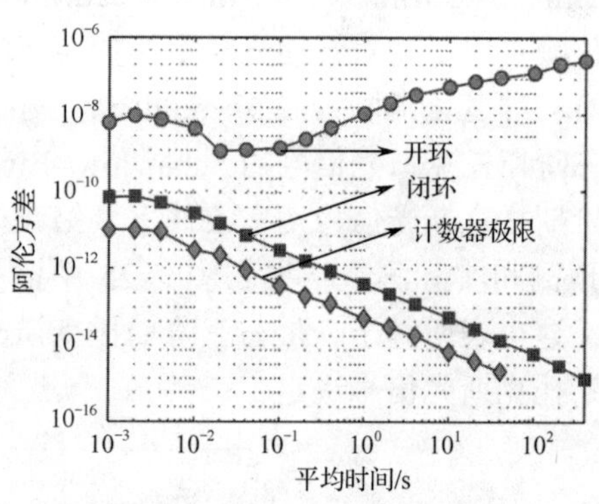

（c）开环与闭环状态下生成微波信号的阿伦方差

图 8-26　开环与闭环布里渊微波振荡器

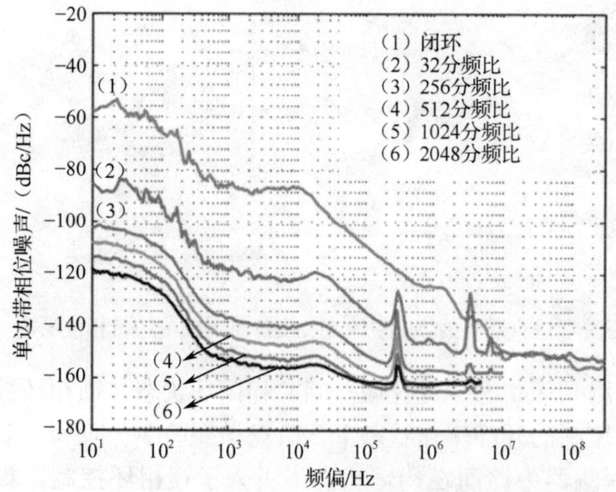

图 8-27　不同分频比下分频微波信号的相位噪声

布里渊振荡拍频信号通过电学分频可以实现微波信号频率合成，微波信号相位噪声性能在分频过程中得到显著改善。图8-27分别显示了分频比为32、256、512、1024和2048的一系列分频微波信号相位噪声，分频信号单边带相位噪声$L(f)$随着分频因子的N增大而以$20\lg N$ dB规律下降，因此最大分频比2048对应的11MHz分频微波信号具有最低的相位噪声水平（在10kHz频偏处达-156dBc/Hz）。

8.4　基于电光分频锁相的低相位噪声微波信号合成

高稳定性激光信号经级联相位调制后能够产生具有高相干性和高稳定性的电光频梳，通过电光频梳与电光分频锁相技术可以将激光参考信号的频率稳定性传递给输出微波信号，并且输出信号的相位噪声与分频因子的平方成反比。电光分频锁相技术为生成具有超低相位噪声的微波信号提供了新的思路，有助于推动高性能微波信号源和电子信息系统的进一步发展。

2014 年，美国加州理工学院 Vahala 研究组利用 PDH 技术将两路激光信号锁定在同一高品质二氧化硅微盘谐振腔的不同腔模上，分别激发出反向传输布里渊激光信号，由于两路布里渊激光信号基于同一光学微腔激发产生，因此具有良好的相对频率稳定性。随后两路相干布里渊激光信号经压控振荡器级联相位调制而产生了稳定的电光频梳。基于电光分频锁相环技术生成微波信号的相位噪声，在电光分频过程中随着分频因子的增加呈平方规律降低。该研究组通过调谐两路泵浦光的波长来扩展分频因子，进而实现对所生成微波信号相位噪声性能的优化，当最高分频因子为 148 时，所生成的 10.89GHz 微波信号相位噪声达到-121dBc/Hz@10kHz。

基于电光分频锁相技术生成微波信号的系统原理如图 8-28 所示，图 8-28（a）所示为系统示意图，图 8-28（b）、（c）所示为分频原理图。假设两路相干布里渊激光信号的频率和相位分别为 f_1、f_2 和 φ_1、φ_2，压控振荡器输出信号的相位为 φ_M，电光分频信号由 f_1 上边带第 N_1 根梳齿和 f_2 下边带第 N_2 根梳齿拍频所得，两根梳齿对应的边带信号相位分别为 $\phi_1=\varphi_1+N_1\varphi_M$ 和 $\phi_2=\varphi_2-N_2\varphi_M$，因此电光分频信号的相位可以表示为 $\Delta\varphi=\phi_2-\phi_1=(\varphi_2-\varphi_1)-(N_1+N_2)\varphi_M$。当电光分频信号相位与理想超低相位噪声参考晶振锁定后，最终压控振荡器输出信号相位波动满足 $\langle\phi_M^2\rangle=\langle(\varphi_1-\varphi_2)^2\rangle/(N_1+N_2)^2$。由此可知，基于电光分频锁相技术生成的微波信号相位噪声主要受限于激光参考噪声与电光分频因子。

如图 8-28（c）所示，与基于压控振荡器的传统电分频锁相技术不同，电光分频锁相技术在频域上反转了参考振荡器与压控振荡器的相对位置。激光参考频率由两路布里渊激光信号的频率差提供，该频率差比压控振荡器输出频率高很多，经过电光分频过程转化为低频压控振荡器频率，锁相拍频输出微波信号的相位噪声与分频因子的平方成反比，因此，通过电光分频锁相技术可以生成极低相位噪声的微波信号。

基于电光分频锁相技术的微波信号生成系统实验装置如图 8-29 所示，系统采用波长可调谐的双泵浦激光器和直径约为 12mm 的二氧化硅微盘谐振腔同时激发受激布里渊散射，以产生两路相干布里渊激光信号，其中二氧化硅微盘谐振腔自由光谱范围约为 5.4GHz，分别与 1.55μm 波长处布里渊频移的二分频以及 1μm 波长处布里渊频移的三分频相匹配。两路布里渊激光信号由同一光学微腔激发，所以具备固有的相对频率稳定性，并且通过相同光路抑制等效光程变化效应，为基于电光分频技术生成微波信号提供了相对稳定的光学参考。

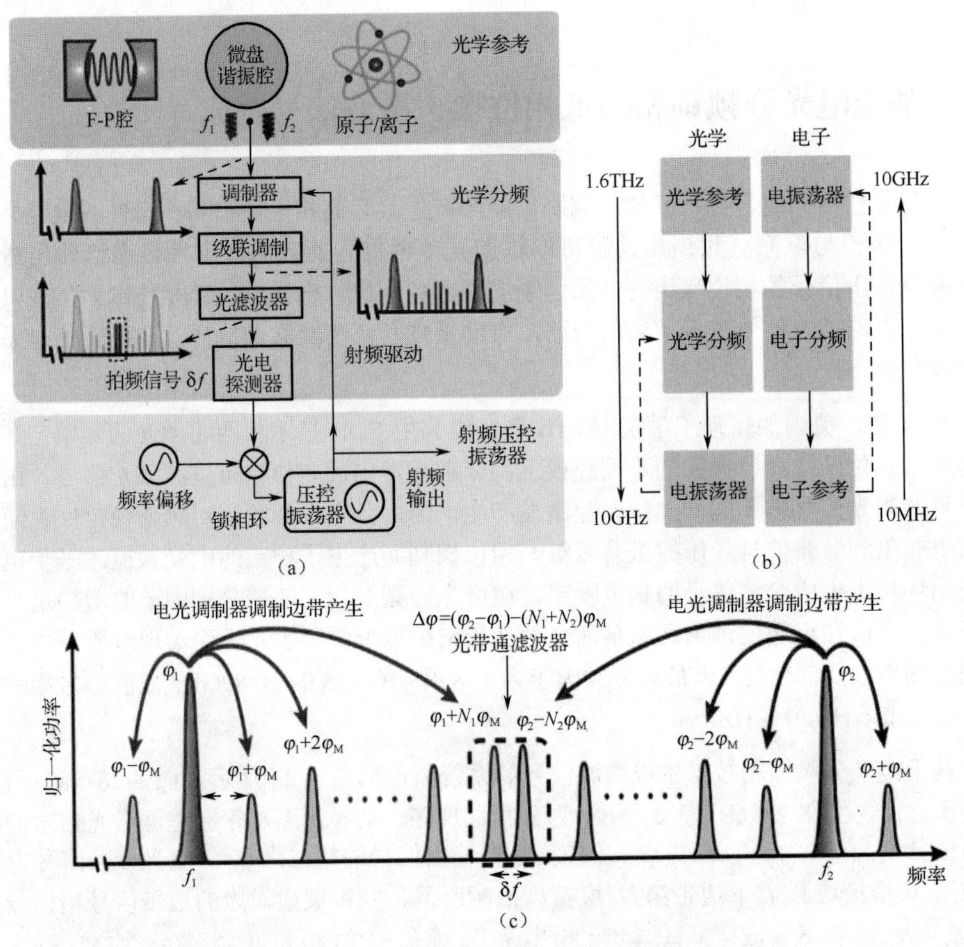

图 8-28　基于电光分频锁相技术的微波信号生成系统原理图

在基于电光分频锁相技术的微波信号生成系统中，分频因子扩展将有效改善生成微波信号的相位噪声性能。当 10.89GHz 压控振荡器频率保持不变时，两路布里渊激光频差越大，相应分频因子也越大，所生成微波信号的射频频谱纯度就越高。当泵浦光波长分别调谐至 1.55μm 和 1μm 时，两路布里渊激光的频差高达 1.61THz，对应的分频因子为 148，此时微波信号具有最佳的相位噪声性能，系统相位噪声测量结果如图 8-30 所示，所生成的 10.89GHz 微波信号的相位噪声为-104dBc/Hz@1kHz 和−121dBc/Hz@10kHz。此外，实验系统将所生成的微波信号与 10MHz 晶体振荡器进行相位比较，从而产生用于锁定压控振荡器的误差信号，锁相反馈机制中的锁定带宽由环路延迟和压控振荡器调频响应决定（图 8-29 中路径 1 和路径 2 的等效总长度分别为 20m 和 50m，对应的锁定带宽分别为 820kHz 和 300kHz）。

当双泵浦光波长固定，即两路布里渊激光信号频差 f_1-f_2 保持不变时，可以通过调谐压控振荡器输出频率来改变电光分频因子 N，同时改变拍频信号频率 δf。如图 8-31 所示，当两路布里渊激光固定频率差为 327GHz 时调谐压控振荡器输出频率，当分频因子为 26 和 36 时，生成的微波信号频率分别为 12.566GHz 和 9.075GHz，可以实现基于电光分频锁相技术的可调谐微波信号的产生。

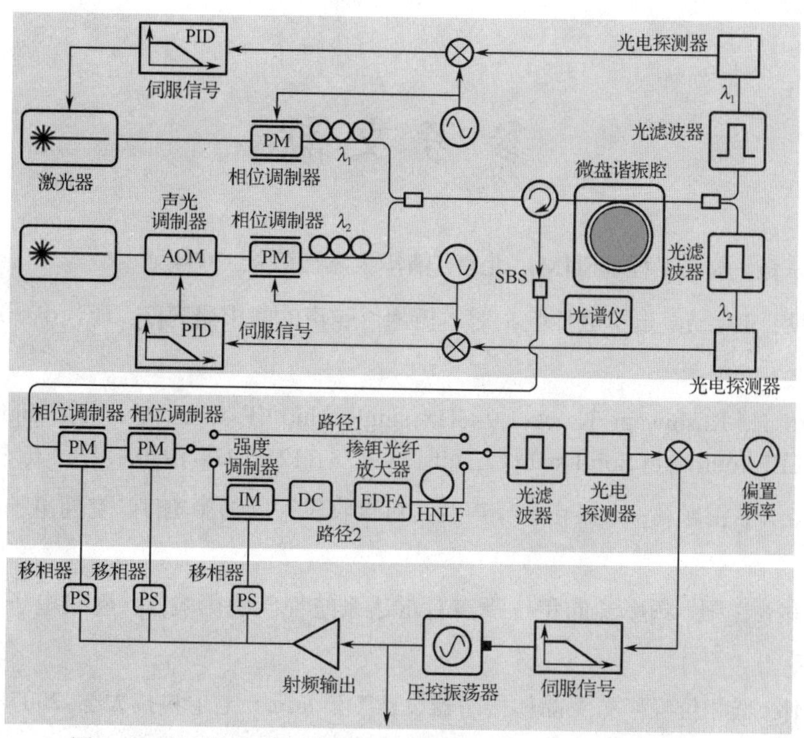

图 8-29　基于电光分频锁相技术的微波信号生成系统实验装置图

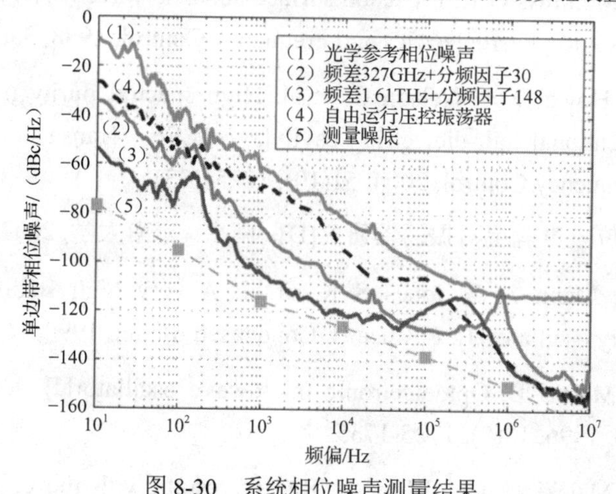

图 8-30　系统相位噪声测量结果

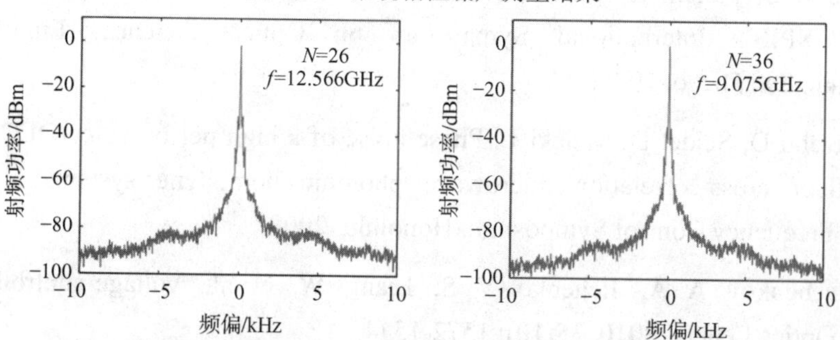

图 8-31　分频因子分别为 26 和 36 时所生成的 12.566GHz 和 9.075GHz 微波信号的射频频谱

参 考 文 献

[1] 李宗谦. 微波工程基础[M]. 北京: 清华大学出版社, 2004.

[2] 程明, 王宇光. 电子战接收机对本振相位噪声的需求研究[J]. 现代电子技术, 2016, 39(1): 54-56.

[3] Sato H, Kashiwagi K. A 1.9-GHz single chip IF transceiver for digital cordless phones[J]. IEEE Journal of Solid-state Circuits, 1996, 31(12): 1974-1980.

[4] 和新阳, 雷颖蓓. 本振相位噪声及其对接收机性能的影响[J]. 空间电子技术, 2003, 3(1): 4-13.

[5] 杨俊, 许强. 频率源的相位噪声对雷达系统性能的影响[J]. 舰船电子对抗, 2016, 12(1): 58-61.

[6] 徐伟. 低相位噪声石英晶体振荡器设计[D]. 成都: 电子科技大学, 2007.

[7] Parker T E, Montress G K. Precision surface-acoustic-wave (SAW) oscillators[J]. IEEE Transactions on Ultrasonics, Ferroelectrics and Frequency Control, 1988, 35(3): 342-364.

[8] Gupta A S, Howe D A, Nelson C, et al. High spectral purity microwave oscillator: design using conventional air-dielectric cavity[J]. IEEE Transactions on Ultrasonics, Ferroelectrics and Frequency Control, 2004, 51(10): 1225-1231.

[9] 杨非. 低相位噪声蓝宝石振荡器研究[D]. 南京: 东南大学, 2007.

[10] Giles A J, Mann A G, Jones S K, et al. A very high stability sapphire loaded superconducting cavity oscillator[J]. Physica B: Condensed Matter, 1990, 165(1): 45-146.

[11] Yao X S, Maleki L. Optoelectronic microwave oscillator[J]. Journal of the Optical Society of America B, 1996, 13(8): 1725-1735.

[12] Yao X S, Maleki L, Chi W, et al. Recent results with the coupled opto-electronic oscillator[C]. SPIE's International Symposium on Optical Science, Engineering, and Instrumentation, San Diego, 1998.

[13] Eliyahu D, Seidel D, Maleki L. Phase noise of a high performance OEO and an ultra low noise floor cross-correlation microwave photonic homodyne system[C]. 2008 IEEE International Frequency Control Symposium, Honolulu, 2008.

[14] Savchenkov A A, Ilchenko V S, Liang W, et al. Voltage-controlled photonic oscillator[J]. Optics Letters, 2010, 35(10): 1572-1574.

[15] 范志强. 光电振荡器及其应用研究[D]. 成都: 电子科技大学, 2020.

[16] Yao X S, Maleki L. Dual microwave and optical oscillator[J]. Optics Letters, 1997, 22(24): 1867-1869.

[17] Hao T, Cen Q, Dai Y, et al. Breaking the limitation of mode building time in an optoelectronic oscillator[J]. Nature Communications, 2018, 9(1): 1-8.

[18] Lu H H, Li C Y, Lu T C, et al. Bidirectional fiber-wireless and fiber-VLLC transmission system based on an OEO-based BLS and a RSOA[J]. Optics Letters, 2016, 41(3): 476-479.

[19] Yao X S, Lutes G. A high-speed photonic clock and carrier recovery device[J]. IEEE Photonics Technology Letters, 1996, 8(5): 688-690.

[20] Kong F, Li W, Yao J. Transverse load sensing based on a dual-frequency optoelectronic oscillator[J]. Optics Letters, 2013, 38(14): 2611-2613.

[21] Leeson D B. A simple model of feedback oscillator noise spectrum[J]. in Proceedings of the IEEE, 1966, 54(2): 329-330.

[22] Odyniec M. RF and microwave oscillator design[M]. Boston: Artech House, 2002.

[23] 儒比奥拉. 振荡器的相位噪声与频率稳定度[M]. 华宇, 胡永辉, 李晓辉, 等, 译. 北京: 科学出版社, 2014.

[24] Eliyahu D, Sarir K, Taylor J, et al. Optoelectronic oscillator with improved phase noise and frequency stability[C]. Integrated Optoelectronics Devices, San Jose, 2003.

[25] 章献民, 金晓峰, 杨波, 等. 光电振荡器[J]. 微波学报, 2013, 29(5): 129-134.

[26] Maleki L. Sources: The optoelectronic oscillator[J]. Nature Photonics, 2011, 5(12): 728-730.

[27] 刘安妮. 光电振荡器的相位噪声优化与杂散抑制技术研究[D]. 北京: 北京邮电大学, 2018.

[28] Cox C H. Analog optical links: theory and practice[M]. Cambridge: Cambridge University Press, 2006.

[29] 李建强. 基于铌酸锂调制器的微波光子信号处理技术与毫米波频段 ROF 系统设计[D]. 北京: 北京邮电大学, 2009.

[30] 牛剑. 宽带光载射频信号传输及处理技术研究[D]. 北京: 北京邮电大学, 2013.

[31] Abdallah Z. Microwave sources based on high quality factor resonators: modeling, optimization and metrology[D]. Toulouse: Université Paul Sabatier-ToulouseIII, 2016.

[32] Saleh K. High spectral purity microwave sources based on optical resonators[D]. Toulouse: Université Paul Sabatier-Toulouse III, 2012.

[33] Agrawal G P. Fiber-optic communication systems[M]. Hoboken: John Wiley & Sons, 2012.

[34] Eliyahu D, Seidel D, Maleki L. RF amplitude and phase-noise reduction of an optical link and an opto-electronic oscillator[J]. IEEE Transactions on Microwave Theory and Techniques, 2008, 56(2): 449-456.

[35] Volyanskiy K, Chembo Y K, Larger L, et al. Contribution of laser frequency and power fluctuations to the microwave phase noise of optoelectronic oscillators[J]. Journal of Lightwave Technology, 2010, 28(18): 2730-2735.

[36] Rubiola E. Phase noise and frequency stability in oscillators[M]. Cambridge: Cambridge University Press, 2009.

[37] Rubiola E, Salik E, Yu N, et al. Flicker noise in high-speed pin photodiodes[J]. IEEE Transactions on Microwave Theory and Techniques, 2006, 54(2): 816-820.

[38] Okusaga O, Cahill J, Zhou W. Optical fiber induced noise in RF-photonic links[C]. 2011 IEEE Avionics, Fiber-Optics and Photonics Technology Conference, San Diego, 2011.

[39] Okusaga O, Cahill J, Zhou W, et al. Optical scattering induced noise in RF-photonic systems[C]. 2011 Joint Conference of the IEEE International Frequency Control Symposium and the European Frequency and Time Forum, San Francisco, 2011.

[40] Cahill J P, Zhou W, Menyuk C R. Additive phase noise of fiber-optic links used in photonic microwave-generation systems[J]. Applied Optics, 2017, 56(3): 18-25.

[41] Rubiola E, Volyanskiy K, Larger L. Measurement of the laser relative intensity noise[C]. 2009 Joint IEEE International Frequency Control Symposium and the 22nd European Frequency and Time Forum, Besancon, 2009.

[42] Salzenstein P, Brendel R, Chembo Y, et al. Noise analysis of the opto-electronic microwave oscillator (OEO)[C]. 2010 IEEE International Frequency Control Symposium, Newport Beach, 2010.

[43] Shieh W, Maleki L. Phase noise of optical interference in photonic RF systems[J]. IEEE Photonics Technology Letters, 1998, 10(11): 1617-1619.

[44] Wan P, Conradi J. Impact of double Rayleigh backscatter noise on digital and analog fiber systems[J]. Journal of Lightwave Technology, 1996, 14(3): 288-297.

[45] Okusaga O, Zhou W, Cahill J, et al. Fiber-induced degradation in RF-over-fiber links[C]. 2012 IEEE International Frequency Control Symposium, Baltimore, 2012.

[46] 任凤鑫, 金韬, 池灏, 等. 基于反馈控制环路提高光电振荡器长期稳定性的方法[J]. 光子学报, 2015, 44(10): 126-130.

[47] 郏继贵, 郭庭航, 张涛, 等. 基于光电振荡器的长度测量方法温度误差[J]. 红外与

激光工程, 2014, 43(1): 254-259.

[48] 任凤鑫. 光电振荡器长期稳定性研究[D]. 杭州: 浙江大学, 2016.

[49] 周正华. 光电振荡器稳定性的研究[D]. 南京: 东南大学, 2016.

[50] Cahill J P. Rayleigh-scattering-induced noise in analog RF-photonic links[D]. Baltimore: University of Maryland, 2015.

[51] Marcatili E. Bends in optical dielectric guides[J]. The Bell System Technical Journal, 1969, 48(7): 2103-2132.

[52] Stokes L, Chodorow M, Shaw H. All-single-mode fiber resonator[J]. Optics Letters, 1982, 7(6): 288-290.

[53] Ming H Y, David B H. Low loss fiber ring resonator[C]. 1984 Technical Symposium East, Arlington, 1984.

[54] Rayleigh L. The problem of the whispering gallery[J]. The London, Edinburgh, and Dublin Philosophical Magazine and Journal of Science, 1910, 20(120): 1001-1004.

[55] Zou C L, Dong C H, Cui J M, et al. Whispering gallery mode optical microresonators: fundamentals and applications[J]. SCIENTIA SINICA Physica, Mechanica & Astronomica, 2012, 42(11): 1155-1175.

[56] 卢晓云. 高 Q 值氟化钙盘腔的加工与耦合测试[D]. 太原: 中北大学, 2016.

[57] Santamaría B G, García M L, Sedlmeir F, et al. Maximization of the optical intra-cavity power of whispering-gallery mode resonators via coupling prism[J]. Optics Express, 2016, 24(23): 26503-26514.

[58] Knight J C, Cheung G, Jacques F, et al. Phase-matched excitation of whispering gallery-mode resonances by a fiber taper[J]. Optics Letters, 1997, 22(15): 1129-1131.

[59] 郑鹏飞. 硅基微波光子滤波和延时集成芯片研究[D]. 南京: 东南大学, 2021.

[60] Capmany J, Ortega B, Pastor D. A tutorial on microwave photonic filters[J]. Journal of Lightwave Technology, 2006, 24(1): 201-229.

[61] Maleki L, Ilchenko V, Savchenkov A. Crystalline whispering gallery mode resonators in optics and photonics[M]. Oxfordshire: Taylor & Francis Group, 2009.

[62] 刘将. 微环调制器及其应用的研究[D]. 西安: 西安电子科技大学, 2010.

[63] Liu J, Tian H, Lucas E, et al. Monolithic piezoelectric control of soliton microcombs[J]. Nature, 2020, 583: 385-390.

[64] Kippenberg T J, Holzwarth R, Diddams S A. Microresonator-based optical frequency combs[J]. Science, 2011, 332(6029): 555-559.

[65] Kippenberg T J, Spillane S M, Min B, et al. Theoretical and experimental study of stimulated and cascaded Raman scattering in ultrahigh-*Q* optical microcavities[J]. IEEE Journal of Selected Topics in Quantum Electronics, 2004, 10(5): 1219-1228.

[66] Lin G, Diallo S, Saleh K, et al. Cascaded Brillouin lasing in monolithic barium fluoride whispering gallery mode resonators[J]. Applied Physics Letters, 2014, 105(23): 231103.

[67] Carmon T, Yang L, Vahala K J. Dynamical thermal behavior and thermal self-stability of microcavities [J]. Optics Express, 2004, 12(20): 4742-4750.

[68] Dumeige Y, Trebaol S, Ghişa L, et al. Determination of coupling regime of high-Q resonators and optical gain of highly selective amplifiers[J]. Journal of the Optical Society of America B, 2008, 25(12): 2073-2080.

[69] Hahn J W, Yoo Y S, Kim J W, et al. Cavity ringdown spectroscopy with a continuous-wave laser: calculation of coupling efficiency and a new spectrometer design[J]. Applied Optics, 1999, 38(9): 1859-1886.

[70] He Y, Orr B. Ringdown and cavity-enhanced absorption spectroscopy using a continuous-wave tunable diode laser and a rapidly swept optical cavity[J]. Chemical Physics Letters, 2000, 319(1-2): 131-137.

[71] Merrer P H, Llopis O, Cibiel G. Laser stabilization on a fiber ring resonator and application to RF filtering[J]. IEEE Photon Technology Letters, 2008, 20(16): 1388-1401.

[72] Drever R W, Hall J L, Kowalski F V, et al. Laser phase and frequency stabilization using an optical-resonator[J]. Applied Physics B, 1983, 31: 97-105.

[73] 贾石. 基于微波光子的低相噪微波源和宽带太赫兹通信技术研究[D]. 天津: 天津大学, 2017.

[74] Hong J, Yao S X, Li Z, et al. Fiber-length-dependence phase noise of injection-locked optoelectronic oscillator[J]. Microwave and Optical Technology Letters, 2013, 55(11): 2568-2571.

[75] Docherty A, Menyuk C R, Okusaga O, et al. Stimulated Rayleigh scattering and amplitude-to-phase conversion as a source of length-dependent phase noise in OEOs[C], 2012 IEEE International Frequency Control Symposium, Baltimore, 2012.

[76] Okusaga O, Zhou W, Levy E, et al. Non-ideal loop-length-dependence of phase noise in OEOs[C]. 2009 Conference on Lasers and Electro-Optics & Quantum Electronics and Laser Science Conference, Baltimore, 2009.

[77] 曹馨操. 低相位噪声光电振荡器的噪声抑制技术研究[D]. 北京: 北京邮电大学, 2021.

[78] Boudot R, Rubiola E. Phase noise in RF and microwave amplifiers[J]. IEEE

Transactions on Ultrasonics, Ferroelectrics, and Frequency Control, 2012, 59(12): 2613-2624.

[79] 曹哲玮. 光电振荡器相位噪声的研究[D]. 南京: 东南大学, 2017.

[80] 刘世锋, 徐晓瑞, 张方正, 等. 超低相噪光电振荡器及其频率综合技术研究[J]. 雷达学报, 2019, 8(2): 243-250.

[81] Jiang Y, Yu J L, Wang Y T, et al. An optical domain combined dual-loop optoelectronic oscillator[J]. IEEE Photonics Technology Letters, 2007, 19(11): 807-809.

[82] Cho J, Kim H, Sung H. Reduction of spurious tones and phase noise in dual-loop OEO by loop-gain control[J]. IEEE Photonics Technology Letters, 2015, 27(13): 1391-1393.

[83] Bagnell M, Davila R J, Delfyett P J. Millimeter-wave generation in an optoelectronic oscillator using an ultrahigh finesse etalon as a photonic filter[J]. Journal of Lightwave Technology, 2014, 32(6): 1063-1067.

[84] Liu A N, Liu J L, Dai J, et al. Spurious suppression in millimeter-wave OEO with a high-Q optoelectronic filter[J]. IEEE Photonics Technology Letters, 2017, 29(19): 1671-1674.

[85] Michael F, Alexander S, Moshe H, et al. Wideband-frequency tunable optoelectronic oscillator based on injection locking to an electronic oscillator[J]. Optics Letters, 2016, 41(9): 1993-1996.

[86] Okusaga O, Adles E J, Levy E C, et al. Spurious mode reduction in dual injection-locked optoelectronic oscillators[J]. Optics Express, 2011, 19(7): 5839-5854

[87] Kaba M, Li H W, Daryoush A S, et al. Improving thermal stability of opto-electronic oscillators[J]. IEEE Microwave Magazine, 2006, 4(7): 38-47.

[88] Eliyahu D, Sariri K, Kamran M, et al. Improving short and long term frequency stability of the opto-electronic oscillator[C]. 2002 IEEE International Frequency Control Symposium, New Orleans, 2002.

[89] Zhang Y, Hou D, Zhao J. Long-term frequency stabilization of an optoelectronic oscillator using phase-locked loop[J]. Journal of Lightwave Technology, 2014, 32(13): 2408-2414.

[90] Dai J, Zeng Y, Wang X, et al. Frequency compensation range amplification for the stabilized optoelectronic oscillator[C]. 2018 Asia Communications and Photonics Conference, Hangzhou, 2018.

[91] 张铮, 滕义超, 张品, 等. 宇称-时间对称光电振荡器技术研究进展[J]. 半导体光电, 2021, 42(4): 451-457.

[92] 郑伟, 杨文丽, 谭庆贵, 等. 光电振荡器最新研究进展[J]. 光通信技术, 2021, 45(12): 34-39.

[93] Zhang J, Yao J P. Parity-time–symmetric optoelectronic oscillator[J]. Science Advances, 2018, 4(6): eaar6782.

[94] Fan Z Q, Zhang W F, Qiu Q, et al. Hybrid frequency-tunable parity-time symmetric optoelectronic oscillator[J]. Journal of Lightwave Technology, 2020, 38(8): 2127-2133.

[95] Liu Y Z, Hao T F, Li W, et al. Observation of parity-time symmetry in microwave photonics[J]. Light: Science & Applications, 2018, 7(1): 1-9.

[96] Fortier T, Baumann E. 20 years of developments in optical frequency comb technology and applications[J]. Communications Physics, 2019, 2(1): 153-168.

[97] Fortier T, Kirchner M S, Quinlan F, et al. Generation of ultrastable microwaves via optical frequency division[J]. Nature Photonics, 2011, 5: 425–429.

[98] 邵晓东, 韩海年, 魏志义. 基于光学频率梳的超低噪声微波频率产生[J]. 物理学报, 2021, 70(13): 134-147.

[99] 戈小忠. 光学频率梳的产生及其在微波光子学中的应用[D]. 南京: 南京航空航天大学, 2016.

[100] Kuse N, Jiang J, Lee C C, et al. All polarization-maintaining Er fiber-based optical frequency combs with nonlinear amplifying loop mirror[J]. Optics Express, 2016, 24(3): 3095-3102.

[101] Zhang J, Kong Z, Liu Y, et al. Compact 517 MHz soliton mode-locked Er-doped fiber ring laser[J]. Photonics Research, 2016, 4(1): 27-29.

[102] 马春阳. 基于被动锁模光纤激光器的超短脉冲理论与实验研究[D]. 长春: 吉林大学, 2019.

[103] 江光裕. 基于 SOA 主动锁模光纤激光器的特性研究[D]. 重庆: 西南大学, 2006.

[104] Eliyahu D, Maleki L. Modulation response (S21) of the coupled opto-electronic oscillator[C]. 2005 IEEE International Frequency Control Symposium Jointly with PTTI Applications & Meeting Planning, Vancouver, 2005.

[105] Matsko A B, Eliyahu D, Koonath P, et al. Theory of coupled optoelectronic microwave oscillator I: expectation values[J]. Journal of the Optical Society of America B, 2009, 26(5): 1023-1031.

[106] Matsko A B, Eliyahu D, Maleki L. Theory of coupled optoelectronic microwave oscillator Ⅱ: phase noise[J]. Journal of the Optical Society of America B, 2013, 30(12): 3316-3323.

[107] Eliyahu D, Maleki L. Low phase noise and spurious level in multi-loop opto-electronic oscillators[C]. 2003 Joint IEEE International Frequency Control Symposium and the 17th European Frequency and Time Forum, Tampa, 2003.

[108] Yu N, Salik E, Tu M, et al. Frequency Stabilization of the coupled opto-electronic oscillator[C]. 2005 IEEE International Frequency Control Symposium Jointly with PTTI Applications & Meeting Planning, Vancouver, 2005.

[109] 陆浩. σ 型偏振稳定耦合光电振荡器实验技术研究[D]. 保定: 河北大学, 2021.

[110] 冯恩波. 主动锁模光纤激光器稳定技术研究[D]. 天津: 天津大学, 2002.

[111] 徐伟, 金韬, 池灏. 耦合式光电振荡器的理论与实验研究[J]. 激光技术, 2014, 38(5): 579-585.

[112] Carruthers T F, Duling I. 10-GHz, 1.3-ps erbium fiber laser employing soliton pulse shortening[J]. Optics Letters, 1996, 21(23): 1927-1929.

[113] 苏艳. 再生锁模激光系统的稳定性及噪声抑制的理论研究[D]. 长春: 吉林大学, 2007.

[114] Salik E, Yu N, Maleki L. An ultralow phase noise coupled optoelectronic oscillator[J]. IEEE Photonics Technology Letters, 2007, 19(6): 444-446.

[115] 苗旺, 于晋龙, 王菊, 等. 基于再生锁模系统的低相噪微波源[J]. 光电子•激光, 2012, 23(9): 1702-1707.

[116] Yu N, Salik E, Maleki L. Ultralow-noise mode-locked laser with coupled optoelectronic oscillator configuration[J]. Optics Letters, 2005, 30(10): 1231-1233.

[117] Crozatier V, Baili G, Nouchi P, et al. Experimental investigations for designing low phase noise 10-GHz coupled optoelectronic oscillator[C]. Terahertz, RF, Millimeter, and Submillimeter-wave Technology and Applications XI, San Francisco, 2018.

[118] Auroux V, Fernandez A, Llopis O, et al. Coupled optoelectronic oscillators: design and performance comparison at 10 GHz and 30 GHz[C]. 2016 IEEE International Frequency Control Symposium, New Orleans, 2016.

[119] 罗红娥. 超高速主动锁模光纤激光器的稳定性研究[D]. 长春: 吉林大学, 2007.

[120] Dai Y, Wang R, Yin F, et al. Sidemode suppression for coupled optoelectronic oscillator by optical pulse power feedforward[J]. Optics Express, 2015, 23(21): 27589-27596.

[121] Dai J, Liu A N, Liu J L, et al. Supermode noise suppression with mutual injection locking for coupled optoelectronic oscillator[J]. Optics Express, 2017, 25(22): 27060-27066.

[122] Zhu D, Du T, Pan S. A coupled optoelectronic oscillator with performance improved by enhanced spatial hole burning in an erbium-doped Fiber[J]. Journal of Lightwave Technology, 2018, 36(17): 3726-3732.

[123] Quinlan F, Delfyett P J, Gee S, et al. Self-stabilization of the optical frequencies and the pulse repetition rate in a coupled optoelectronic oscillator[J]. Journal of Lightwave

Technology, 2008, 26(15): 2571-2577.

[124] 周纤. 激光储能腔及PDH稳频技术研究[D]. 合肥: 中国科学技术大学, 2019.

[125] Williams C, Davila R J, Mandridis D, et al. Noise characterization of an injection-locked COEO with long-term stabilization[J]. Journal of Lightwave Technology, 2011, 29(19): 2906–2912.

[126] 汤轲, 于晋龙, 王菊, 等. 再生锁模光纤激光器的双腔稳定控制[J]. 激光与光电子学进展, 2018, 55(5): 260-266.

[127] Matsko A B, Maleki L, Savchenkov A A, et al. Whispering gallery mode based optoelectronic microwave oscillator[J]. Journal of Modern Optics, 2003, 50(15-17): 2523-2542.

[128] Volyanskiy K, Salzenstein P, Tavernier H, et al. Compact optoelectronic microwave oscillators using ultra-high Q whispering gallery mode disk-resonators and phase modulation[J]. Optics Express, 2010, 18(21): 22358-22363.

[129] Savchenkov A A, Ilchenko V S, Byrd J, et al. Whispering-gallery mode based opto-electronic oscillators[C]. 2010 IEEE International Frequency Control Symposium, Newport Beach, 2010.

[130] Tang J, Hao T, Li W, et al. Integrated optoelectronic oscillator[J]. Optics Express, 2018, 26(9): 12257-12265.

[131] Eliyahu, D, Wei L, Elijah D, et al. Resonant widely tunable opto-electronic oscillator[J]. IEEE Photonics Technology Letters, 2013, 25(15): 1535-1538.

[132] Herr T, Brasch V, Jost J D, et al. Temporal solitons in optical microresonators[J]. Nature Photonics, 2014, 8(2): 145-152.

[133] Herr T. Solitons and dynamics of frequency comb formation in optical microresonators[D]. Lausanne: Swiss Federal Institute of Technology in Lausanne, 2013.

[134] Coen S, Randle H, Sylvestre T, et al. Modeling of octave-spanning Kerr frequency combs using a generalized mean-field Lugiato–Lefever model[J]. Optics Letters, 2013, 38(1): 37-39.

[135] Herr T, Hartinger K, Riemensberger J, et al. Universal formation dynamics and noise of Kerr-frequency combs in microresonator[J]. Nature Photonics, 2012, 6(7): 480-487.

[136] Liang W, Eliyahu D, Ilchenko V S, et al. High spectral purity Kerr frequency comb radio frequency photonic oscillator[J]. Nature Communications, 2015, 6(1): 7957.

[137] Liu J Q, Lucas E, Raja A S, et al. Photonic microwave generation in the X- and K-band using integrated soliton microcombs[J]. Nature Photonics, 2020, 14(523): 486-491.

[138] Zhang W F, Yao J P. A silicon photonic integrated frequency-tunable optoelectronic

oscillator[C]. 2017 International Topical Meeting on Microwave Photonics, Beijing, 2017.

[139] Zhang W F, Yao J P. Silicon photonic integrated optoelectronic oscillator for frequency-tunable microwave generation[J]. Journal of Lightwave Technology, 2018, 36(19): 4655-4663.

[140] Bai Y, Zhang M H, Shi Qi, et al. Brillouin-Kerr soliton frequency combs in an optical microresonator[J]. Physical Review Letters, 2021, 126(6): 063901.

[141] Jia K P, Wang X H, Kwon D, et al. Photonic flywheel in a monolithic fiber resonator[J], Physical Review Letters, 2020, 125(14): 143902.

[142] Williams K J, Goldberg L, Esman R D, et al. 6-34 GHz offset phase-locking of Nd: YAG 1319 nm nonplanar ring lasers[J]. Electronics Letters, 1989, 25(18): 1242-1243.

[143] Rideout H R, Seregelyi J S, Paquet S, et al. Discriminator-aided optical phase-lock loop incorporating a frequency down-conversion module[J]. IEEE Photonics Technology Letters, 2006, 18(22): 2344-2346.

[144] Goldberg L, Taylor H F, Weller J F. Microwave signal generation with injection-locked laser diodes[J]. Electronics Letters, 1983, 19(13): 491-493.

[145] Chen X F, Deng Z C, Yao J P. Photonic generation of microwave signal using a dual-wavelength single-longitudinal-mode fiber ring laser[J]. IEEE Transactions on Microwave Theory and Techniques, 2006, 54(2): 804-809.

[146] Liu J, Yao J P, Yao J, et al. Single-longitudinal-mode multiwavelength fiber ring laser[J]. IEEE Photonics Technology Letters, 2004, 16(4): 1020-1022.

[147] Qi G H, Yao J P, Seregelyi J, et al. Generation and distribution of a wide-band continuously tunable millimeter-wave signal with an optical external modulation technique[J]. IEEE Transactions on Microwave Theory and Techniques, 2005, 53(10): 3090-3097.

[148] Xie X P, Bouchand R, Nicolodi D, et al. Photonic microwave signals with zeptosecond-level absolute timing noise[J]. Nature Photonics, 2017, 11(1): 44-47.

[149] Li J, Hansuek L, Kerry J V. Microwave synthesizer using an on-chip Brillouin oscillator[J]. Nature Communications, 2013, 4(1): 1-7.

[150] Li J, Yi X, Hansuek L, et al. Electro-optical frequency division and stable microwave synthesis[J]. Science, 2014, 345(6194): 309-313.

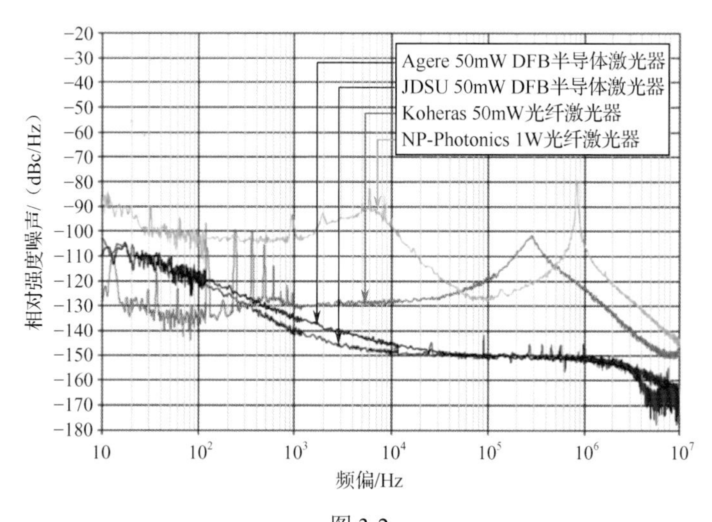
Agere 50mW DFB半导体激光器
JDSU 50mW DFB半导体激光器
Koheras 50mW光纤激光器
NP-Photonics 1W光纤激光器
相对强度噪声/（dBc/Hz）
频偏/Hz

图 3-2

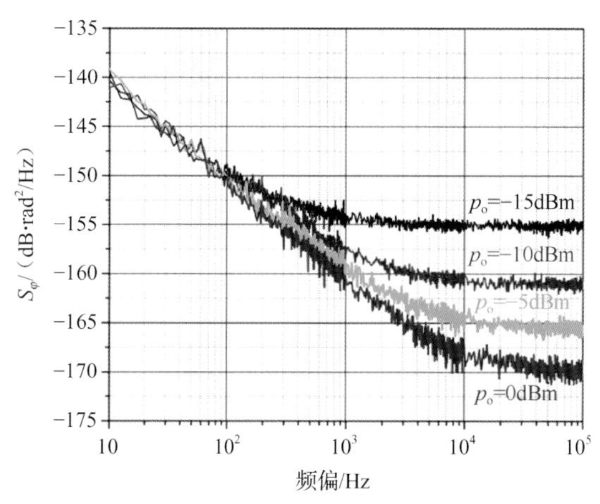
p_o=−15dBm
p_o=−10dBm
p_o=−5dBm
p_o=0dBm
S_φ/（dB·rad²/Hz）
频偏/Hz

图 3-5

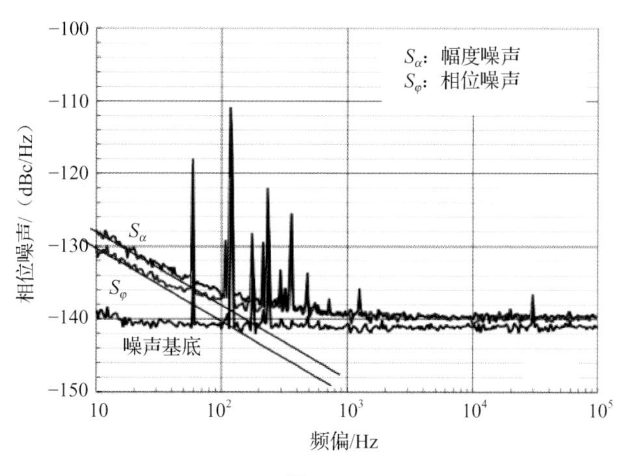
S_α：幅度噪声
S_φ：相位噪声
S_α
S_φ
噪声基底
相位噪声/（dBc/Hz）
频偏/Hz

图 3-6

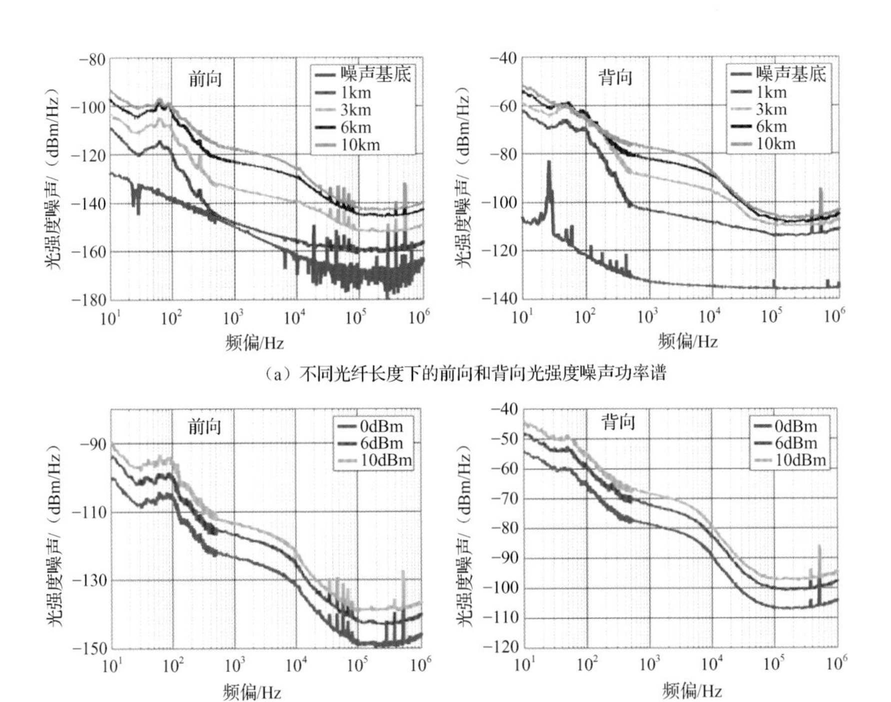

（a）不同光纤长度下的前向和背向光强度噪声功率谱

（b）不同入射光功率条件下的前向和背向光强度噪声功率谱

图 3-9

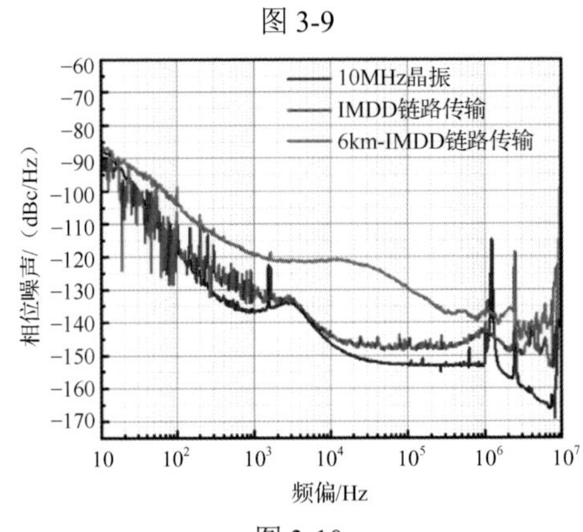

图 3-10

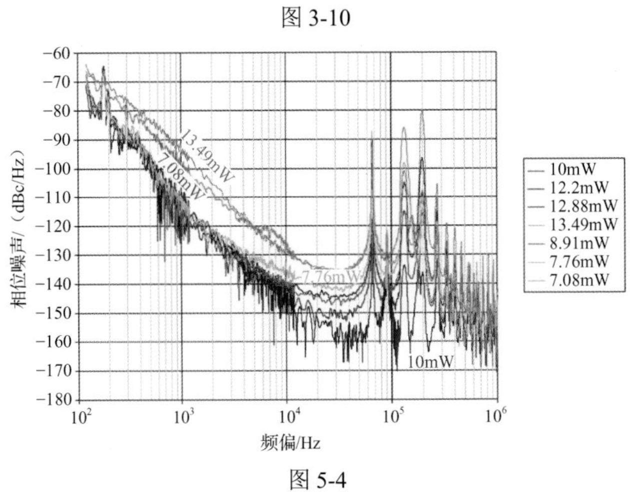

图 5-4

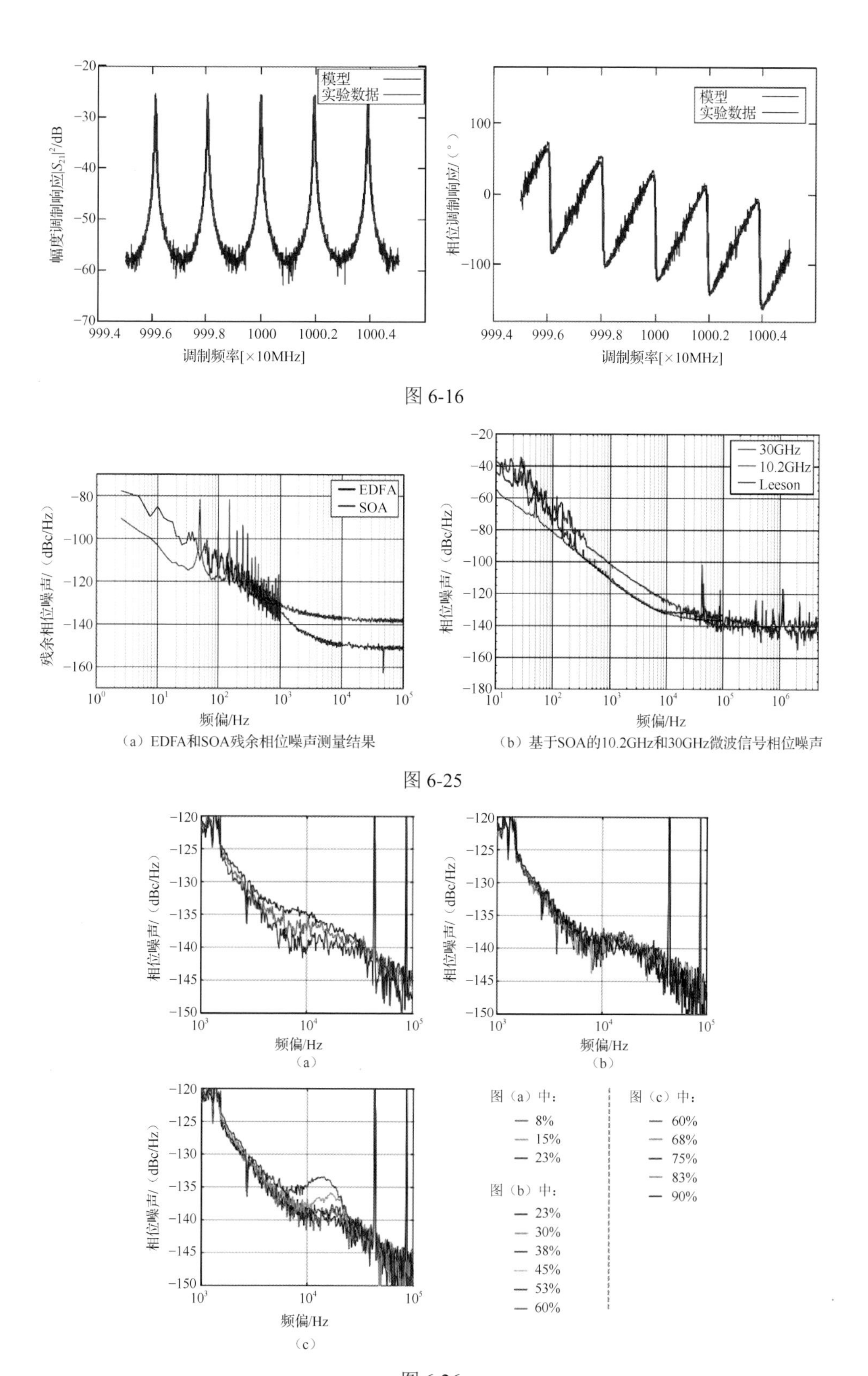

图 6-16

(a)EDFA和SOA残余相位噪声测量结果

(b)基于SOA的10.2GHz和30GHz微波信号相位噪声

图 6-25

(a)

(b)

(c)

图 6-26

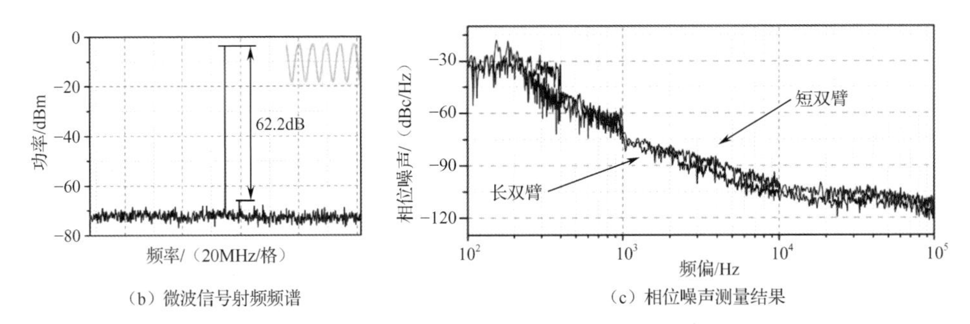

（b）微波信号射频频谱　　（c）相位噪声测量结果

图 6-28

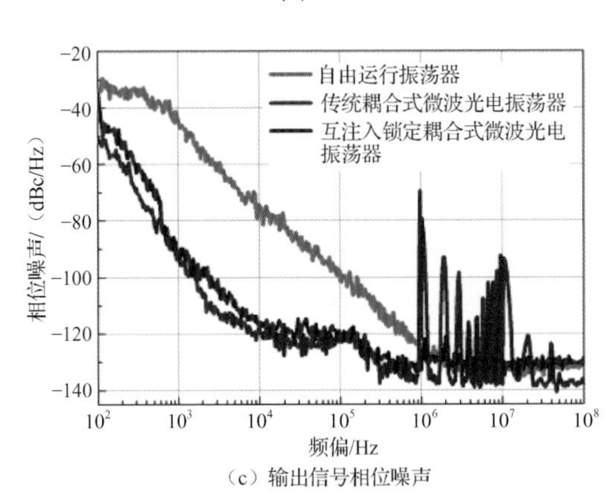

（c）输出信号相位噪声

图 6-30

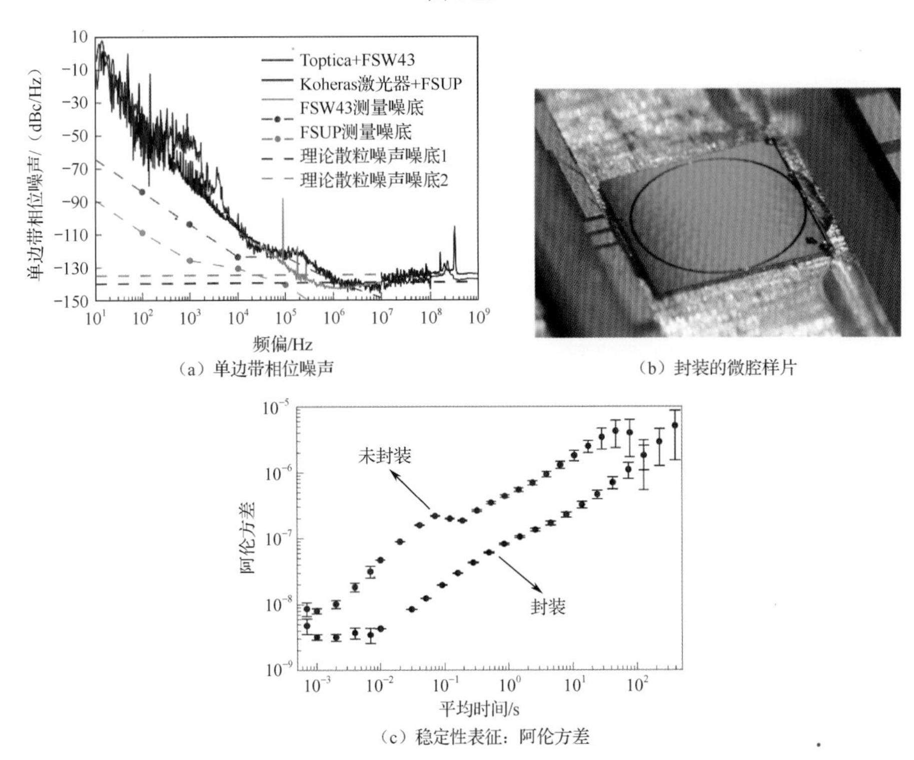

（a）单边带相位噪声　　（b）封装的微腔样片

（c）稳定性表征：阿伦方差

图 7-33

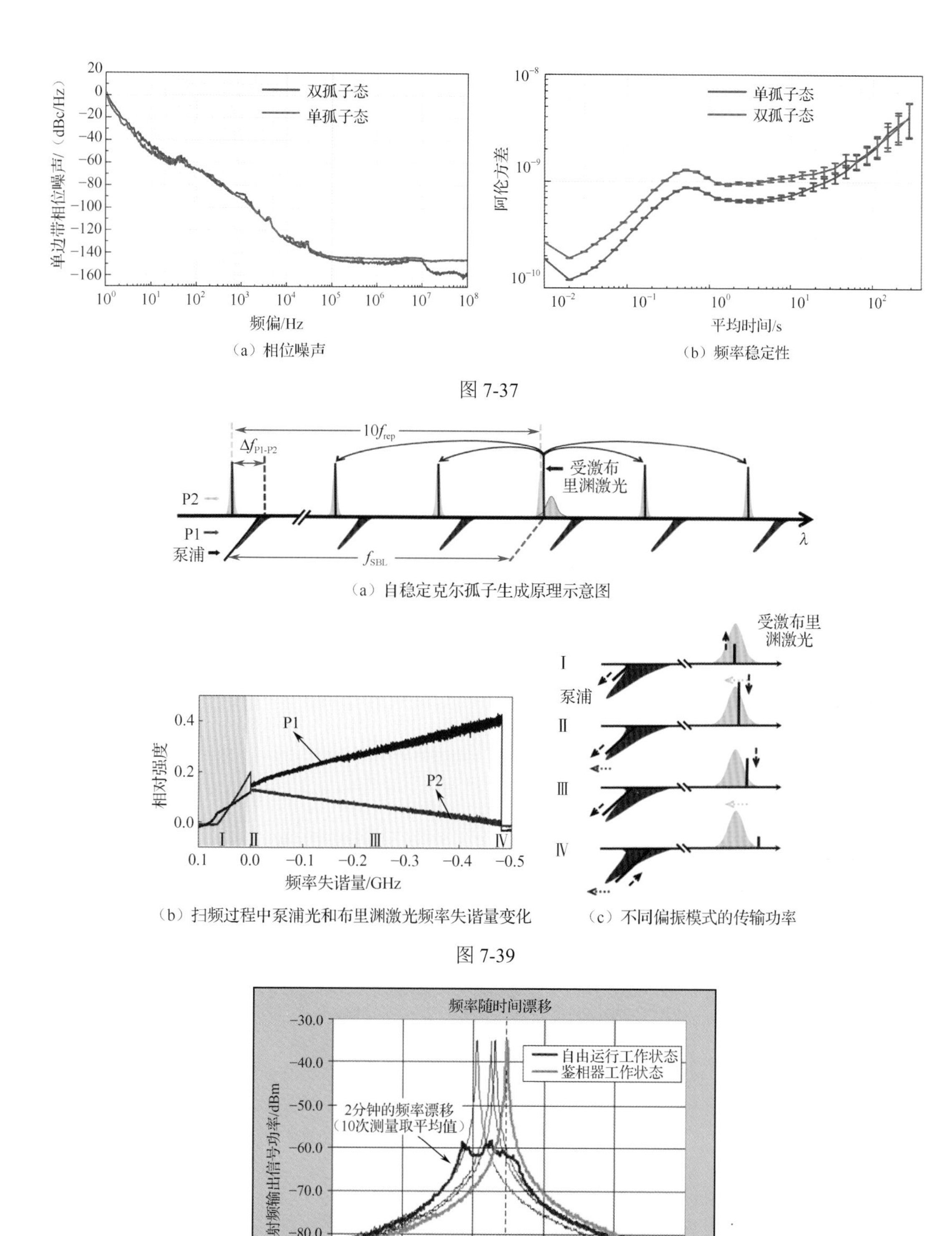

（a）相位噪声

（b）频率稳定性

图 7-37

（a）自稳定克尔孤子生成原理示意图

（b）扫频过程中泵浦光和布里渊激光频率失谐量变化

（c）不同偏振模式的传输功率

图 7-39

图 8-5

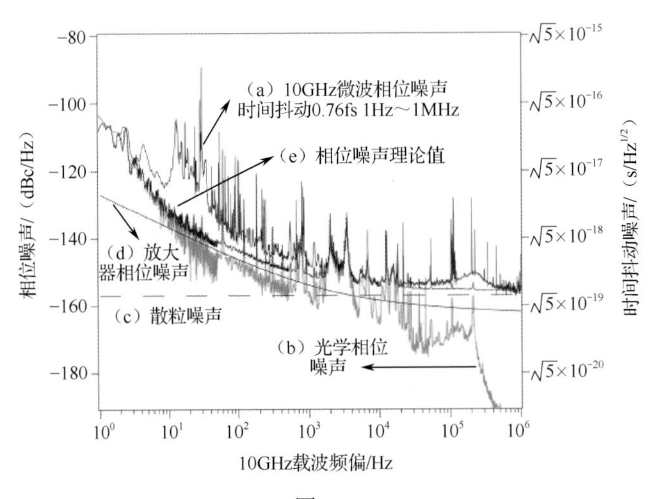

图 8-18

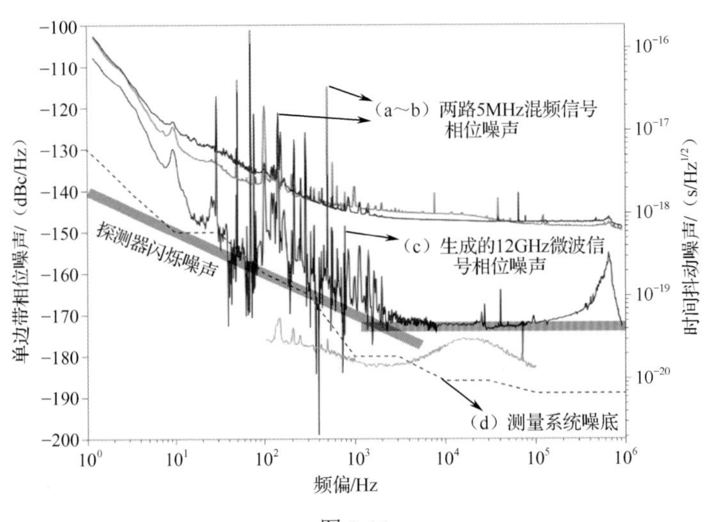

图 8-20

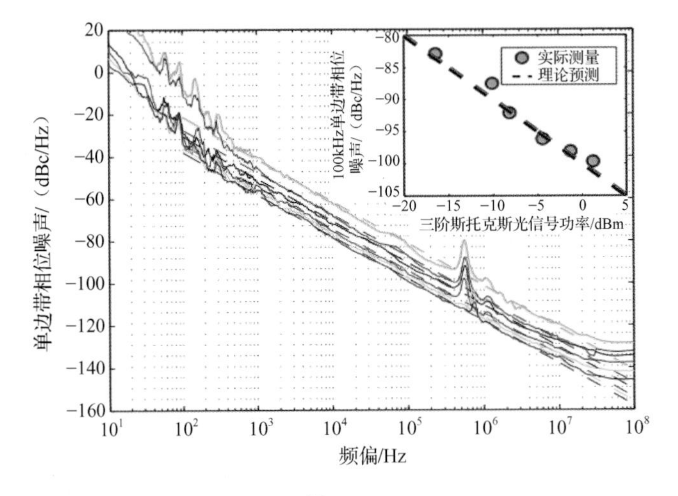

图 8-25